GEOGRAPHICA BERNENSIA

P30

Werner Bätzing / Heinz Wanner (Hrsg.)

Nachhaltige Naturnutzung

im Spannungsfeld zwischen komplexer Naturdynamik
und gesellschaftlicher Komplexität

Geographisches Institut der Universität Bern 1994

Vorwort

Der vorliegende Band präsentiert die Beiträge des Institutskolloquiums des Geographischen Instituts der Universität Bern im Wintersemester 1993/94 mit dem Titel „Nachhaltige Naturnutzung im Spannungsfeld zwischen komplexer Naturdynamik und gesellschaftlicher Komplexität".

Dieses Kolloquium bildet den Bestandteil eines neuen integrativen Forschungs- und Lehrschwerpunktes „Nachhaltige Nutzung in Gebirgsräumen" am Institut, der im Jahre 1993 beschlossen wurde und an dem alle Forschungsgruppen des Institutes mitarbeiten wollen. Den Leitgedanken dabei bildet die geographische Frage nach den Bedingungen einer „nachhaltigen Natur- und Landnutzung", bei der die Wechselwirkungen zwischen menschlichen Handlungen und naturräumlicher Dynamik in einem gegebenen Raum (hier: in Gebirgen) im Zentrum stehen, wodurch der Zusammenarbeit zwischen der naturwissenschaftlich orientierten Physischen Geographie und der humanwissenschaftlich orientierten Kulturgeographie eine Schlüsselrolle zukommt. Im Anhang dieses Bandes wird der Konzeptentwurf zu diesem Institutsschwerpunkt abgedruckt.

Nachdem im Wintersemester 1991/92 das Institutskolloquium der Auseinandersetzung mit der Grundfrage „Geographie als integrative Umweltwissenschaft?" gewidmet war, ging es bei diesem Kolloquium schwerpunktmässig darum, die Komplexität des Phänomens „Nachhaltigkeit" auszuleuchten, um Verkürzungen und Reduktionen besser erkennen und damit vermeiden zu können. Zu diesem Zweck wurden Wissenschaftler verschiedenster Disziplinen eingeladen, sich aus der Sicht ihres jeweiligen Faches und des dortigen Diskussions- und Forschungsstandes zum Problemfeld der Nachhaltigkeit zu äussern. Damit sollte auch erreicht werden, die Nachhaltigkeitsdiskussion aus dem unfruchtbaren Gegensatz zwischen unverbindlich-allgemeinen Universalisierungen und hochspezialisierten Verengungen herauszulösen und das interdisziplinäre Gespräch im Sinne von Jürgen Mittelstrass zu beleben: „Gesucht ist eine synthetische Kraft, über die weder der Spezialist noch der Generalist alleine verfügen. Wir haben nicht etwa zu viele Spezialisten und zu wenige Generalisten, sondern zu wenige Spezialisten mit generellen Kompetenzen und zu viele Generalisten ohne spezielle Kompetenzen" (J.Mittelstrass: Computer und die Zukunft des Denkens; in: Information Philosophie 1991, Nr.1, S.12). In diesem Sinne hatte dieses Kolloquium die Aufgabe, den interdisziplinären Ansatz des Institutsschwerpunktes methodisch und inhaltlich zu reflektieren und zu vertiefen.

Daraus ergaben sich für die einzelnen Referate die folgenden Leitfragen:

- Naturwissenschaftliche Referate: Wie sieht die Dynamik der verschiedenen Naturprozesse aus; welche Konsequenzen ergeben sich daraus für eine nachhaltige Naturnutzung, und welche aussagekräftigen naturwissenschaftlichen Indikatoren gibt es zur Bewertung der Nachhaltigkeit?

- Humanwissenschaftliche Referate: Welche Veränderungen und Prozesse laufen in der modernen Wirtschaft und Gesellschaft ab (Dienstleistungsgesellschaft bzw. Postmoderne), inwieweit verhindern bzw. fördern sie ein nachhaltiges Wirtschaften und Handeln, und welches wären dafür die notwendigen sozio-ökonomischen Rahmenbedingungen?

- Referat Verhältnis Erste - Dritte Welt: Wie entwickelt sich das Verhältnis zwischen Industrie- und Entwicklungsländern, und auf welche Weise müsste es verändert werden, damit ein nachhaltiges Wirtschaften im globalen Massstab möglich wird?

- Referat Naturphilosophie: Welches Verständnis von „Natur" und vom „Verhältnis Mensch-Natur" ist in den verschiedenen natur- und humanwissenschaftlichen Ansätzen jeweils implizit (meist auf normative Weise) enthalten und welches Natur- bzw. Mensch-Natur-Verhältnis entspräche einem nachhaltigen Wirtschaften und Handeln?

Die Reihenfolge der Texte dieses Bandes orientiert sich an der „klassischen" Gliederung der geographischen Teildisziplinen: Am Beginn stehen die naturwissenschaftlichen Referate, ausgehend von Geomorphologie (Denys Brunsden/London) über Hydrologie (Daniel Vischer/Zürich) hin zur Bodenkunde (Peter Germann/Bern) und Biologie (Andreas Gigon und Roland Marti/Zürich). Daran schliessen sich die humanwissenschaftlichen Referate an, nämlich Wirtschaftswissenschaften (Mathias Binswanger/St.Gallen), Sozialwissenschaften (Carlo Jaeger und Gregor Dürrenberger/Zürich), Rechtswissenschaften (Martin Lendi/Zürich) und ein thematisches Referat zum Verhältnis Industrie-Entwicklungsländer (Theo Rauch/Berlin). Den Abschluss bildet ein grundsätzlich ausgerichtetes Referat über naturphilosophische Fragen (Friedrich Vosskühler/Kassel).

Der Schlussbeitrag von Paul Messerli, der auch die wesentliche redaktionelle Arbeit am Konzeptpapier zum Institutsschwerpunkt übernommen hatte (Anhang), versucht die wichtigsten Erkenntnisse aus dieser Vortragsreihe zusammenzufassen und einen Ausblick auf die weiterführende Diskussion und Nachhaltigkeitsforschung zu geben.

Mit der Publikation dieser Texte verfolgt das Institut die Absicht, die Argumente, Argumentationsketten und Argumentationsvernetzungen der teilweise sehr gut besuchten Vorträge leichter zugänglich und nachvollziehbarer zu machen, damit sie eine wirklich „nachhaltige" Wirkung erzielen können. Wir würden uns sehr freuen, wenn diese Reihe über das Institut hinaus auch die öffentliche Diskussion über dieses Thema bereichern könnte.

Für die Organisation:

Werner Bätzing

Für das Direktorium:

Heinz Wanner

Inhaltsverzeichnis

Denys Brunsden:
Geomorphology and Sustainable Development in Mountains 1

Daniel Vischer:
Nachhaltige Gewässernutzung am Beispiel der überregionalen Wasserversorgung -
Überlebensfrage oder Sehnsucht nach dem Paradies? 21

Andreas Gigon und Roland Marti:
Biozönotische Nachhaltigkeit und Naturnähe 35

Peter Germann:
Nachhaltigkeit und nachhaltige Entwicklung erläutert am Beispiel der forst- und
landwirtschaftlichen Bodennutzung 45

Mathias Binswanger:
Wirtschaftliche Dynamik und Nachhaltige Naturnutzung 65

Gregor Dürrenberger und Carlo Jaeger:
Nachhaltigkeit und ökologische Innovation: das Beispiel der Leichtmobile 85

Martin Lendi:
Rechtliche Möglichkeiten und Grenzen der Umsetzung des Nachhaltigkeitsprinzips   105

Theo Rauch:
Nachhaltige Entwicklung - ein Weg aus der Krise für die Völker der „Dritten Welt"?   117

Friedrich Vosskühler:
Naturvorstellung und Nachhaltigkeit 129

Paul Messerli:
Nachhaltige Naturnutzung: Diskussionsstand und Versuch einer Bilanz 141

Autorenverzeichnis 145

Anhang I:
Nachhaltige Nutzung in Gebirgsräumen (Konzeptentwurf) 147

Anhang II:
Bruno Messerli:
Agenda 21, Chapter 13, UNCED 92 und das Schwerpunktprogramm „Gebirgsräume"
des Geographischen Instituts 159

Denys Brunsden

Geomorphology and Sustainable Development in Mountains

Introduction

Mountain environments provide a unique combination of resources to be protected, factors which constrain land use, hazards which require positive mitigation action and opportunities for development, all of which need to be taken into account if they are to be managed properly.

The sustainable development of any mountain zone is influenced by (Figure 1):
- its physical character (landforms, materials and processes);
- the natural heritage (landscapes, habitants and living resources);
- the past and present land use and historical interest.

They are interlinked to produce the unique nature of any mountain area. It should be clear therefore that the planning and management considerations will not be uniform in all mountain areas or even in adjacent valleys within the same region. Instead, they will reflect a combination of local, regional, national and international factors. For example, for a given water or aggregate resource development there may be specific local environmental imperatives; a regional demand that the resource be exploited to provide employment; a need to satisfy a national demand for the resource but with international implications on Standards and Directives (e.g. EEC). Classic cases for mountain areas exist wherever headwater catchment developments adversely affect the lower floodplain environment.

It follows that mountains of different character need different management approaches and that there is to exist a flexible framework. Most mountain planning and management decisions will be based on social, economic and environmental considerations with 'cost' and 'local interests' as the dominant factors. The environment is considered, because of the current 'Green' attitude of public planning, but is rarely a deciding factor in practice. However in most mountain areas the dynamic nature of the environment is increasingly important as development pushes out into new areas.

Today, planners and managers need to be aware of physical factors such as the behaviour of the physical systems, the frequency and magnitude of the hazardous meteorological events; slope instability, flood risk, the availability of mineral and water resources, and the earth science conservation value. It is a salutory point, however, that Environmental Impact Assessments for mountain areas do not carry an earth science (particularly a geomorphological) component and that the first research project on this subject has only just been com-

missioned by the European Community. This paper, therefore, proposes a possible framework for the use of earth science information for planning and the sustainable development of mountain areas. The general approach is derived from work carried out by Rendel Geotechnics for the Department of the Environment to which the author is a consultant
(Figures 2-4, Tables 1-3).

The key planning and management issues related to the physical environment are to avoid the impact of problem ground conditions and processes on:

- new developments, by incorporating these issues as a material consideration for the planning system.

- existing developments which are the responsibility of the developer/landowner.

Both may require the management of areas and processes in a considerable distance from the site and therefore need grant aid. This particularly applies to hazards from the surrounding area which might impact the development site.

In addition the management system must take into account the effect of the development on the mountain environment. This may involve increased levels of risk to other locations (e.g. increased sediment yield and downstream changes in water quality). Typical development may also sterilise or degrade mineral and water resources, conservation interests and recreation resources. It is worth nothing that it is the planning system which has the responsibility for new developments. Existing developments are again the responsibility of the developer/landowner under the principles of strict liability, nuisance and negligence.

Occasionally statutory bodies may also have powers to prevent damaging processes (e.g. in the UK the National Rivers Authority has powers to prevent flood damage under the byelaws of the Water Resources Act 1991) but this operates only on a national scale. Unfortunately there are many international problems in mountain areas where these national rules are ineffective (e.g. The Danube, The Ganges, The Rio Grande).

The basic framework for the use of earth science information in the mountain planning system involves the identification of the issues that require consideration on the wider regional scale; the recognition of the constraints to land use and the range of possible hazards. Through a full range of consultation procedures these are then built into the Structure and Local Plans to minimise risk, provide appropriate controls, codes of practice and building regulations and to prepare suitable civil defence and emergency planning measures
(Figure 2).

Basic Geomorphological Considerations for Sustainable Development in Mountains

The physical factors of mountain areas which provide constraints and opportunities for land use are determined by the environmental domain including the nature and rate of uplift, the magnitude of sea level change, the range seasonality and intensity of climatic processes, the frequency and magnitude of the seismic activity, the types and attitudes of the exposed rocks, the vegetation cover and the activities of humans all operating at varying scales and recurrence intervals.

At the global scale we must recognize that mountainous terrain is extremely diverse including a wide range of elevations (Low Mountains <1000m, Intermediate Mountains 1000-1500m, High Mountains >1500m), ages (Caledonian, Hercynian, Alpine etc.), geological form, tectogenesis and morphologies. Because they cover extensive areas they include environments ranging from permanent snow and ice to temperate, tropical and true desert varieties often within the same range. The dominant processes responsible for landscape evolution vary from region to region in type, magnitude and seasonality. A comparison between tropical semi-arid areas can be taken as an example. In tropical or sub-tropical areas such as Sri Lanka, rapid weathering and mass movement processes dominate to preserve very steep slopes. In semi-arid and arid mountains such as Algeria or Gebel Ataka in Eastern Egypt, intense storms, gully dissection and debris flow are the norm. Bedrock type can also be a fundamental control especially in limestone areas such as the front of the Oman Mountains.

A second general point is that environmental change exerts a formidable effect in mountains, their evolution, landforms and resources. Although variations in the long term climatic history of a region occur over long periods of time, the adjustment of mountain terrain to new climatic regimes occurs over even longer time spans. Consequently mountains are seldom in equilibrium with prevailing climatic conditions but are constantly adjusting their slopes and river channels. In practice what this means is rock fall, debris slides, ground settlement or similar processes which typically present a real hazard to a development. The planner or engineer can greatly benefit from geomorphological assessments which can usually identify the most sensitive and dangerous areas. Perhaps the best example where this has taken place is the construction and ex-post assessment of Karakoram Highway carried out by the Frontier works Organisation of Pakistan.

Thirdly, relict deposits and landforms unrepresentative of the present domain are also very common. These represent important resources (e.g. lakes, aggregates), or severe engineering hazards (e.g. steep slopes, rock falls). Weathered materials, debris slopes and landslides are often in a state of quasi-equilibrium and are easily disturbed by developments. Previous glacial conditions leave tills, moraines and other debris which are very difficult to handle by the planning and engineering system. In addition, the actual sequence of climatic change may present challenging problems. For example, a long tropical history preceding a semi-arid regime may promote deep dissection, soil erosion, gulleying and badland development. Semi-arid conditions following a glacial create a landscape of huge sediment yield, unstable slopes, rapid rock fall and debris flows while temperate conditions following a glacial may result in the preservation of oversteepened slopes and large debris deposits which the present processes find themselves unable to rearrange. The dominant characteristics of mountain ranges relevant to the planner must therefore be contrast, episodic change, adjustment and relicts.

A fourth general point is that occasionally, exceptionally large event modifications will occur in the geomorphology of an area. They are low frequency events and are consequently rare but when they do occur their effects can be similar to the cumulative effect of a large number of smaller events and may even be truly catastrophic. The planning/management/engineering system should therefore be designed to cater for large and sudden events by the adoption of avoidance strategies, land zoning, appropriate design criteria and emergency planning on a wholly different scale to more amenable regions. In Switzerland such events have been well known since the seminal publication by HEIM (1882) following the Elm disaster of 1881 but the lesson has still not been generally learnt by the planning system and major disasters still occur such as the Huascaran rock avalanches of 1962 and 1970 (PLAFKER and ERICKSEN 1978).

Such planning can only take place if the true characteristics of the specific mountain environment have been specified. These characteristics must include an understanding that:

1. The tectonic behaviour is often matched by the rate of river incision to provide very steep slopes and inaccessible gorges where process rates accelerate beyond the provision of normal design criteria. This is vital since such sites are major resources for dam and bridge development and need to be carefully understood if disaster is to be avoided (e.g. the Vaiont dam).
2. There is often a close coupling between the river and the slope processes so that the effect of incision leads to basal removal of debris, undercutting and a rapid transmission of agressive erosional stress upslope. In some cases the effect is quite profound for the developer and has lead to some of the most exciting of all engineering achievements. The cross island highway of Taiwan may be quoted as an example. Here there is no doubt that a geomorphological approach has contributed to the sustainability of the whole project.
3. The slope response of profund sediment yield generates a corresponding complexity of cut and fill sequences for the downstream area. Management of downstream areas must be aware of the wider setting and the overall behaviour of the system.
4. There is a high probability of seismic action capable of landform and infrastructure transformation.
5. There are widespread structural weaknesses in the rock mass and frequent occurence of situations where rock attitudes, discontinuities, orientations, and stratigraphic juxtapositions which, in combination with slope form and aspect, yield many opportunities for instability and erosion.
6. There is a considerable variability in ground and slope water conditions, with the possibility of strong hydrological gradients, rapid runoff concentrations and travel times.
7. In suitable climates, mature vegetation can exist with pronounced canopy cover, transmission, evapotranspiration and root strength effects on slope stability.
8. Because of these conditions the landscape is extremely sensitive to land management practices and engineering activity which must be fully cognizant of the implications. For example, the form, materials, dynamic processes (runoff, debris flow, avalanche hazard), vulnerability and risk of an alluvial fan can now be determined by modern geomorphological science. It could therefore be argued that, should a new development take place without these facts being ascertained then that management system is

being negligent. Historical examples of such mistakes can be seen throughout the European Alps and even in such recent development locations as the National Park village in New Zealand. Fortunately, in the latter example geomorphological advice was utilised.

An important conclusion to draw from this listing is that mountain areas possess very high sediment yield rates (see BRUNSDEN 1987), volumetric displacements of water and slope materials and high densities and frequencies of landslides and other mass movement processes. The recorded rates are the highest in the world. In addition, rates may be more than doubled by seismic activity and the actions of human beings. These figures have an obvious importance for engineering projects such as the life expectancy of reservoirs, road construction and the selection of design parameters.

Application to Planning and Sustainable Development

Natural hazards in such landscapes are frequent, episodic and derive from a multiplicity of causes and therefore demand planning investigations of the highest quality and flair. These should be designed specifically for the specialised terrain conditions if the developments are to be sustained. Design standards developed in temperate, tectonically stable regions, or even temperate mountains like the Swiss Alps, are rarely suitable for more extreme areas. A good example of this is the Dharan-Dhankuta highway in Nepal which was largely located and evaluated using geomorphological principles to meet the needs of the processes identified in the survey and it has performed well over its first 15 years despite of a major earthquake and several large flood events.

Another essential task is to quantify the nature frequency and magnitude of events which occur and to map the locations of the sensitive areas where they will have the most effect. Such maps must by definition identify the areas most liable to mismanagement. Fortunately we have a formidable armoury of techniques (Figure 3, Tables 1-3) to provide the required information. These include inventory, regional prediction, geomorphological hazard zone, landslide susceptibility and flood probability maps. The most common technique is Environmental Geomorphology Mapping (Tables 1-2) which categorizes earth science systems, evaluates each development site, informs on sound environmental procedures and promotes suitable codes of practice. A newer development, the landscape sensitivity map (Table 3, BRUNSDEN 1988), concentrates on the preparation of quantitative statements and probabilities of change of different areas, in terms of the formative events to which they might be subjected and the various scales of resistance or tolerance which can be mobilised.

It has to be admitted, however, that applied geomorphology for mountain areas is not well developed. Applied geomorphology is the application of geomorphological techniques and analysis to a planning, conservation, resource evaluation, engineering or environmental problem (BRUNSDEN et al. 1978). Applied geomorphological studies are capable of supplying information of value to anyone who is required to operate in the natural environment (COOKE & DOORNKAMP 1974, 1990). Most geomorphologists believe that all parts of their subject are applicable to human problems because we are always dealing with landforms and processes which are used by humans and which have to be managed sensitively if we are to avoid difficulties such as land degradation or natural hazard.

Applied geomorphology involves problem identification, innovative research, laborious ground description and can be applied at reconnaissance, site investigation, construction and post construction stages of a project. For the current discussion perhaps the most important element is problem identification and description. This involves rapid surveys of the ground in question, reconnaissance, walkover survey and desk studies. It is a most important aspect of applied work because site investigation and design can only proceed efficiently if the problems are recognised. Time is always short and there are tight time schedules because there are contractual deadlines. There are often few data or of very low quality and there is no time to develop data collection systems. The nature, origin, age and relationship of the deposits and landforms have to be assessed and related to the environments in which they were created. Processes have to be evaluated and there is a demand for that unique skill of being able to estimate process from the evidence of the landforms. Under these circumstances there is no substitute for being able to 'read the ground'. This requires a broad knowledge across the earth sciences but there is no substitute for experience, intuition and a willingness to give an opinion. The work must be technically competent and carried out to the highest standards of the profession. The correct use of remote sensing, air photographs, cartographic skills, ability to observe, describe, measure, sample and collect data must be encouraged. In addition, all the traditional skills of the geographer must be utilised, especially the ability to make maps, and analyse spatial, economic and temporal data. The geographers awareness of the socio-economic domain is essential. This is a formidable list but it adds up to a willingness to keep an open mind and to listen and to learn from the other sciences involved.

Conclusion

Sustainability means that we are seeking to act as custodians of the resources and environment which we were entrusted with. We wish to leave these in a good or a better state than we received them. It is a contention of this paper that modern geomorphologists can, alongside their socio-economic, planning and engineering colleagues, assist in that task.

References

BRUNSDEN, D. (1987): Principles of hazard assessment in neotectonic terrains, Proc.1st Sino-.British Geological Conference, 1-9 April 1987, Taiwan.

BRUNSDEN, D. (1988): Slope Instability, Planning and Geomorphology in the United Kingdom, In: J.M.HOOKE (Ed.), Geomorphology in Environmental Planning. J.Wiley ans Sons, Chichester.

BUNSDEN, D., DOORNKAMP, J.C. and JONES, D.K.C. (1979): Applied Geomorphology: A British View. In: EMBLETON, C.E., BRUNSDEN, D., JONES (Eds.), Geomorphology, Present Problems, Future Prospects. Oxford University Press, p. 251-262.

COOKE, R.U.C. and DOORNKAMP, J.C. (1974, second Ed. 1990): Geomorphology and Environmental Management. Oxford University Press.

DEPARTMENT OF THE ENVIRONMENT (1993): Review of Earth Science. Information in Support of Coastal Planning and Management. Rendel Geotechnics R/H837/1, October 1993.

HEIM, A. (1882): Der Bergsturz von Elm, Z.Dtsch.Geol.Ges.34, p.74-115.

PLAFKER, G., ERICKSEN, G.E. (1978): Nevados Huascaran Avalanches, Peru. Ch.8. In: VOIGHT,B. (Ed.), Rockslides and Avalanches. Elsevier, Amsterdam, p.277-314.

Figure 1. Elements involved in defining [After DOE 1993]

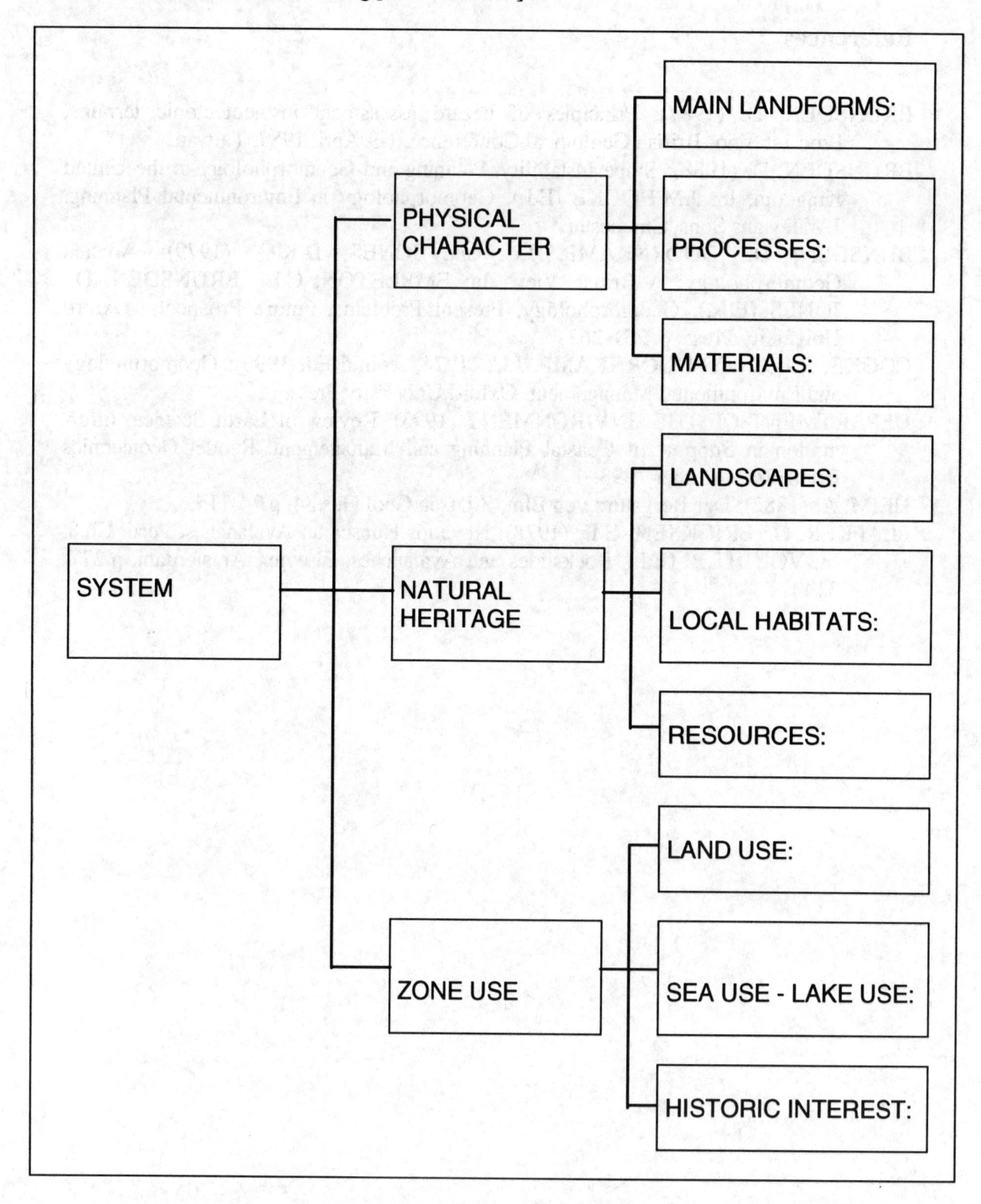

SYSTEM	
PHYSICAL CHARACTER	MAIN LANDFORMS:
	PROCESSES:
	MATERIALS:
NATURAL HERITAGE	LANDSCAPES:
	LOCAL HABITATS:
	RESOURCES:
ZONE USE	LAND USE:
	SEA USE - LAKE USE:
	HISTORIC INTEREST:

Figure 2. Framework for use of earth science information in forward planning.
From DOE 1993.

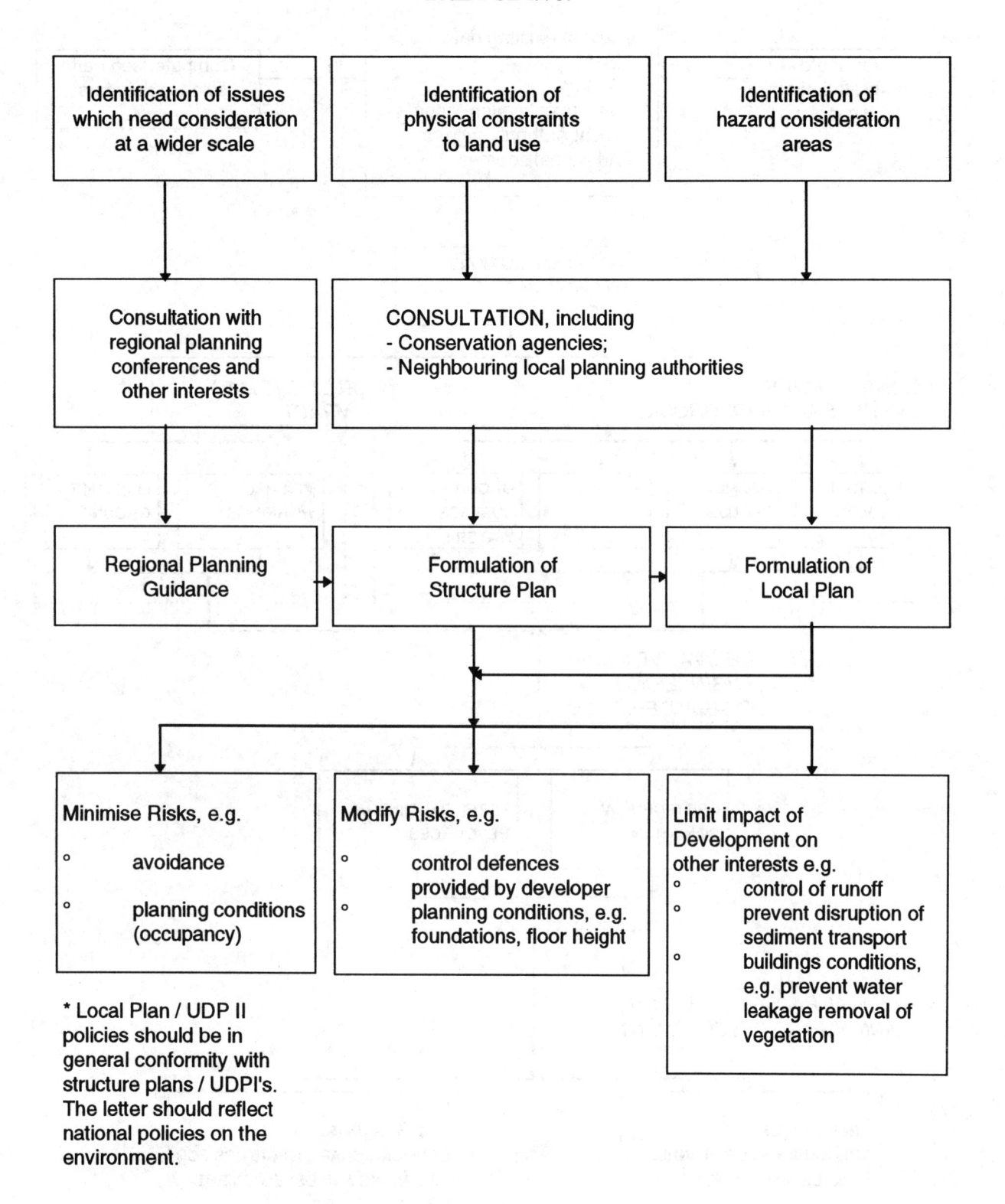

```
┌─────────────────────┐   ┌─────────────────────┐   ┌─────────────────────┐
│ Identification of   │   │   Identification of │   │   Identification of │
│ issues which need   │   │  physical constraints│  │  hazard consideration│
│ consideration at a  │   │     to land use     │   │        areas        │
│     wider scale     │   │                     │   │                     │
└──────────┬──────────┘   └──────────┬──────────┘   └──────────┬──────────┘
           │                         │                         │
           ▼                         ▼                         ▼
┌─────────────────────┐   ┌─────────────────────────────────────────────────┐
│  Consultation with  │   │  CONSULTATION, including                        │
│  regional planning  │   │  - Conservation agencies;                       │
│  conferences and    │   │  - Neighbouring local planning authorities      │
│   other interests   │   │                                                 │
└──────────┬──────────┘   └─────────────────────────────────────────────────┘
           │                         │
           ▼                         ▼
┌─────────────────────┐   ┌─────────────────────┐   ┌─────────────────────┐
│  Regional Planning  │──▶│    Formulation of   │──▶│    Formulation of   │
│      Guidance       │   │    Structure Plan   │   │      Local Plan     │
└─────────────────────┘   └──────────┬──────────┘   └─────────────────────┘
```

Minimise Risks, e.g.	Modify Risks, e.g.	Limit impact of Development on other interests e.g.
○ avoidance	○ control defences provided by developer	○ control of runoff
○ planning conditions (occupancy)	○ planning conditions, e.g. foundations, floor height	○ prevent disruption of sediment transport
		○ buildings conditions, e.g. prevent water leakage removal of vegetation

* Local Plan / UDP II policies should be in general conformity with structure plans / UDPl's. The letter should reflect national policies on the environment.

Figure 3. Example of a suite of maps for an Applied Earth Science Mapping Study.

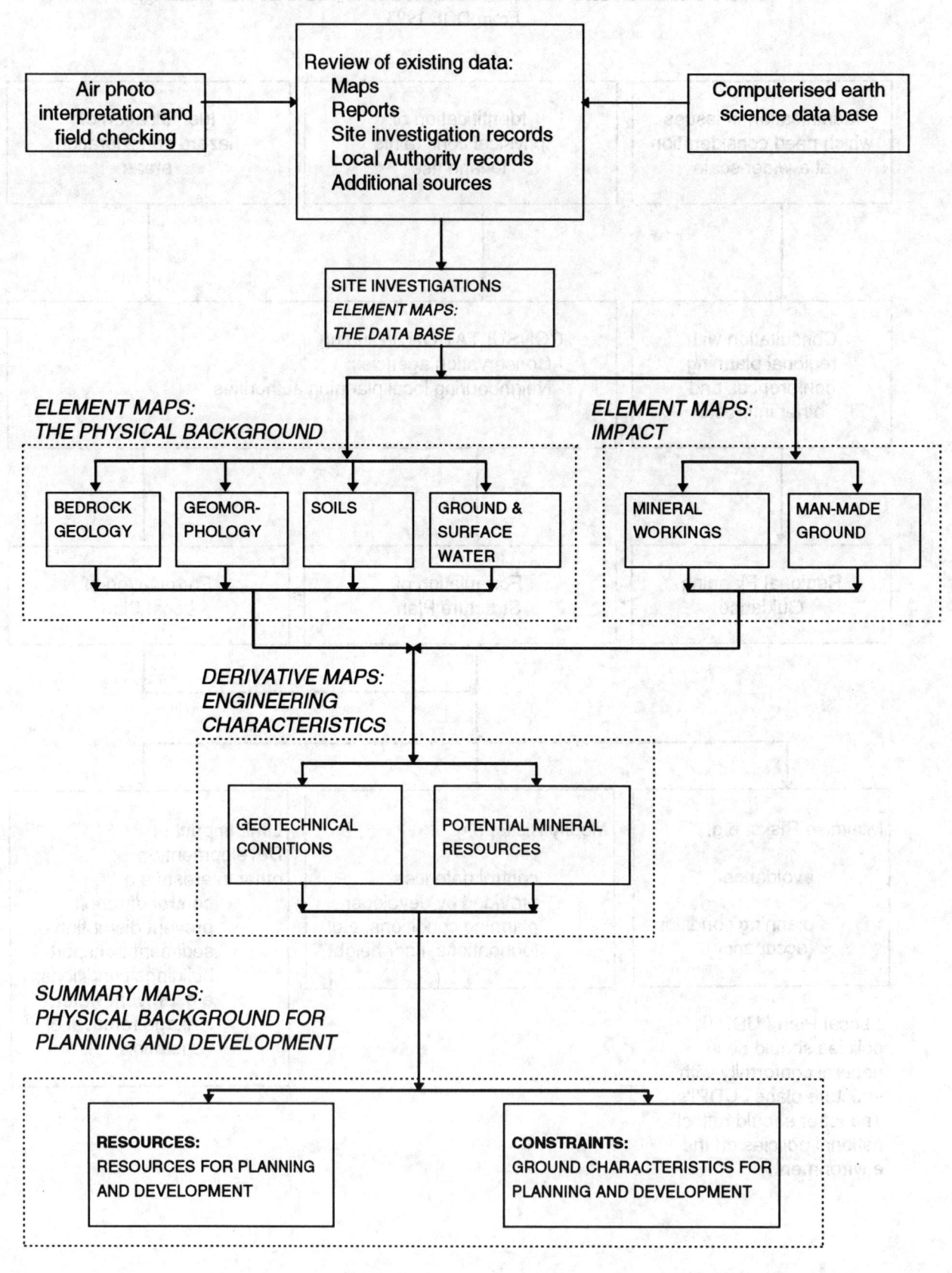

```
        ┌──────────────┐      ┌─────────────────────────┐      ┌──────────────┐
        │ Air photo    │      │ Review of existing data:│      │ Computerised │
        │ interpretation│─────▶│   Maps                  │◀─────│ earth science│
        │ and field    │      │   Reports               │      │ data base    │
        │ checking     │      │   Site investigation    │      │              │
        └──────────────┘      │   records               │      └──────────────┘
                              │   Local Authority records│
                              │   Additional sources    │
                              └────────────┬────────────┘
                                           ▼
                              ┌─────────────────────────┐
                              │ SITE INVESTIGATIONS     │
                              │ ELEMENT MAPS:           │
                              │ THE DATA BASE           │
                              └────────────┬────────────┘
```

ELEMENT MAPS: *ELEMENT MAPS:*
THE PHYSICAL BACKGROUND   *IMPACT*

| BEDROCK GEOLOGY | GEOMOR- PHOLOGY | SOILS | GROUND & SURFACE WATER | | MINERAL WORKINGS | MAN-MADE GROUND |

DERIVATIVE MAPS:
ENGINEERING CHARACTERISTICS

| GEOTECHNICAL CONDITIONS | POTENTIAL MINERAL RESOURCES |

SUMMARY MAPS:
PHYSICAL BACKGROUND FOR PLANNING AND DEVELOPMENT

| **RESOURCES:** RESOURCES FOR PLANNING AND DEVELOPMENT | **CONSTRAINTS:** GROUND CHARACTERISTICS FOR PLANNING AND DEVELOPMENT |

Figure 4. Resources and Constraints.

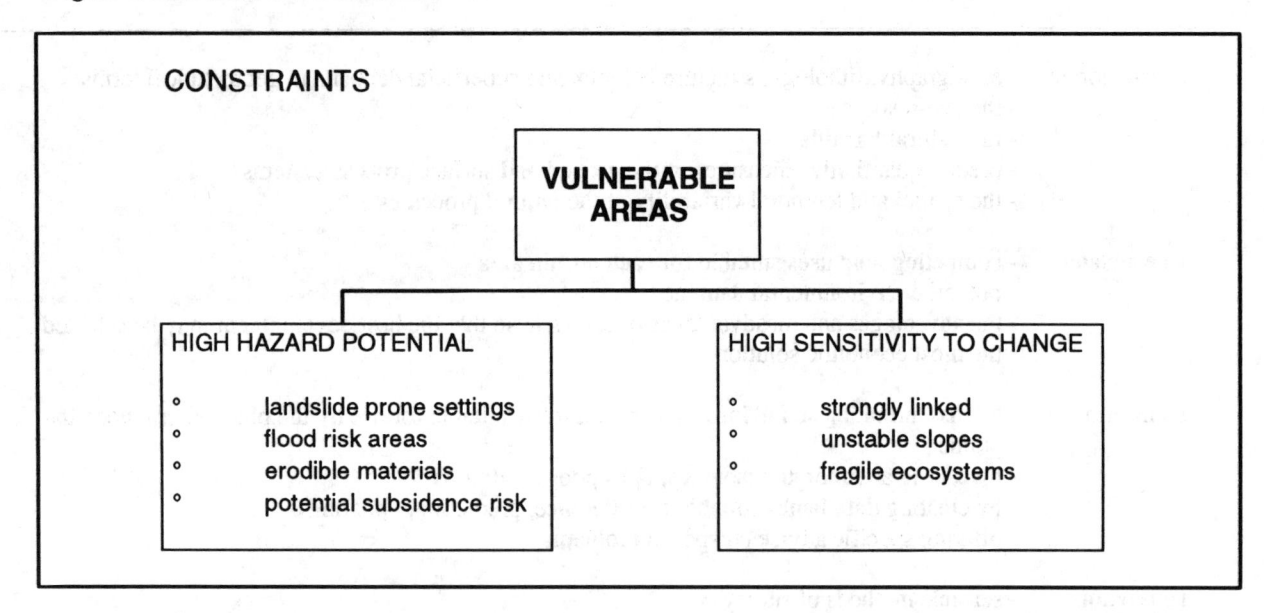

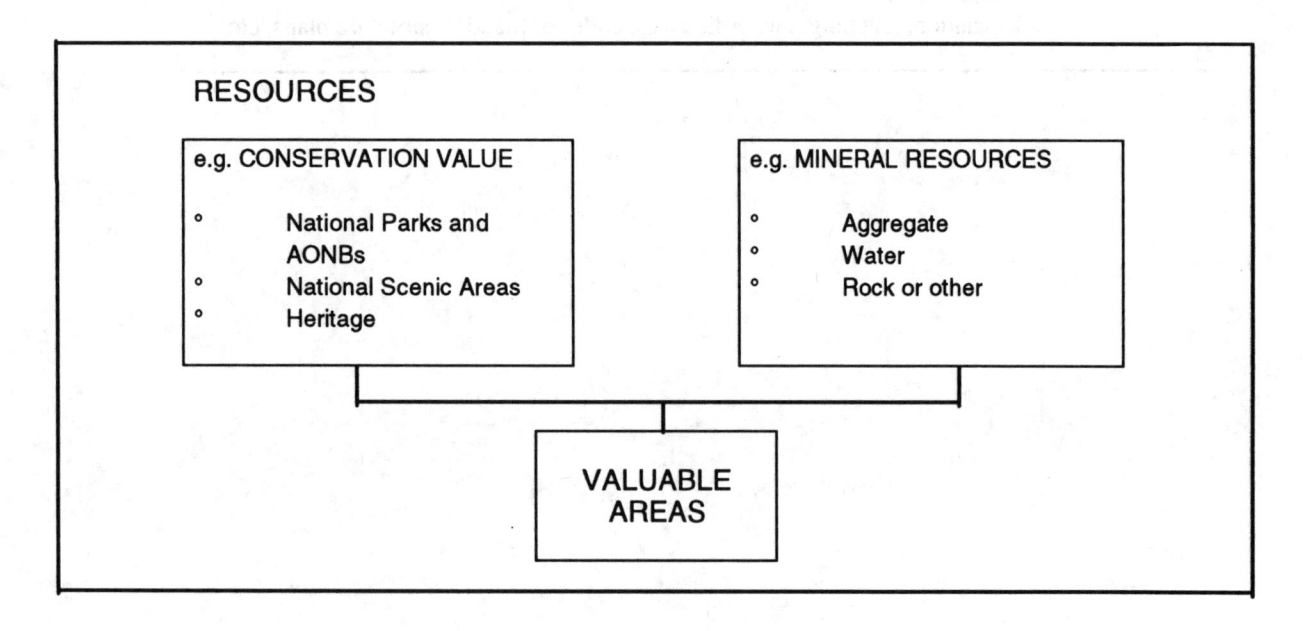

CONSTRAINTS

VULNERABLE AREAS

HIGH HAZARD POTENTIAL
- landslide prone settings
- flood risk areas
- erodible materials
- potential subsidence risk

HIGH SENSITIVITY TO CHANGE
- strongly linked
- unstable slopes
- fragile ecosystems

RESOURCES

e.g. CONSERVATION VALUE
- National Parks and AONBs
- National Scenic Areas
- Heritage

e.g. MINERAL RESOURCES
- Aggregate
- Water
- Rock or other

VALUABLE AREAS

Table 1. The specific objectives of Environmental Geology Maps as practised in Europe

To categorize	- stratigraphy, lithology, structure bedrock and superficial deposits in geotechnical terms - the geo-resources - the natural hazards - precise quantitative measures of the ground and surface process systems - the spatial and temporal variability of the natural processes
To evaluate	- competing land uses suitable for each terrain area - potential environmental damage - the advantages and disadvantages of each site so that the best development may be selected - the most economic solution
To inform	- by disseminating sound information in a form suitable for use by the planner, engineer and public - by calling attention to resources, risks poor conditions - by creating data-banks suitable for reference, prediction, updating - offering specific advice on special problems
To promote	- sensible methods of survey - sound practice - legislation, planning law, ordinances, codes of practice, structure plans, etc.

Table 2. Core topics on European Environmental Geology Maps

Topics	Common subdivisions
Geomorphology	Rockfall, debris chutes, debris avalanches, landslides, creep, solifluction, subsidence, erosion, flooding, karst, drainage, permeability. Usually classified as geodynamic risks (scale, intensity, rate, probability, age).
Morphology	Slope gradient, slope classification, drainage parameters, terraces, ridges. Heights.
Stratigraphy	Usually standard geological column division. Bedrock and superficial. European maps emphasize a wide superficial division (e.g. terraces, alluvium, colluvium, scree, glacis, soilfluction debris). Always includes thickness and depth to formation.
Lithology	Usually a detailed division of particle size categories, occasionally roundness, durability, chemistry.
Structure	Dip, strike, thickness, faults, active, inactive, thrust, bedding planes, fracture spacing, jointing.
Tectonic/Seismic	Activity of faults, microseismic zones, epicentres, intensity of state of rock, fracture indices, bedding form related to tectonics.
Hydrogeology	Depth to aquifer, number and type. Hydrostatic condition, piezometry, permeability of rock or soil, potability, chemistry, pollution susceptibility.
Surface hydrology	Water resources, run-off, discharge, sources, sinks, drainage pattern density, infiltration capacity, climatic/hydrograph summaries.
Geotechnical data	Compression, point load, bearing capacity, penetration, strength. Descriptive properties, Atterberg limits, pore-pressure details.
Location data	Grid coordinates.
Special conditions	For example, Karst, caves, underground workings, mines, cavities, soluble materials. Weathering state, grade, process.
Anthropogenetic features	Quarries, workings.
Protective works	Check dams, lined channels, dams, structures, gauging stations, retaining walls. Stabilization measures.
Vegetation	Type, area, cover.
Land use	Urban, rural, arable, crops, vines, etc.
Pedological soild	Subdivision type, use or workability. Grade.
Ecological landscape	Sites of scientific interest, unique sites, resources, protected areas, parks, etc.
Archaeological	Sites of archaeological interest, monumens, castles, graves, etc.
Location or original data	Maps, data, archives, aerial photographs. Historical.

Table 3. Methodology for the preparation of Landscape Sensitivity Maps for planning purposes (Brunsden, 1987)

Step		
1	Prepare	Factual base maps, Topography, Geology, Structure geomorphology, Hydrology, Soils.
2	Tabulate	Large scale cycles epicycles, episodes of landscape evolution.
3	Collate	Evidence on dates, frequencies, magnitudes, durations of climatic, seismic, flooding, landslide, etc. events.
4	Determine	Probabilities and thresholds for each process.
5	Classify	Vulnerable classes of landscape (e.g. 1:50 events causes failure of >35° slope on slate).
6	Devise	A scheme of proxy variables, using statistical analysis to enable the probability values or recurrence intervals to be assigned to the classified landscape areas.
7	Determine	The diagnostic large events which cause landscape change using the indicators of past events as a guide tu future risk.
8	Maps	The nature redirection of aggressive erosional stress (e.g. erosion propagation).
9	Maps	The variable spatial sensitivity or resistance to change (e.g. flat slopes, distance from erosion axis, low drainage density, resistant rock).
10	Isolate	Vulnerable rock types, swelling clay, shattered rocks. Metastable soils, etc.
11	Predict	Worst state (e.g. saturated ground).
12	Maps	Any known threshold relationships (e.g. slope angle v slope failure, transitional sliding v regolith thickness v shape).
13	Utilize	Post-audit surveys and learn from mistakes by examining what happened in particular events or situations in the past.

Table 4. Volumetric displacements of slope material during landslide periods in neotectonic terrains (compiled by Crozier et al., 1982).

Volume (m^3/ha)	Area surveyed (ha)	Area eroded (%)	Period of episode	Locality	Source
1150	24,000	25	1970	Adelbert Ra Papua NG	Pain and Bowler, 1973
844	143	18.2	1968-69	San Dimas, California (pasture)	Rice and Foggin, 1971
100-800	2000-50	-	1966	Mangawhara Valley, NZ	Selby, 1976
690	23	9.7	1977	Pakaraka Wairarapa, NZ	Crozier *et al.*, 1982
506	216	1.5	1980	Wainitubatolu Fiji	Crozier *et al.*, 1981
400	280	-	1973	Matahuru and Mangapiko, NZ	Selby, 1976
337	112	5-12	1966-67	Bell Canyon, California	Rice, Corbett and Bailey, 1969
298	145	5.8	1968-69	San Dimas, California (scrub)	Rice and Foggin, 1971
125	550	< 10	mid 1960's	Notown, West Coast, NZ	O'Loughlin and Pearce, 1976
77	162	1	1977	Hawkes Bay, NZ	Eyles, 1971
26	1,267	0.3	1976	Stokes Valley, NZ	McConchie, 1977
6.3	5,020	-	1974	Ashland Creek, Oregon	Smith and Hicks, 1982

Table 5. Displacement rates for debris slides in neotectonic areas under forest cover and following disturbance (from Crozier, 1986).

Rate ($m^3/km^2/y$)	Period of Record (y)	Area surveyed (km^2)	Locality	Source
Dominantly Forest				
1500	25	720	Redwood Ck, California	Kelsey et al., 1981
280	35	575	Van Duzen R., California	Kelsey, 1980
100	6	5.5	North Westland New Zealand	O'Loughlin and Pearce, 1976
71.8	84	19.3	Olympic Pen, Washington	Fiksdal, 1974
47	23	50.2	Ashland Ck, Oregon	Montgomery in Smith and Hicks, 1982
45.3	25	12.3	Aldar Ck, Western Cas, Oregon	Morrison, 1975
37.2	25	21.4	Andrews Fst., W. Cas, Oregon	Swanson and Dyrness, 1975
11.2	32	246	Coast Mtns. Brit. Columbia	O'Loughlin, 1972
8.2	10	6	Big Beef Ck, Washington	Madej, 1982
Disturbed: Clearcut/Scrub/Pasture				
1000-4000	3	6.2	North Westland, New Zealand	O'Loughlin and Pearce, 1976
1500-3000	**	1.6	Hawkes Bay, NZ	Eyles, 1971
2850	48	1350	Wairarapa, NZ	Crozier, 1983
1000	**	20	Mangawhara, NZ	Selby, 1976
350*	22	1.7	Lone Tree Ck, California	Lehre, 1982
161	25	7.9	Andrews Fst, W. Cas, Oregon	Swanson and Dyrness, 1975
125*	100	1.7	Lone Tree Ck, California	Lehre, 1982
117	15	4.5	Aldar Ck, W.Cas, Oregon	Morrison, 1975
29	10	17	Big Beef Ck, Washington	Madej, 1982
25	32	26.4	Coast Mtns, B. Columbia	O'Loughlin, 1972
25	**	12.7	Stokes Valley, NZ	McConchie, 1977

* Weight to volume conversion using 1.5 g/cm^3
** Calculated on return period triggering storm

Table 6. Examples of rainfall events that caused pronounced landscape change in neotectonic lanscapes.

Area	Date	Details	Author
Serra das Araras, Brazil	Jan. 22-23 1967	Widespread landsliding 586 mm in 48 hrs	Jones, 1973 Da Costa Nunes, 1969
Hong Kong	1966	Disastrous debris slides	So, 1971
San Dimas, California		115 mm in 24 hrs - 2 slides 165 mm in 24 hrs - 29 slides	Lehre, 1982
Wellington, N.Z.	1976	150 mm in 24 hrs significant landslides on cutslopes 200-250 mm for natural slopes	Eyles et al., 1978
Wellington, N.Z.		50-55 mm excess rain - slipping. 60-90 mm excess rain - major slipping. 100 mm excess - extensive major slipping.	Eyles, 1979
Santa Monica, California		6 mm/hr with 250 mm antecedence caused slipping	Campbell, 1975
Los Angeles, U.S.A.		6.35 mm/hr with 255 mm antecedence	Nilsen et al., 1976
San Dimas, California	1933-1969	500 mm over 5 days with 150-200 mm in 24 hours, late storm causing landslide episode	Rice, 1982
Turnov, Czech.	1899-1926	Rain in spring and antecedence of 700 mm in 10 months	Zaruba, 1926
High Tatra, Czech.	July 15, 1933	Debris flows, 26 mm per hr but in 1934 62 mm at 5-8 mm/hr did not produce failure	Zaruba and Mencl, 1982
California		250 mm „seasonal" rain produces failure	Radbruch-Hall and Varnes, 1976
Japan		Antecedence of 150-200 mm at 20-30 mm/hr produces failure	Onedera et al., 1974
Shigeto, Japan	1972	Disastrous failure, 742 mm in 24 hrs	Japan Landslide Society, 1972

Table 7. Examples of erosion episodes caused by seismic events in neotectonic terrains

Location	Type of failure	Slope conditions	Cause	Author
Madison Canyon, U.S.A.	Rock avalanche and many flows and slumps	Gneiss, schist, dolomite and poorly consolidated Tertiary sediment	7.1 Earthquake, 1959	Hadley, 1959, 1978 Harrison, 1974
Anchorage, Alaska, U.S.A.	Retrogressive. Many landslides over 129,000 km^2 (submarine)	Sensitive silts and clays	8.5 Earthquake, 1964	Hansen, 1965
Khansu, China	Debris slides and flows over 58,000 km^2	Loess	Major earthquake (200,000 dead)	Close and McCormick, 1922
Calabria, Italy	Slumps, slides, falls	Loose regolith	Earthquake, 1783	Cotecchia and Melidoro, 1974
Pre-Alp, Arzino	400 landslides and rockfalls	Rock faces and regolith	Earthquake, 1928	Zaruba and Mencl, 1982
Friuli, Italy	250 rockfalls and landslides	Triassic, Quaternary sediments, dolomites limestones, calcareous marls	6.4 Earthquake, May 1976 and 6.1 September, 1976	Govi, 1977
Pelogatos R.Peru	Widespread landslides and damage	-	Earthquake, November 10, 1949	Silgado, 1951
Sakarya R.W. Anatolia	Many landslides over 450,000 km^2	-	7.1 Earthquake, 1967	Ambraseys *et al.*, 1968
Guatemala	Tens of thousands of small landslides	Colluvium, pumice, tuff	Earthquake, February 4, 1976	Radbruch-Hall and Varnes, 1976
Chile	Thousands of landslides	-	8.4-8.6 Earthquake, 1960	Zaruba and Mencl, 1982
Nevados-Huascaran	1000 M.m^2 rock avalanche	Loose rock	7.7 Earthquake, 1970	Plafker and Eriksen, 1972 Eriksen, Plafker and Concha, 1070
	13 M.m2 rock avalanche	Granodiorite	Earthquake, 1962	Clapperton and Hamilton, 1971
Peru	Rock avalanche	Sandstone	Earthquake, 1974	Hutchinson and Kojan, 1975
Mitkoff Island, Alaska	Debris avalanche	Saturated soil, steep slopes	Explosions in quarry	Vandre and Swanston, 1977
E.Otago, N.Z.	Compound slumps	Sandstone over mudstone	Water table disturbed by frequency of rail traffic	Benson, 1940

Table 8. Sediment yield data for catchments in the neotectonic terrains of New Zealand
(compiled by Whitehouse, 1987)

Location	Specific sediment yield (t/km^2/yr)	Denudation rate + (mm/yr)	Catchment mean rainfall (mm)	Catchment area (km^2)	Catchment mean elevation a.s.l. (m)	Reference
Waimakariri R.	1836	0.7	1900	3210	752	Griffiths, 1981*
Selwyn R.	642	0.2	1300	164	218	Griffiths, 1981
Rakaia R.	1805	0.7	3000	2640	1151	Griffiths, 1981
Ashburton R.	631	0.2	1400	540	1000	Griffiths, 1981
Ahuriri R.	108	0.04	1600	557	1240	Griffiths, 1981
Twizel R.	144	0.05	1800	250	1014	Griffiths, 1981
Hooker R.	3892	1.5	6500	103	1680	Griffiths, 1981
Irishman Ck.	12	0.004	820	142	970	Griffiths, 1981
Forks R.	132	0.05	1600	98	1383	Griffiths, 1981
Jollie R.	218	0.08	1400	139	1490	Griffiths, 1981
Haast R.	14010	5	6500	1020	1050	Griffiths, 1981
Hokitika R.	18777	7	9400	352	1150	Griffiths, 1981
Croppe R.	29700	11	11200	12	1450	Griffiths and McSaveney, 1983b
Ivory Glacier	13400-23900	5-9	10000	2	1780	Robinson, 1981
Dry Acheron Stm	250	0.09	2000	6	1100	Griffiths (pers. com.1984)
Opihi R.	130-185	0.05-0.07	1100-2000	5-160	700-850	Cuff, 1974
Torlesse Stm	40	0.02		4	1300	Hayward, 1980; Beschta, 1983

* Specific sediment yield calculated from Griffiths (1981) equals suspended sediment yield + 10%
+ Assumes density of 2.65 t/km^3

Daniel Vischer

Nachhaltige Gewässernutzung am Beispiel der überregionalen Wasserversorgung - Überlebensfrage oder Sehnsucht nach dem Paradies?

1. Das Wasser und das Leben

Bis heute wurde auf keinem einzigen Himmelskörper ein derart umfassender Wasserkreislauf nachgewiesen wie auf der Erde. Eine ganz besonders auffallende Eigenheit der Erde sind dabei die ausgedehnten offenen Gewässer. Die Meere bedecken ja bekanntlich mehr als 70 % der Erdoberfläche, überwiegen hinsichtlich ihrer Gesamtabmessungen also gegenüber den Kontinenten und Inseln um mehr als das Doppelte.

Vielleicht hat dieser Umstand auch das Vorkommen von Leben auf die Erde begrenzt. Jedenfalls lässt sich feststellen, dass jedes Lebewesen Wasser enthält und damit auf Wasser angewiesen ist. Von einer Gurke sagt man etwa, dass sie aus 3 % Gurke und aus 97 % Wasser bestehe. Beim Menschen wären die entsprechenden Zahlen im Mittel 35 % Mensch und 65 % Wasser. Wir wissen aber alle, dass diese Unterteilung in ein Eigentliches und in ein Nebensächliches so nicht statthaft ist: Das Wasser ist tragender Bestandteil eines Lebewesens und nicht bloss ein beliebiger Zusatz!

Der oft pathetisch ausgesprochene Satz *"ohne Wasser kein Leben"* hat deshalb seine Berechtigung. Im vorliegenden Zusammenhang muss er aber wie folgt ergänzt werden: "Zu jedem Lebewesen gehört *eine ganz bestimmte Wassermenge* und damit ein bestimmter Wasserhaushalt, der sein Verhalten im Wasserkreislauf prägt".

2. Der Mensch im Wasserkreislauf

Der Wasserkreislauf wird von der auf die Erde einstrahlenden Sonnenenergie angetrieben. Er besteht aus Wasserdampf, der von den Winden verfrachtet wird und sich als Regen und allenfalls Schnee wieder niederschlägt. Fällt der Niederschlag in die Meere, wird er dort durch die Meeresströmungen verdriftet, fällt er auf das Land, speist er Schneefelder, Gletscher, Bäche, Flüsse, Seen und Grundwasservorkommen. Der Nachschub an Wasserdampf in der Atmosphäre wird in diesem ewigen Kreislauf durch die Verdunstung gewährleistet.

Für den Menschen ist nun von Bedeutung, dass sich über den Meeren etwas weniger Wasser niederschlägt als dort verdunstet. Dafür schlägt sich über dem Land etwas mehr nieder und nährt die erwähnten Süsswasservorkommen. Denn der Mensch ist ja ein "Landtier", das von Süsswasser lebt. Er ist also auf diese Besonderheit des Wasserkreislaufs ebenso ausgerichtet wie angewiesen. Gleichzeitig ist er diesem Wasserkreislauf aber auch ausgesetzt. Das heisst, dass er den Wasserkreislauf einerseits nutzt, andererseits sich aber davor schützt. Die Anstrengungen, die er dabei im Laufe seiner Geschichte unternommen hat und auch heute noch unternimmt, sind gewaltig.

Beschränkt man sich bei dieser Betrachtung nur auf die ober- und unterirdischen Süsswasservorkommen, lassen sich folgende Nutz- und Schutzbestrebungen aufzählen:

Nutzbestrebungen:	Wasserversorgung
	Bewässerung
	Wasserkraftnutzung
	Schiffahrt
	gewässergebundene Erholung
Schutzbestrebungen:	Wasserentsorgung
	Entwässerung
	Hochwasserschutz
	Erosionsschutz

Bei der Wasserversorgung geht es um die Beschaffung von Trink- und Brauchwasser, was fast zwangsläufig auch eine Wasserentsorgung bedingt. Die Bewässerung und Entwässerung dient der intensiven Nutzung von Kulturland zur besseren Nahrungsmittelbeschaffung. Auch beim Hochwasser- und Erosionsschutz geht es meist um das gleiche Ziel, darüber hinaus aber noch um den Schutz des menschlichen Lebensraumes. Die Schiffahrt ermöglicht die Beweglichkeit des "Landtiers" Mensch auf dem Wasser. Die Wasserkraftnutzung versorgt ihn mit Licht, Kraft und Wärme. Und die Erholung an, in und auf den Gewässern bringt dem "homo sapiens" oder "ludens", der dafür Zeit und Gelegenheit hat, Erleichterung und Lustgewinn.

3. Was heisst nachhaltige Nutzung?

Im Zusammenhang mit der Vorbereitung dieses Vortrages wurde mir die von M. Keating verfasste "Agenda für eine nachhaltige Entwicklung" zugestellt. Sie will eine *"verständliche Fassung ... der Abkommen von Rio"* am Erdgipfel 1992 vermitteln. Doch habe ich darin vergeblich nach einer knappen Definition der "nachhaltigen Entwicklung" gesucht. Zu deutlich kommt im Kommentar zur sogenannten Erklärung von Rio zum Ausdruck, wie die Welt in dieser Frage gespalten ist. Von den 19 aufgeführten Leitsätzen halte ich hier nur drei fest:

- Leitsatz a: "Die heutige Entwicklung darf die Entwicklungs- und Umweltbedürfnisse der heutigen und kommenden Generationen nicht untergraben".

- Leitsatz b: "Der Kampf gegen die Armut und der Ausgleich der Unterschiede im Lebensstandard in verschiedenen Teilen der Welt sind von grundlegender Bedeutung, wenn es darum geht, eine nachhaltige Entwicklung zu erreichen und die Bedürfnisse der Menschen zu befriedigen".

- Leitsatz c: "Die Staaten arbeiten gemeinsam am Aufbau eines offenen, internationalen Wirtschaftssystems, das in allen Ländern zu wirtschaftlichem Wachstum und nachhaltiger Entwicklung führt. Die Umweltpolitik darf nicht in ungerechtfertigter Weise zu irgendwelchen Einschränkungen des internationalen Handels missbraucht werden".

Was ist diesen Leitsätzen gemeinsam, was widerspricht sich? -- Ohne in eine längere Exegese zu verfallen, kann ich feststellen, dass die Leitsätze einer anthropozentrischen Haltung entsprechen: Es geht um den Menschen und seine Zukunft! Darüber bin ich eigentlich froh, denn ich glaube, dass der Mensch grundsätzlich nicht fähig ist, eine andere Haltung einzunehmen. Das schliesst zwar nicht aus, dass er bei seinem Handeln und Planen auch noch an die andern Lebewesen denkt, zum Beispiel an den Wolf, die Ziege und den Kohl (der bekannten Denksportaufgabe). Doch wird er letztlich nie wie ein Wolf, eine Ziege oder ein Kohl "argumentieren" können. Von der Vertretung kleinerer Lebewesen, wie die Bazillen und Viren, will ich gar nicht sprechen.

Im übrigen enthalten die Leitsätze Teilziele, die sich nicht ohne weiteres vereinen lassen. Sie widerspiegeln damit getreulich die in unserer heutigen und hiesigen Gesellschaft so beliebte Zielmatrix, die allen Wünschen gerecht werden will. Ja, ich fürchte, dass "nachhaltige Nutzung" gleichsam als Parole für eine letztlich unbestimmte Politik herhalten soll.

"Denn eben wo Begriffe fehlen,
Da stellt ein Wort zur rechten Zeit sich ein.
Mit Worten lässt sich trefflich streiten,
Mit Worten ein System bereiten,
An Worte lässt sich trefflich glauben,
Von einem Wort lässt sich kein Jota rauben".

(Mephistopheles in Faust I von J.W. Goethe)

Mit dieser mephistophelischen Häme kommen wir allerdings nicht weiter. Deshalb möchte ich mich hier, so gut es eben geht, an die drei angeführten Leitsätze halten. Dabei kommt dem Leitsatz a wohl die Priorität zu.

Meinem Thema entsprechend konfrontiere ich die erwähnten Leitsätze nun mit der Gewässernutzung. Dabei beschränke ich mich, um nicht enzyklopädisch zu werden, auf das Gebiet der Wasserversorgung.

4. Die Grundwassernutzung in der Schweiz

Der Wasserbedarf der Menschen wird aus Oberflächen- und aus Grundwasser gedeckt. Die entsprechenden Zahlen der Schweiz nehmen sich heute wie folgt aus: Der mittlere pro Kopfbedarf liegt bei 400 l/Ed, der gesamte schweizerische Bedarf bei 2,7 Millionen m^3/d oder fast 1 Milliarde m^3/Jahr und stammt zu 20 % aus Seen und Flüssen sowie zu 80 % aus Grundwasser. Dabei handelt es sich beim Grundwasser aber nur zu einem kleinen Teil aus sogenanntem echten Grundwasser (direkt durch die versickernden Niederschläge gebildet), sondern vor allem um Uferfiltrat. In andern Worten: Die schweizerische Grundwassernutzung ist effektiv eine Spielart der Nutzung von Oberflächengewässern. Die zahlreichen, in unmittelbarer Nähe des Gewässernetzes angeordneten Brunnenfassungen sind demnach nichts anderes als Fluss- und Bachwasserfassungen.

Ist diese Feststellung von Belang? Im allgemeinen liegen die Entnahmen der Wasserversorgung ja weit unter den Abflüssen der Oberflächengewässer und sind dort deshalb kaum mess- und spürbar. Es gibt aber Fälle, wo grosse Grundwasserwerke das Niederwasser eines Flusses oder Baches so stark abschöpfen, dass im Bett zeitweise nur wenig oder gar kein Restwasser übrig bleibt. Kritisch sind in vielen Fällen die Trockenzeiten im Sommer, weil die Grundwasserwerke gerade dann den Spitzenbedarf decken müssen und die Oberflächengewässer, sofern in ihrem Einzugsgebiet keine Schneefelder und Gletscher abschmelzen, Niedrigstwasser führen. Ich verweise in diesem Zusammenhang auf die Grundwasserbezüge der Stadt Bern aus dem Emmenthal, die den Emmeabfluss offensichtlich spürbar verringern. Deshalb verlangt die betroffene Fischerei-Pachtvereinigung Emmenthal ja auch eine Begrenzung dieser Bezüge, um so ein zeitweises Trockenfallen des Emmebettes zu verhindern.

In einer solchen Kontroverse wird jeweils gerne und schnell auf die Priorität der Wasserversorgung gegenüber allen andern Nutzungsarten verwiesen. *"Ohne Wasser, kein Leben"* lautet da die bereits erwähnte Parole. Doch benötigt der Mensch zum Überleben bloss etwa 2 l/d. Sogenannte Notstandswasser-versorgungen billigen ihm sogar 5 l/d zu. Die andern Liter -- im Fall der Schweiz also 395 l/d -- und damit der weitaus überwiegende Teil der Entnahmen lassen sich also nicht als "Minimumstoff" für menschliches Leben deklarieren.

So gesehen ist die Grundwassernutzung der Schweiz also eine sehr bedeutende Nutzung der Gewässer und führt beispielsweise zu zahlreichen Wasserableitungen von einem Einzugsgebiet ins andere. Letzteres gilt auch für die Seewasserfassungen.

5. Die Bodenseewasserversorgung in Baden-Württemberg

Die Schweiz besitzt, wie oben angedeutet, neben Grundwasserwerken auch Fluss- und Seewasserwerke. Hier soll aber als Beispiel die deutsche Bodenseewasserversorgung betrachtet werden. Sie entnimmt dem Bodensee heute jährlich 140 Millionen m³ Wasser und verteilt dieses bis an die nördlichen Grenzen des Landes Baden-Württemberg, das heisst bis in den Raum von Mannheim und Heidelberg. Die letzten Äste des Leitungssystems, das einer Baumstruktur mit zwei Stämmen gleicht, enden in Tauberbischofsheim, mehr als 200 km Luftlinie vom Bodensee entfernt. Dementsprechend durchquert dieses System die Einzugsgebiete der Donau und des Neckars und führt bis ins Einzugsgebiet des Mains (Bild).

Die erwähnten 140 Millionen m³ Bodenseewasser entsprechen einer mittleren Entnahme von 4,4 m³/s, wobei Tagesspitzen bis 6 m³/s auftreten. Die Zuwachsrate dieser Entnahmen beträgt, bezogen auf die letzten 30 Jahre, 4,8 %, was einer Verdoppelungszeit von 15 Jahren entspricht. In den letzten Jahren hat sich diese Zuwachsrate allerdings stark verringert. Immerhin könnte die Bodenseewasserversorgung aufgrund der internationalen Vereinbarungen ihren Betrieb mit einem Maximalwert von 12 m³/s fahren.

Ist diese Entnahme von Belang? Die heutige mittlere Entnahme von 4,4 m³/s macht wenig mehr als 1 % des mittleren Rheinabflusses bei Konstanz aus und bewirkt eine Spiegelabsenkung im Obersee von bloss 1,7 cm. Im Wasserhaushalt des Bodensees ist dieser Einfluss kaum messbar und fällt daher nicht ins Gewicht. Hingegen hat ein anderer Umstand grössere Bedeutung: Durch die Ausleitung von Bodenseewasser nach Stuttgart, Heilbronn usw. werden Teile von Österreich und der Schweiz sowie ganz Liechtenstein gewissermassen zum Einzugsgebiet dieser Städte. Das äussert sich darin, dass sich die dortige Bevölkerung für das wasserwirtschaftliche Geschehen in Vorarlberg, Liechtenstein, St. Gallen, Graubünden und Thurgau interessiert. Die Folge davon sind Einsprachen des Landes Baden-Württemberg oder der Bodensee-Wasserversorgung gegen bestimmte Entwicklungen in diesem Gebiet. Ich erwähne hier nur die Einsprachen im Zusammenhang mit der Erneuerung der im Alpenrheintal und östlich am Bodensee verlaufenden Oelpipeline sowie mit den geplanten Alpenrheinkraftwerken und mit der Kläranlage eines in Sennwald vorgesehenen Sondermüllzentrums. Freilich tritt die Bodenseewasserversorgung in dieser Sache nicht einzeln in Erscheinung, sondern im Verein mit den andern 16 Wasserwerken am Bodensee, worunter beispielsweise auch jene von St. Gallen. Denn selbstverständlich haben auch diese andern Wasserwerke ein Interesse am Schutz ihrer Fassungen vor Immissionen. Doch sind sie sehr viel kleiner und leiten im Vergleich praktisch kein Wasser aus dem Bodenseegebiet aus; in andern Worten, ihre Versorgungsgebiete gehören *natürlicherweise* zum Einzugsgebiet des Bodensees.

Ist es nun aber vertretbar, dass Baden-Württemberg gewisse Entwicklungen in Vorarlberg, Liechtenstein und der Schweiz beeinflussen oder verhindern will, nur um sich den Bodensee als Trink- und Brauchwasserspeicher zu sichern? Bedeutet das letztlich, dass sich Baden-Württemberg auf Kosten seiner Nachbarn zu entwickeln sucht? Warum entwickelt es sich nicht auf seine eigenen Kosten? Warum deckt es seinen Wasserbedarf nicht aus dem Neckar und dem Main, so wie es bereits die Donau bei Ulm nutzt? Offenbar sind der Neckar und

und dem Main, so wie es bereits die Donau bei Ulm nutzt? Offenbar sind der Neckar und der Main derart verschmutzt, dass ihr Wasser nur mit grossen Kosten zu Trink- und Brauchwasser aufbereitet werden kann. Und offenbar sollen diese Flüsse vor allem der einheimischen Wasserkraftnutzung, der Kühlwasserversorgung thermischer Kraftwerke und der Schiffahrt dienen. Sind da die Einsprachen zur Verbesserung gewässerschützerischer Ziele und der Verhinderung von Kraftwerken im Nachbarland nicht eher fragwürdig? Noch können die sich daraus ergebenden und bis jetzt erträglichen Spannungen durch freundnachbarliches Verhalten gemeistert werden. Und ich bin nicht etwa darauf aus, diese Spannungen zu schüren. Wenn aber, wie das gerade deutscherseits immer wieder geschieht, der Bodensee als *"Trinkwasserspeicher Europas"* bezeichnet wird -- so wie es kürzlich der Umweltminister von Baden-Württemberg getan hat -- werden diese Spannungen zwangsläufig zunehmen. Ich erinnere daran, dass schon einmal, nämlich 1969, eine weit erheblichere Ausleitung von Bodenseewasser nach Norden geplant war, die man schweizerischerseits mit dem Slogan "der Bodensee als *Spülkasten Europas"* charakterisiert und vehement bekämpft hat.

6. Der Bodensee als Trinkwasserspeicher Europas?

Würde der Bodensee tatsächlich zum *"Trinkwasserspeicher Europas"* erhoben, müssten die Ausleitungen auf ein Vielfaches ansteigen. Um sich ein Bild der möglichen Grössenordnung zu machen, seien hier zwei Annahmen getroffen:

Erstens kann man voraussetzen, dass es sich bei der entsprechenden Versorgung -- ähnlich wie bei der Bodenseewasserversorgung -- um eine *Zusatzversorgung* handelt. Die Bodenseewasserversorgung kommt nämlich in ihrem Versorgungsgebiet nicht für den gesamten Wasserbedarf auf. Sie ergänzt bloss die örtlichen Wasserversorgungen eines Teils von Baden-Württemberg. Davon profitieren heute wohl gegen 4 Millionen Einwohner mit durchschnittlich 100 l/Ed. Zweitens kann man von der Vorstellung ausgehen, dass die Bodenseewasserversorgung zunächst erweitert und dann sukzessive nach Norden und Nord-Nordwesten bis an die Nordsee verlängert wird. Ihr Versorgungsgebiet würde so schliesslich das einstige Westdeutschland ohne Bayern und Berlin aber mit Thüringen umfassen, sowie Lothringen, die Beneluxstaaten und Dänemark. Die entsprechende Einwohnerzahl liegt dort heute bei insgesamt 90 Millionen und dürfte kurz nach dem Jahr 2000 auf 100 Millionen ansteigen. Folglich müsste dem Bodensee dann 25-mal mehr Wasser als heute entnommen werden, das sind 3,5 Milliarden m^3 pro Jahr oder durchschnittlich fast 110 m^3/s mit Tagesspitzen bis zu 150 m^3/s. Falls auch noch der Zusatzbedarf pro Kopf von 100 l/Ed auf das Doppelte ansteigen würde, sei es, weil die individuellen Ansprüche an Brauchwasser wachsen oder die örtlichen Wasserversorgungen wegen zunehmender Verschmutzung der Ressourcen ihre heutige Leistungsfähigkeit einbüssen, müsste mit Bodenseeausleitungen von durchschnittlich 220 m^3/s und Tagesspitzen von 300 m^3/s gerechnet werden.

Um diese Zahlen zu beurteilen sei darauf hingewiesen, dass der Hochrhein beim Abfluss aus dem Bodensee im Mittel 367 m^3/s führt, und folgenden saisonalen Schwankungen unterliegt:

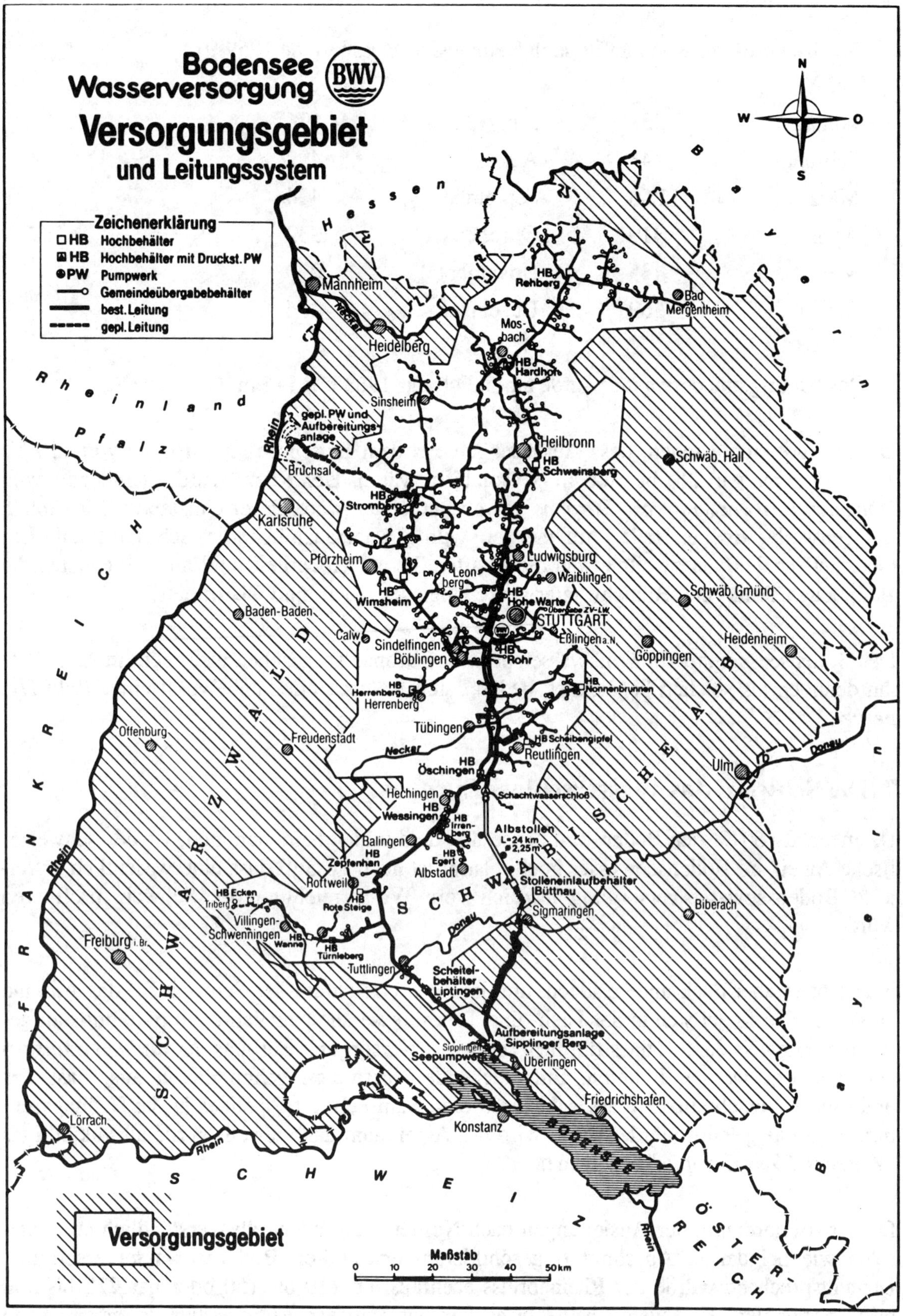

Bodensee
Wasserversorgung
BWV
Versorgungsgebiet
und Leitungssystem
Zeichenerklärung
HB Hochbehälter
HB Hochbehälter mit Druckst. PW
PW Pumpwerk
Gemeindeübergabebehälter
best. Leitung
gepl. Leitung
N
W
O
S
Hessen
Bayern
Rheinland Pfalz
FRANKREICH
SCHWEIZ
ÖSTERREICH
SCHWARZWALD
SCHWÄBISCHE ALB
Mannheim
Heidelberg
HB Rehberg
Bad Mergentheim
Mosbach
HB Hardhof
Sinsheim
gepl. PW und Aufbereitungsanlage
Heilbronn
HB Schweinsberg
Schwäb. Hall
Bruchsal
HB Stromberg
Karlsruhe
Ludwigsburg
Pforzheim
Leonberg
Waiblingen
HB Wimsheim
HB Hohe Warte
Schwäb. Gmünd
STUTTGART
Baden-Baden
Calw
Sindelfingen
Böblingen
Eßlingen a. N.
HB Rohr
Göppingen
Heidenheim
HB Nonnenbrunnen
HB Herrenberg
Herrenberg
Tübingen
HB Scheibengipfel
Offenburg
Freudenstadt
Neckar
Reutlingen
HB Öschingen
Ulm
Donau
Schachtwasserschloß
Hechingen
HB Wessingen
HB Irrenberg
Albstollen
L=24 km
Balingen
HB Egert
HB Zepfenhan
Albstadt
Rottweil
Stolleneinlaufbehälter Büttnau
HB Ecken
Triberg
HB Rote Steige
Sigmaringen
Biberach
Villingen-Schwenningen
HB Wanne
HB Türnleberg
Freiburg i. Br.
Tuttlingen
Scheitelbehälter Liptingen
Aufbereitungsanlage Sipplinger Berg
Sipplingen
Seepumpwerk
Überlingen
Friedrichshafen
Konstanz
BODENSEE
Lörrach
Rhein
Versorgungsgebiet
Maßstab
0 10 20 30 40 50 km

Durchschnittliche Rheinabflüsse in Neuhausen, Messperiode 1959-91, in m^3/s

Januar	238	Juli	576
Februar	243	August	492
März	253	September	414
April	319	Oktober	332
Mai	435	November	270
Juni	569	Dezember	256

Das Niedrigstniederwasser wurde am 5. Februar 1963 mit 115 m^3/s registriert.

Daraus lässt sich ersehen, dass Ausleitungen aus dem Bodensee im Ausmass von 110 bis 150 m³/s oder gar 220 bis 300 m³/s prohibitiv wären. Der Rhein würde damit zur wohl *"längsten Restwasserstrecke Europas"*. Am sichtbarsten wäre dieser Umstand am Rheinfall, der zeitweilig trocken fiele. Am meisten würde wahrscheinlich die Schiffahrt auf dem Oberrhein leiden, am zweitmeisten die Kraftwerke am Hochrhein und am drittmeisten die zahlreichen Trink- und Brauchwasserwerke längs des Hoch- und Oberrheins.

Der Bodensee kommt als Trinkwasserspeicher Europas so gesehen also nicht infrage. Wer ihn dennoch als solchen bezeichnet, bedient sich bewusst oder unbewusst einer *Polit-Hyperbel*.

7. Die Schweiz, das Wasserschloss Europas?

Da mehr als 60 % der Bodenseezuflüsse aus dem Alpenrhein stammen, ist der schweizerische Anteil am Bodenseewasser hoch. Damit ist auch gesagt, dass eine wesentlich erweiterte Bodenseewasserversorgung letztlich vom Wasserreichtum der Schweiz profitieren würde.

Nun gibt es aber noch andere Ideen, um den Wasserreichtum der Schweiz für das Ausland zu nutzen. So findet sich in der Fach- und Tagespresse alle paar Jahre ein prätentiös aufgemachter Hinweis darauf, dass für die Trinkwasserversorgung Europas *die alpinen Stauseen* herangezogen werden könnten. Entsprechende Vorstudien gehen davon aus, dass das praktisch unverschmutzte Wasser der grösseren Stauseen mit Pipelines in die Ballungszentren Europas geleitet würde. Dabei wird der Alpenraum dann jeweils gerne als zukünftiges *"Wasserschloss Europas"* bezeichnet.

Die Grössenordnung der Ausleitungen nach Norden wäre aber selbstverständlich etwa dieselbe wie bei der in Abschnitt 6 geschilderten erweiterten Bodenseewasserversorgung. Dementsprechend würde der Rheinabfluss ebenfalls um 110 bis 150 oder gar 220 bis 300 m³/s geschmälert. Und viele Rheinzubringer in der Schweiz wären zeitweilig entsprechend stark beeinträchtigt, das heisst, die zahlreichen entsprechenden Restwasserstrecken würden zum ausgedehnten *Restwassernetz Schweiz*. Immerhin könnten die allfälligen Ansprüche der Wasserbezüger hinsichtlich des Gewässerschutzes besser verkraftet werden, weil die Einzugsgebiete der grossen Stauseen gegenüber jenen des Bodensees klein sind und in Höhen liegen, wo keine grossen Siedlungs- und Verkehrsentwicklungen zu erwarten sind.

8. Einige Besonderheiten der Wasserversorgung

Die Wasserversorgung ist als Sparte der Gewässernutzung deshalb besonders interessant, weil sich das Wasser nur sehr bedingt durch andere Stoffe substituieren lässt. Daher bleibt die Wasserversorgung im hier behandelten Sinne auch in Zukunft notwendig.

Diese Aussage gilt uneingeschränkt für das Trinkwasser, das heisst für die erwähnten 2 l/d, die der Mensch zum Überleben braucht. Es gibt dafür kein Substitut. Die kleine Geschichte, wonach Direktor X der Wasserversorgung Y nun eine Pille entwickelt habe, die als Notvorrat an Wasser dienen könne, wirkt erheiternd. Denn laut Gebrauchsanweisung muss diese Pille im Notfall eben jeweils im Wasser aufgelöst werden.

Mit Einschränkungen gilt diese Unersetzlichkeit des Wassers auch bei der Körperpflege und vielen andern Anwendungen. Doch ist hier nicht der Ort, den Einschränkungen nachzugehen. Diese ermöglichen zweifellos viele Einsparungen. Das entsprechende Sparpotential wird aber von jenem, das sich einfach durch eine zurückhaltendere Verwendung des Wassers ergibt, erheblich übertroffen.

Eine weitere Besonderheit der Wasserversorgung besteht darin, dass sie einen Rohstoff nutzt, der von der Natur erneuert wird. Das stimmt jedenfalls weltweit gesehen, weil der Wassergehalt unseres Globus konstant bleibt. In andern Worten: die Wasserversorgung nutzt letztlich immer wieder dasselbe Wasser. Ob der von mir angesichts dieser Tatsache improvisierte Distichon

> "Um die Kartoffeln zu sieden,
>> verwendest du heute vielleicht
> Wasser, worin Archimed'
>> badend den Auftrieb ersann!"

ernstzunehmen ist, sei dem Leser überlassen. Die Wahrscheinlichkeit einer solchen Sequenz ist angesichts des Umstandes, dass eine Pfanne 2 l und die Badewanne von Archimedes vielleicht 200 l fassen, während die Wasservorkommen der Erde auf insgesamt $1,4 \cdot 10^{21}$ l geschätzt werden, sicher äusserst klein.

Das von der Wasserversorgung gewonnene Wasser wird also nur in dem Sinne *ver*braucht, als ein Teil davon verdunstet und sich dann irgendwo wieder niederschlägt. Der verbleibende Teil dient praktisch durchwegs als Spülwasser und wird damit zum Abtransport von

Schmutzstoffen in löslicher und fester Form verwendet sowie zur Kühlung oder Heizung. Er wird also nicht eigentlich *ver*braucht, sondern bloss *ge*braucht, indem er mit Schmutzstoffen oder Wärme belastet wird. Solange er von der Natur oder von den Menschen wieder gereinigt oder/und rückgekühlt wird, steht er der Menschheit also weiterhin zur Verfügung.

Wie lassen sich die eingangs zitierten Merksätze nun auf diese Wasserversorgung anwenden, insbesondere auf die Situation von Bern mit seinen Grundwasserentnahmen im Emmenthal sowie auf jene von Baden-Württemberg mit der Ausleitung von Bodenseewasser?

9. Die Anwendung der drei Leitsätze

Leitsatz a: "Die heutige Entwicklung darf die Entwicklungs- und Umweltbedürfnisse der heutigen und kommenden Generationen nicht untergraben".

Folgerung a

Zunächst wird klar, dass die heutigen Süsswasservorkommen der Erde so genutzt werden müssen, dass sie weiterhin genutzt werden können. Oder negativ ausgedrückt: diese Vorkommen dürfen nicht so weit verschmutzt werden, dass sie später nicht wieder mit tragbaren Mitteln aufbereitet und für Trink- und Brauchwasserzwecke verfügbar gemacht werden können.

Damit stellt sich aber auch die Frage nach dem Raum, in welchem dem Prinzip der Nachhaltigkeit Genüge geleistet werden muss. Die Bildung von Ballungszentren in Gebieten, die ihren Wasserbedarf aus andern Gebieten decken, erscheint nämlich problematisch. Denn sie begünstigt eine Entwicklung, die mit aller Wahrscheinlichkeit nicht mehr rückgängig zu machen sein wird und damit letztlich zu Lasten jener andern Gebiete gehen muss. Diesem Umstand kommt eine gewisse Bedeutung zu, weil weltweit die Ballungszentren wachsen. So werden vielerorts aus bisherigen Metropolen sogenannte Megalopolen mit über 10 Millionen Einwohnern.

Im Fall von Bern und seinen Grundwasserentnahmen im Emmenthal sind die Konsequenzen vergleichsweise minim und vielleicht tragbar oder allenfalls kompensierbar. Die Fischerei-Pachtvereinigung Emmenthal wehrt sich für die Erhaltung der Erholungsmöglichkeiten am Emmelauf und insbesondere für den Angelsport. Es sind wohl nicht in erster Linie wirtschaftliche Gründe, die die Vereinigung dazu bewegen, sondern ideelle. Ihnen steht der grosse Wasserbedarf der Hauptstadt entgegen, der aber, was die kritischen sommerlichen Trockenzeiten anbelangt, ebenfalls von ideellen Werten geprägt ist, man denke etwa an die Gartenbewässerung und das Rasensprinkeln.

Im Fall von Baden-Württemberg und der Ausleitung von Bodenseewasser ergeben sich schon etwas schwerwiegendere Probleme. Da ist offenbar ein Gebiet daran, sich bevölkerungsmässig und wirtschaftlich stark zu entwickeln. Die Konkurrenzsituation mit dem benachbarten Vorarlberg, mit Liechtenstein und mit der Schweiz ist dabei unübersehbar. Aber statt mit gewässerschützerischen Anstrengungen am Neckar und am Main eine Autonomie der Wasserversorgung anzustreben und sich so auf die örtlichen Wasservorkommen zu beschränken, ziehen es die Badener und Württemberger offenbar vor, ihr Wasser aus dem Bodensee zu beziehen und den Ländern und Staaten in dessen Einzugsgebiet gewässerschützerische und andere Auflagen zu machen. Wird da die Konkurrenzsituation nicht etwas auf die Spitze getrieben? Kann man hier aus der Sicht von Vorarlberg, von Liechtenstein und der Schweiz noch von einer nachhaltigen Entwicklung sprechen?

Bei einem kräftigen Ausbau der Bodenseewasserversorgung in Richtung Nordsee würde man recht bald einmal jene Grenze überschreiten, die von einer *nachhaltigen* Entwicklung zu einer *nicht nachhaltigen* führt. Dasselbe gilt auch bei der Verwirklichung von Projekten, die Europa mit Wasser aus den bestehenden alpinen Speichern beliefern möchten.

Leitsatz b: "Der Kampf gegen die Armut und der Ausgleich der Unterschiede im Lebensstandard in verschiedenen Teilen der Welt sind von grundlegender Bedeutung, wenn es darum geht, eine nachhaltige Entwicklung zu erreichen und die Bedürfnisse der Menschen zu befriedigen".

Folgerung b

Hier ist von einem Ausgleich der Unterschiede die Rede sowie von der Befriedigung der Bedürfnisse der Menschen. Heisst das nun zwangsläufig, dass im Rahmen einer nachhaltigen Entwicklung auch ein Ausgleich des Trink- und Brauchwassers erfolgen soll, etwa in dem Sinne, dass sauberes Süsswasser von wasserreichen oder bevölkerungsarmen Gegenden in wasserarme oder bevölkerungsreiche transportiert werden muss? Oder noch spitzer formuliert: Hat sich der Mensch dort niederzulassen, wo ihm natürlicherweise genügend Wasser zur Verfügung steht, oder kann er leben, wo er will, und hat dort Anrecht auf eine uneingeschränkte Versorgung mit Wasser? Wo sind diesbezüglich die Grenzen der menschlichen Niederlassungsfreiheit?

Im Leitsatz ist sogar von einem Ausgleich der Unterschiede im Lebensstandard in verschiedenen Teilen der Welt die Rede. Und die Verfügbarkeit von in mengen- und gütemässiger Hinsicht ausreichendem Wasser gehört ja zu diesem Standard.

Allerdings besteht zwischen Bern und dem Emmenthal sowie zwischen Baden-Württemberg und beispielsweise der Schweiz kaum ein wesentlicher Unterschied im Lebensstandard. Von daher lässt sich der geschilderte Wassertransport von hüben nach drüben also nicht begründen. Lässt er sich aber durch das Recht des Menschen auf Wasser rechtfertigen? Ist der Wasserbezug der Stadtberner, der Stuttgarter oder gar der Bewohner von Europas Ballungszentren auf jeden Fall prioritär zu behandeln? Wenn ja, dann ist damit wohl das Prinzip der Nachhaltigkeit gemäss Leitsatz a aufgehoben. Oder gibt es bei der Wasserversorgung eine Art Territorialprinzip im Sinne einer Selbstversorgung? Sind bei der Siedlungsplanung die Wasserressourcen als feste Gegebenheit zu respektieren?

Leitsatz c: "Die Staaten arbeiten gemeinsam am Aufbau eines offenen, internationalen Wirtschaftssystems, das in allen Ländern zu wirtschaftlichem Wachstum und nachhaltiger Entwicklung führt. Die Umweltpolitik darf nicht in ungerechtfertigter Weise zu irgendwelchen Einschränkungen des internationalen Handels missbraucht werden".

Folgerung c

Wenn überall freie Marktwirtschaft gelten soll und jedem Land wirtschaftliches Wachstum versprochen wird, so gibt es auch für das Wasser und den Wasserbezug keine Grenzen. Dann wird der Handel mit Wasser zu einem freien Austauschgeschäft. Wie andere Güter auch fliesst dann das Wasser von seinen Quellen über die Verkehrsnetze -- in diesem Fall über Pipelines -- bis zu den Senken, und im Gegenzug fliesst eine Entschädigung von der Senke zur Quelle zurück. Was geschieht aber, wenn diese Entschädigung nicht oder nicht mehr entrichtet wird? In den Megalopolen der Erde wachsen beispielsweise riesige Slums, wo das Wasser zwar hingeliefert aber vom Konsumenten nicht mehr bezahlt wird. Muss da die Marktwirtschaft nicht zwangsläufig einer Planwirtschaft mit Monopolisierung des Wassers durch den politisch Stärksten weichen?

Im Fall von Bern und dem Emmenthal sind die Verhältnisse natürlich nicht so dramatisch. Immerhin würde die freie Marktwirtschaft also zu einer Entschädigung für die Wasserentnahme aus der Emme an die einheimischen Nutzer führen. Und im Fall von Baden-Württemberg und der Schweiz müsste eigentlich eine finanzielle Beteiligung von Baden-Württemberg am Gewässerschutz in den Kantonen St. Gallen, Graubünden und Thurgau in Erwägung gezogen werden. Soviel ich weiss, wird aber Beides nicht gemacht. In der Wasserversorgung gilt bei uns eben schon lange keine freie Marktwirtschaft mehr. Es gibt ja auch gute historische Gründe, warum das so ist. Der Leitsatz c ist in diesem Kontext darum eher eine Leerformel.

10. Wo liegt die Lösung?

Die Lösung des Problems, wie Unterlieger der wasserreichen Schweiz mit genügend Wasser versorgt werden, ist klar. Die Schweiz muss ihren Gewässerschutz derart betreiben, dass die Flüsse, die das Land verlassen, sowie die Grenzseen sauber sind. Die Wasserqualität dieser Gewässer muss dabei nicht einer Trinkwasserqualität entsprechen. Es genügt eine Qualität, die den Unterliegerländern eine Aufbereitung zu Trink- und Brauchwasser mit vernünftigem Aufwand ermöglicht. Bei Zukunftszenarien darf wohl auch davon ausgegangen werden, dass die Technik der Trinkwasseraufbereitung Fortschritte macht.

Bei einer solchen Lösung stellen dann die Flüsse gleichsam natürliche Pipelines dar, die das reichliche Wasser des Alpenraums in die Unterliegerräume transportieren. Ein klein wenig sind diese Pipelines aber auch noch *Abwasserleitungen*, wenn man an die Restbelastung des aus Klärwerken stammenden Wassers denkt.

Die Beantwortung der Frage, ob Wasser aus der Schweiz auch in Gebiete transportiert werden soll, die nicht unterliegend sind, ist schwieriger zu beantworten. Sie berührt nämlich das Prinzip der nachhaltigen Entwicklung gemäss den Leitsätzen a und b. Es erschiene darum als angemessen, einen solchen Transport mindestens an zwei Vorbedingungen zu knüpfen:

1. Die Schweiz braucht dieses Wasser weder heute noch in Zukunft.

2. Die Bezügerländer sind bezüglich Grundwasserschutz sowohl heute wie in Zukunft auf dem gleichen Stand wie die Schweiz.

11. Schlussbemerkungen

Als Beispiel für die Problematik einer nachhaltigen Gewässernutzung wird hier die Wasserversorgung betrachtet. Zur Verdeutlichung dienen die Grundwasserentnahme der Stadt Bern im Emmenthal, die Bodenseewasserausleitung des Landes Baden-Württemberg sowie grosszügige Ideen zur Versorgung Europas schlechthin. Dabei wird schnell klar, dass die Frage der Nachhaltigkeit in diesem Zusammenhang auch eine solche nach dem Blickfeld ist. Steht eine einzelne Siedlung, eine Region, ein Land oder gar ein Erdteil im Blickfeld? Geht es um die Stadt Bern, um den Kanton Bern, um die Schweiz oder um Europa? Je nachdem können Bestrebungen zu weitausgreifenden Wasserversorgungssystemen sehr unterschiedlich beurteilt werden. Als aufgeschlossener Weltbürger möchte man gerne sowohl den engen wie den weiten Raum ins Auge fassen, also sozusagen neben dem eigenen Garten auch die gesamte Welt . Und da meine ich nun, dass sich in dieser Haltung eine gewisse Sehnsucht nach dem Paradies manifestiert. Denn nur im Paradies harmoniert sowohl das Ganze wie das Detail. Leider sind wir aber weder allwissend noch Alleskönner, so dass uns die Schaffung paradiesischer Zustände nicht gelingt. Das schliesst nicht aus, dass wir von unserer Sehnsucht getrieben in dem von uns überblickbaren Raum einige Schritte in die richtige Richtung tun. Damit werden wir die Entwicklungs- und Umweltbedürfnisse der heutigen und kommenden Generation nicht nur nicht untergraben, sondern möglicherweise sogar verbessern.

Literatur:

FISCHEREI-PACHTVEREINIGUNG EMMENTAL (1982): Zustand der Gewässer im Emmental; Erhaltung der Emme als Fliessgewässer und Erholungsraum für viele, Schlussbericht. Burgdorf/Langnau, 361 S.

GIESECKE, J. (1984): Mehrzweckprojekte für Wasserspeicherung und Wasserüberleitung in Baden-Württemberg. Zeitschrift Wassrwirtschaft H.9, S. 411-428.

KEATING, M. (1993): Agenda für eine nachhaltige Entwicklung; eine allgemein verständliche Fassung der Agenda 21 und der andern Abkommen von Rio (Erdgipfel 1992). Genf, 70 S.

SCHICKHARDT, E. (1976): Fernwasserleitung Alpen-Nordsee. Zeitschrift 3R international. H.8. S. 423-428.

VISCHER, D. (1982): Oberflächengewässer, eine Eigenheit unseres Planeten? Zeitschrift Wasser, Energie, Luft H4, S. 117-118.

VISCHER, D. (1989): Ideen zur Bodenseeregulierung, Altes und Neues. Zeitschrift Vermessung, Photogrammetrie, Kulturtechnik. Nr. 1, S. 32-37.

VISCHER, D. (1990): Der Bodensee -- seine Zuflüsse, seine Schwankungen, sein Abfluss; eine hydrologische Übersicht. Zeitschrift Wasser, Energie, Luft H. 7/8, S. 137-141.

VISCHER, D. (1993): Die Trink- und Brauchwasserableitungen aus dem Bodensee; ihr Einfluss auf den Seespiegel und den Hochrhein. Zeitschrift Wasser, Energie, Luft H. 3/4, S. 45-47.

Andreas Gigon und Roland Marti

Biozönotische Nachhaltigkeit und Naturnähe

1. Einleitung

Nachhaltigkeit (sustainability) ist ein Begriff bzw. Konzept, das im gesellschaftlichen Diskurs einen hohen und positiven Stellenwert besitzt. Oft wird Nachhaltigkeit auch mit Natürlichkeit oder zumindest Naturnähe in Verbindung gebracht. Im vorliegenden Artikel geht es darum, diese Verbindungen zu untersuchen. Naturnähe hat mit Pflanzen und Tieren zu tun. Deshalb ist es sinnvoll, als Grundlage für die Untersuchung aus den vielen Definitionen von Nachhaltigkeit solche zu wählen, die sich auf Bioökosysteme beziehen. Gemäss dem Dachverband Agrarforschung und der Akademie für Naturschutz und Landschaftspflege in Deutschland ist Nachhaltigkeit in der Forstwirtschaft "das Prinzip der dauerhaften Gewährleistung einzelner oder mehrerer Waldfunktionen"; diese umfassen "die Leistungen des Waldes als Rohstoff- und Einkommensquelle, Erholungsraum sowie als Schutzfaktor für Standort und Umgebung (Boden, Wasser, Klima, Luft, Pflanzen und Tiere)". In der Landwirtschaft ist Nachhaltigkeit "die Fähigkeit eines Agrarökosystems, bei Nutzung und Ausgleich der Verluste dauerhaft gleiche Leistungen zu erbringen, ohne sich zu erschöpfen" (ARBEITSGEMEINSCHAFT FÜR NATURSCHUTZ 1991). Konkret umfasst nachhaltige Nutzung vor allem Holz, sauberes Wasser, Nahrung, Genussmittel, Arzneimittel, Faserstoffe und weitere Naturprodukte. Der Ausgleich (Ersatz) geschieht durch eingestrahlte Sonnenenergie und Input der entsprechenden chemischen Verbindungen. Dieser Input kann erfolgen: aus der Luft oder mit Niederschlägen, Einwehen von Staub, Kleintieren oder Pflanzenteilen, durch Einschwemmung, Verwitterung des Muttergesteins der Bodenbildung, wandernde Tiere sowie durch weitere ökologische Prozesse.

Geschieht der Ausgleich durch natürliche Prozesse, so kann man von natürlicher Nachhaltigkeit sprechen; geschieht er durch Tätigkeit des Menschen z.B. Düngung, liegt anthropogene Nachhaltigkeit vor. Bei der soeben beschriebenen Nachhaltigkeit stehen die energetisch-stofflichen Aspekte im Vordergrund.

Es ist klar: wenn der Ausgleich nicht perfekt ist, kommt es über kurz oder lang zu wesentlichen Veränderungen des ökologischen Systems, die die gestörte Nachhaltigkeit zusätzlich gefährden. Auf die wichtige Frage des zeitlichen und räumlichen Rahmens für die Erfassung von Nachhaltigkeit kann hier nicht näher eingegangen werden.

Ist der Ausgleich perfekt, das heisst
    Nutzung   entspricht   Regeneration bzw. Düngung
    Export   entspricht   Import

> Aufbau entspricht Abbau bzw. Nutzung

so nimmt man stillschweigend an, dass das Ökosystem so erhalten bleibt, wie es ist und dass dann alles "in Ordnung", ja natürlich oder zumindest naturnah ist.

Im folgenden wird anhand einiger terrestrischer Ökosysteme Mitteleuropas geprüft, ob diese Annahme zutrifft.

2. Das neue Konzept der biozönotischen Nachhaltigkeit

In vielen Fällen hat die Nutzung eines ökologischen Systems eine Veränderung der Artengarnitur zur Folge. Nach der Holznutzung eines Waldes kommen auf den baumlosen Stellen andere Pflanzenarten auf und es leben dort andere Insektenarten als vor der Nutzung. Bei nachhaltiger landwirtschaftlicher Nutzung werden in den einzelnen Phasen der Fruchtfolge verschiedene Pflanzenarten angebaut. Diese sind von verschiedenen Ackerwildkräutern und entsprechenden Kleintieren begleitet. In Analogie zur oben erwähnten energetisch-stofflichen Betrachtung kann man für die Betrachtung der Artengarnitur eines ökologischen Systems folgendes definieren:

Biozönotische Nachhaltigkeit bei anthropogener Nutzung heisst

> Veränderung entspricht Regeneration
> der Artengarnitur der Artengarnitur

Die Veränderung der Artengarnitur umfasst selbstverständlich nicht nur die Abnahme bzw. Ausrottung bestimmter Arten, sondern auch die Zunahme bzw. das neue Auftreten bestimmter anderer Arten. Im Naturschutz ist diesen beiden Aspekten Rechnung zu tragen. Es wird das Adjektiv "biozönotisch" gewählt, da es um die Artengarnitur, also um die Biozönose, geht und nicht allgemein um biologische Prozesse. Wie bei der energetisch-stofflichen kann auch bei der biozönotischen Nachhaltigkeit zwischen natürlicher und anthropogener unterschieden werden. Die natürliche geschieht spontan, die anthropogene beinhaltet Einpflanzen, Schaffung entsprechender Nischen, Freilassung und andere Förderungsmassnahmen für die fehlenden Pflanzen- bzw. Tierarten.

Auch in diesem Kontext spielen der zeitliche und räumliche Rahmen der Betrachtung sowie das Ausmass der Regeneration eine wichtige Rolle für die operationable Anwendung des Konzeptes der biozönotischen Nachhaltigkeit, ähnlich wie es GIGON (1984) für das verwandte Konzept der ökologischen Stabilität beschrieben hat. Aus praktischen Gründen dürfte es sinnvoll sein, für die biozönotische Nachhaltigkeit den jeweils gleichen raum-zeitlichen Massstab wie für die energetisch-stoffliche zu verwenden.

Die Frage ist nun, inwieweit die energetisch-stoffliche auch eine biozönotische Nachhaltigkeit zur Folge hat.

3. Gefährdungen der biozönotischen Nachhaltigkeit

Zwischen den im folgenden beschriebenen Gefährdungstypen bestehen Übergänge und sie wirken in vielen Fällen zusammen. Der Übersichtlichkeit wegen werden sie aber getrennt behandelt. Auch wird nicht im Detail zwischen natürlicher und anthropogener biozönotischer Nachhaltigkeit unterschieden. Denn es werden nur Beispiele gebracht, bei denen die Gefährdungen der biozönotischen Nachhaltigkeit bei gleichbleibenden äusseren Bedingungen auch durch anthropogene Massnahmen langfristig kaum überwunden werden können.

3.1. Veränderungen innerhalb der Biozönosen und Populationen

Für Arten mit geringer geographischer Verbreitung oder mit engem Habitatanspruch besteht auch bei energetisch-stofflich nachhaltiger Nutzung die Gefahr der globalen Ausrottung. In diesem Fall ist selbstverständlich keine biozönotische Nachhaltigkeit mehr möglich: Extinction is for ever.

Aber auch eine bloss lokale Ausrottung bedeutet in vielen Fällen, dass biozönotische Nachhaltigkeit nicht mehr gegeben ist. Ein wichtiger Grund hierfür ist die geringe Ausbreitungsgeschwindigkeit vieler Arten auch wenn die räumlichen Gegebenheiten für die Ausbreitung an sich günstig wären (siehe 3.3). Der Aktionsradius von Ameisen und Laufkäfern beträgt nach WILDERMUTH (1982) etwa 50 m, d.h. es braucht auch unter günstigen Bedingungen Jahrzehnte bis ein an sich geeignetes aber einige km weit entferntes Ökosystem wieder besiedelt wird.

Noch extremer ist die Situation für Pflanzenarten ohne flugfähige und von Tieren verbreitete Samen. Wird eine von Äckern umgebene Magerwiese mehrere Jahre gedüngt, bedeutet dies die indirekte Ausrottung vieler Magerwiesenpflanzen wie z.B. Wiesensalbei (Salvia pratensis L.), Graslilie (Anthericum ramosum L.) usw. Auch wenn nach Aufhören der Düngung die energetisch-stoffliche Nachhaltigkeit der Magerwiese wiederhergestellt ist (was Jahrzehnte braucht), bedeutet das keinesfalls, dass die Magerwiesenarten wieder auftreten. Einerseits ist die Ausbreitung der Samen der erwähnten Arten viel zu begrenzt. Andrerseits ist die Einnischung vieler Arten auch bei künstlichem Anpflanzen in eine ehemalige Düngewiese sehr langsam.

In obligaten Symbiosen hat die Ausrottung einer Art selbstverständlich das Verschwinden ihrer Partner zur Folge. Wird durch Intensivierung der Bewirtschaftung einer Trockenwiese oder eines lichten Waldes der Thymian (Thymus serpyllum L. s.l.) verdrängt, so wird auch das Leben der Ameise Myrmica sabuleti verunmöglicht. Dann verschwindet auch der, als Raupe obligat in den Ameisennestern lebende Schwarzgefleckte Bläuling (Maculinea arion L.). Eine natürliche Regeneration dieses Symbiosesystems braucht Jahrzehnte (LEPIDOPTEROLOGEN 1991). Hier kann der Mensch durch Anpflanzen der entsprechenden Thymian-Art den Prozess evtl. beschleunigen.

Selbst wenn eine energetisch-stoffliche Nachhaltigkeit des betreffenden Ökosystems besteht und die genutzten Arten auch nach der Nutzung weiterhin im betreffenden Ökosystem vorkommen, kann die biozönotische Nachhaltigkeit gefährdet sein. Der Grund ist, dass nicht nur die Artengarnitur, sondern auch strukturelle und funktionelle Parameter der Biozönosen und Populationen für die biozönotische Nachhaltigkeit entscheidend sind. Hierzu das folgende Beispiel: Auch wenn in einem Wald die geschlagenen Bäume durch Individuen der gleichen Art ersetzt werden, kann sich die Biozönose der Tierarten, die auf grosse Baumhöhlen angewiesen sind, nur regenerieren, wenn der Wald wieder bis zu einem Stadium mit Altbäumen aufwachsen gelassen wird. Zu den Tierarten, die auf Baumhöhlen angewiesen sind, gehören z.B. der Schwarzspecht und die Hohltaube. Grosse künstliche Nisthöhlen in genügender Anzahl können für die Hohltaube allenfalls weiterhelfen.

Ein weiteres Hindernis für die Erhaltung bzw. Regeneration einer Art ist die z.B. bewirtschaftungsbedingte Unterschreitung der Mindest-Populationsgrösse in einem, an sich für die Population genügend grossen Gebiet, das energetisch-stofflich nachhaltig genutzt wird. Aufgrund von Angaben in REMMERT (1989) lässt sich folgendes ableiten: Eine Population der Feldgrille (Gryllus campestris) kann sich auch in einem günstigen Biotop nicht mehr regenerieren, wenn die Dichte der Tiere einen bestimmten Minimalwert unterschreitet. Der Grund ist, dass die Wahrscheinlichkeit des Zusammenkommens der Geschlechtspartner zu gering ist. Das hier angesprochene, mit der Ethologie, der Populationsbiologie, dem Hetereozygotiegrad (Inzucht) und anderen Aspekten zusammenhängende Problem der Mindestpopulationsgrösse (minimum viable population, MVP) ist derzeit ein wichtiges Forschungsgebiet des angewandten Naturschutzes (PLACHTER 1991).

3.2. Unterschreiten des Minimalareals für bestimmte Arten

Eine häufige Ursache für die Unterschreitung der Mindestpopulationsgrösse ist die Verkleinerung des Lebensraumes. Trotz energetisch-stofflich nachhaltiger Nutzung kann dann die betreffende Population nicht mehr existieren und sich auch nicht mehr regenerieren. KAULE (1991) und Tab. 1 geben dazu einige Beispiele.

Tab.1. Minimalareal für Brutpaare verschiedener Vogelarten und Fortpflanzungspaare verschiedener Säugetierarten (aus BARTH 1987).

Art	Minimalareal für Brutpaare (ha)	Art	Minimalareal für Fortpflanzungspaare (ha)
Steinadler	10'000 - 14'000	Fuchs	200 - 300
Uhu	6'000 - 8'000	Reh	100 - 200
Sperber	700 - 1'000	Waldspitzmaus	ca. 4
Turmfalke	100 - 400	Waldmaus	0.15

Betrachtet man die Artenzahl bestimmter Tiergruppen auf verschieden grossen, inselartigen Flächen immer desselben Ökosystemtyps in einem Gebiet, so gelangt man zur sog. Arten-Areal-Beziehung. Für diese gilt gemäss dem Inselmodell von MAC ARTHUR und WILSON (1971) nach PLACHTER (1991) die folgende Formel:

$$S = k A^z \quad \text{logarithmiert:} \quad \log S = z \log A + \log k$$

wobei S = Artenzahl; A = Fläche; k, z = Konstanten, die u.a. von der Tiergruppe abhängen.

Je nach der taxonomischen Gruppe der untersuchten Tiere, meist Vögel und Amphibien, haben sich aus empirischen Untersuchungen z-Werte zwischen 0.18 bis 0.35 ergeben (KLÖTZLI 1993). Sehr vereinfacht kann man sagen, dass im unteren Bereich der Flächengrössen und für Artengruppen von Tieren, die an den betreffenden Ökosystemtyp gebunden sind, eine Verdoppelung der Artenzahl nur möglich ist, wenn die Fläche des betreffenden Ökosystemtyps verzehnfacht wird (z = 0.30). Auch wenn eine Fläche energetisch-stofflich nachhaltig genutzt wird, kann somit die typische Artenzahl und -garnitur also nicht mehr erreicht werden, wenn die Fläche des betreffenden Ökosystems dafür zu klein ist. Beispiele: In Trockenrasen im nördlichen Kanton Zürich fand DEMARMELS (1978), dass die Anzahl charakteristischer Schmetterlingsarten (Indikatorarten) in Flächen von 0.1 ha durchschnittlich 8 beträgt, in Flächen von 1 ha hingegen 15. ZACHARIAS und BRANDES (1989 zit. nach PLACHTER 1991) stellten in verschieden grossen Wäldern (Querco-Fagetea) bei Braunschweig fest, dass der vollständige Satz der typischen Waldpflanzenarten erst ab einer Fläche von 500 ha vorhanden ist.

Gründe für grosse Flächenansprüche bestimmter Arten sind der Nahrungsbedarf, insbesondere die trophische Stufe, ethologische, populationsbiologische und andere Parameter.

3.3. Veränderung der Umgebung des betreffenden Ökosystems

Die Wiedereinwanderung aus der Umgebung spielt, wie in Kap. 3.1 erwähnt, bei der Regeneration der Artengarnitur eine wichtige Rolle.

Beispiele:
Gibt es in der Umgebung des Ökosystems, in dem eine Art lokal ausgerottet wurde, keine Refugien für die betreffende Art, so kann auch bei grosser Ausbreitungsgeschwindigkeit und vorhandener energetisch-stofflicher Nachhaltigkeit die biozönotische selbstverständlich nicht mehr realisiert werden.

Viele Tierarten haben einen Biotopwechsel, d.h. sie brauchen für ihr Leben mehrere Biotope. Hier nützt es nichts, wenn das betrachtete Ökosystem z.B. ein Wald nachhaltig genutzt wird und genügend gross ist, aber die für das Leben von waldbewohnenden Amphibien (Erdkröte, Feuersalamander) unerlässlichen Laichgewässer in der Umgebung nicht (mehr) vorhanden sind. Weniger bekannt ist, dass auch viele Insekten (LEPIDOPTEROLOGEN 1991) und Vögel einen Biotopwechsel zeigen. Beispielsweise hängt der drastische Rückgang der Dorngrasmücke (Sylvia communis) mit Dürreproblemen im Überwinterungsgebiet (Sahelzone) zusammen. Der Neuntöter (Lanius collurio) braucht einen Biotopverbund, d.h. neben Feldern und Wiesen zur Nahrungssuche (grosse Insekten) auch Hecken als Nistplatz und freistehende Bäume als Sitzwarte.

Selbstverständlich sind Verbreitungsbarrieren um das Ökosystem für die Regeneration der Artengarnitur entscheidend. Oft sind Täler unüberwindbare Hindernisse für Hochgebirgsarten, Gewässer für viele terrestrische Arten, Nadelwälder für einige Laubwaldarten usw. (BARTH 1987). Siedlungen und Autobahnen sind Barrieren für eine sehr grosse Anzahl von Arten. Inselbiogeographisch bedeuten solche Barrieren Abstände, die ein Vielfaches grösser als die streckenmässigen Abstände zwischen den verinselten Gebieten sind. Die Beziehungen zwischen Isolationsgrad und Grösse von echten und sog. Biotopinseln können mit dem Inselmodell von MAC ARTHUR und WILSON (1971) dargestellt werden (PLACHTER 1991).

Auch wenn ein Waldgebiet, was Energie und Nährstoffe betrifft nachhaltig bewirtschaftet wird und seine Fläche ökologisch geeignet und genügend gross für das Leben der typischen Vogelgemeinschaft ist, kann die biozönotische Nachhaltigkeit gefährdet sein. So reagieren z.B. alle einheimischen Wildhühner (Auer-, Birk-, Hasel-, Schnee-, Stein- und Rebhuhn) auf unberechenbare, benachbarte Störungen durch Menschen, z.B. Orientierungslauf oder Variantenskifahren, sehr empfindlich (BARTH 1987). Infolge Stress und verhinderter Nahrungsaufnahme leidet die Konstitution, was vor allem im Winter zum Tod der Tiere führen kann. Oder brütende Hennen werden aufgescheucht und die Eier oder Küken erleiden Unterkühlung und sterben.

4. Erreichen biozönotischer Nachhaltigkeit

Zum Erreichen biozönotischer Nachhaltigkeit bei energetisch-stofflicher Nachhaltigkeit müssen die, in Kap. 3 beschriebenen, meist miteinander zusammenhängenden Gefährdungen vermieden werden. Innerhalb des betreffenden Ökosystems müssen die Bedingungen für die Artengarnitur günstig bleiben bzw. regeneriert werden; die Minimumareale für die Arten dürfen nicht unterschritten werden; und, wenn nötig, muss die Wiederbesiedlung aus der Umgebung gewährleistet sein. Konkrete Angabe zu diesen naturschützerischen Forderungen finden sich z.B. in BARTH (1987), KAULE (1991), PLACHTER (1991) und WILDERMUTH (1982).

Die Erhaltung bzw. Regeneration besonders empfindlicher Arten bedeutet in vielen Fällen das (Über)leben vieler weniger empfindlicher Arten. Bleiben beispielsweise in einem Halbtrockenrasen die Bedingungen für die Spitzorchis (Anacamptis pyramidalis (L.) Rich) günstig, so sind sie es "automatisch" auch für das Trespengras (Bromus erectus Huds.) und den Kleinen Wiesenknopf (Sanguisorba minor Scop.). Kommt in einem Bergbach die Bachforelle natürlicherweise vor, so ist das Gewässer für viele weitere charakteristische Arten ein geeigneter Lebensraum. Brütet in einem Röhricht der Drosselrohrsänger, so sind die Bedingungen auch für den Teichrohrsänger und die Rohrammer günstig. Ausgehend von der Ornithologie werden bestimmte, den Zustand der gesamten Artengarnitur anzeigende Arten Indikatorarten genannt. Bei der Beurteilung der biozönotischen Nachhaltigkeit kann man sich also auf solche Indikatorarten stützen.

5. Biozönotische Nachhaltigkeit und Naturnähe

Die bisherigen Ausführungen haben gezeigt, dass energetisch-stofflich nachhaltige Nutzung in Land- und Forstwirtschaft nicht unbedingt auch biozönotische nachhaltig ist. Nachhaltigkeit im landläufigen, also energetisch-stofflichen Sinn bedeutet also nicht automatisch, dass "alles in Ordnung", natürlich oder zumindest naturnah ist. Im übrigen gibt es durchaus auch Ökosy-steme, die natürlich sind aber keine Nachhaltigkeit im eingangs erwähnten Sinn aufweisen. Beispiel dafür sind natürliche Sukzessionen auf einem Gletschervorfeld, im Bereich von Flüssen, bei Erdrutschen und bei Vulkanausbrüchen.

Bei der Regeneration eines Naturschutzgebietes genügt es nach dem Gesagten nicht, die für das schützenswerte Ökosystem richtigen edaphischen, mikroklimatischen und allenfalls orographischen Bedingungen wiederherzustellen. Für die Regeneration der Artengarnitur sind auch die populationsbiologischen und inselbiogeographischen Bedingungen entscheidend. Diese wiederherzustellen ist in manchen Fällen, wie wir gesehen haben unmöglich (Ausrottung) und in vielen schwierig. Gründe dafür sind einerseits mangelndes Wissen über die Biologie vieler Arten, andrerseits der grosse Zeitbedarf für die Regeneration artenreicher Biozönosen. Dabei spielen mikro(ko)evolutive Prozesse wohl eine grosse Rolle (PLACHTER 1991).

Eine offene Frage ist, inwieweit biozönotische Nachhaltigkeit ein Indikator für energetisch-stoffliche Nachhaltigkeit ist. In artenreichen Ökosystemen dürfte die Kombination der Ansprüche der verschiedenen Arten einen derart engen ökologischen Bereich definieren, dass biozönotische Nachhaltigkeit eng mit energetisch-stofflicher gekoppelt ist.

6. Zusammenfassung

1. Nachhaltigkeit, d.h. die Fähigkeit eines Systems, bei Nutzung und Ausgleich der Verluste dauerhaft gleiche Leistungen zu erbringen, ohne sich zu erschöpfen, bezieht sich vorwiegend auf den Energie- und Stoffhaushalt. Man kann zwischen natürlicher und anthropogener Nachhaltigkeit unterscheiden.

2. Es wird das neue Konzept der biozönotischen Nachhaltigkeit (b.N.) eingeführt: Die Fähigkeit eines bioökologischen Systems, bei Nutzung und Ausgleich der energetisch-stofflichen Verluste auch die Artengarnitur zu regenerieren. Auch hier kann zwischen natürlicher (spontaner) und anthropogener Nachhaltigkeit (Einpflanzen, Wiedereinführen von Tierarten usw.) unterschieden werden.

3. Für die praktische Erfassung der biozönotischen Nachhaltigkeit müssen der raumzeitliche Rahmen und das Ausmass der Regeneration festgelegt werden. Aus praktischen Gründen ist es sinnvoll, für die b.N. jeweils den gleichen raumzeitlichen Rahmen zu wählen, wie für die energetisch-stoffliche Nachhaltigkeit (Nutzungszyklus).

4. Trotz energetisch-stofflicher Nachhaltigkeit ist die biozönotische, also die Regeneration der Artengarnitur oft nicht gewährleistet. Gründe dafür sind u.a. Veränderungen innerhalb der Biozönosen, Unterschreiten des Minimalareals für bestimmte Arten sowie Ver-

änderungen der Umgebung des betrachteten Ökosystems. Soll biozönotisch nachhaltig genutzt werde, so muss das soeben Dargelegte berücksichtigt werden.

5. Aus 1., 3. und 4. ergibt sich: Nachhaltigkeit im landläufigen, also energetisch-stofflichen Sinn ist nicht gleichzusetzen mit Naturnähe. Dies hat für den Naturschutz weitreichende Konsequenzen.

6. Natürliche Ökosysteme weisen nicht notwendigerweise energetisch-stoffliche Nachhaltigkeit auf; dies gilt für alle natürlichen Sukzessionsökosysteme.

Literatur

AKADEMIE FÜR NATURSCHUTZ UND LANDSCHAFTSPFLEGE (Hrsg.)(1991): Begriffe aus Ökologie, Umweltschutz und Landnutzung (2.Aufl.). Mitteilungen 4, Laufen(Salzach)/Frankfurt. 125 S.

BARTH W.-E. (1987): Praktischer Umweltschutz. Parey, Hamburg/Berlin. 307 S.

DEMARMELS J. (1978): Trockenstandorte als Biotop-Inseln für Schmetterlinge und Heuschrecken. Diplomarbeit am Zoolog. Inst. Universität Zürich, (Manuskript). 74S.

GIGON A. (1984): Typologie und Erfassung der ökologischen Stabilität und Instabilität mit Beispielen aus Gebirgsökosystemen. Verh. Ges.f. Ökologie (Bern 1982), 12: 13-29

KAULE G. (1991): Arten- und Biotopschutz. (2. Aufl.).UTB, Ulmer, Stuttgart. 519 S.

KLÖTZLI F.A. (1993): Ökosysteme. (3. Aufl.),Fischer (UTB 1479), Stuttgart/Jena. 447 S.

LEPIDOPTEROLOGEN-ARBEITSGRUPPE (1991): Tagfalter und ihre Lebensräume (3. Aufl.). Schweizerischer Bund für Naturschutz, Basel. 516 S.

MAC ARTHUR R. H. und WILSON E.O. (1971): Biogeographie der Inseln. Goldmann, München. 201 S.

PLACHTER H. (1991): Naturschutz. Fischer (UTB 1653), Stuttgart. 463 S.

REMMERT H. (1989): Ökologie. (4. Aufl.). Springer, Berlin/Heidelberg/New York. 289 S.

WILDERMUTH H. (1982): Natur als Aufgabe (3. Nachdr.). Schweizerischer Bund für Naturschutz, Basel. 215 S.

Peter Germann

Nachhaltigkeit und *nachhaltige Entwicklung* erläutert am Beispiel der forst- und landwirtschaftlichen Bodennutzung

Einleitung

Die Begriffe NACHHALTIGKEIT und NACHHALTIGE ENTWICKLUNG werden im folgenden anhand der Bodennutzung erläutert. *Nutzen* ist ein anthropozentrischer Begriff, der einer subjektiven und somit einer wandelbaren Wertung unterliegt. Boden kann im wesentlichen als Baugrund oder als Grundlage der pflanzlichen Produktion genutzt werden. Der heutigen mitteleuropäischen Praxis entsprechend, schliessen sich die beiden Nutzungsarten gegenseitig nahezu vollständig aus. Die Aufmerksamkeit wird hier auf die *pflanzliche Produktion* gelenkt. Ihr quantitatives Ausmass hat bis nach dem zweiten Weltkrieg immer wieder zu Engpässen in der Deckung unseres Bedarfes an Nahrungsmitteln sowie an Bau-, Werk- und Brennstoffen geführt.

Die Zeiten mit Engpässen in der Lebensmittelversorgung führen uns vor Augen, wie auch wir Angehörige einer hochzivilisierten Gesellschaft letztlich auf eine Bodennutzung angewiesen sind. Die Diskussionen um das im hors-sol-Verfahren produzierte Gemüse und um die zur besseren Haltbarkeit radioaktiv bestrahlten Lebensmittel zeigen immerhin, dass eine gewisse Verbundenheit mit der bodenbürtigen Pflanzenproduktion noch vorhanden ist.

Ein Boden ist das Produkt der fünf bodenbildenden Faktoren Klima, Muttergestein, Relief, Lebewesen und Zeit (DOKUCHAEV, 1879). Seine Existenz ist somit auf das Zusammenwirken mit den Lebewesen angewiesen. Er wirkt dabei als Reaktor, in dem er Stoffe speichert und weiterleitet. Er bildet die Lebensgrundlage für eine enorme Vielzahl von Arten und Individuen. Als ein Organismus im biologischen Sinn kann man ihn aber nicht bezeichnen, da er sich nicht vermehren kann.

Lebewesen können dank der im Laufe der Evolution in den Genen angesammelten Information *biogene Strukturen* aufbauen, mit denen sie der *thermodynamischen Entropiezunahme* entgegenwirken. Die treibende Energie wird von der Sonne geliefert. Im Chlorophill der grünen Pflanzen wird mit einem Teil des Sonnelichtes das CO_2-Gas der Atmosphäre biochemisch zu energiereicheren Kohlenwasserstoffen reduziert. Die hiedurch immer wieder neu gebildete Biomasse dient dem Aufbau der biogenen Primärstrukturen als auch der Speicherung von Energie. Konsumenten an verschiedenen Positionen in der

Nahrungskette verzehren den grössten Teil der biogenen Strukturen, wobei sie aus der Oxidation der Biomasse Energie gewinnen und biogene Sekundärstrukturen bilden.

Die Fähigkeit der Lebewesen, durch Erhaltung und Erneuerung ihrer Strukturen laufend *Neg-Entropie* zu erzeugen ist eine wesentliche Voraussetzung für die Nachhaltigkeit biotischer Systeme. Diesen biotischen Erneuerungsprozessen entsprechen im abiotischen Bereich etwa die Bildung von Gebirgen.

Biotische Systeme nutzen ihre Ressourcen, wie Licht, Wasser und anorganische Nährstoffe kaum optimal (BEGON ET AL., 1991). Durch verschiedenartige Kombinationen der Gene in Individuen sowie durch die Bildung anderer Artenkombinationen können neuartige biogene Strukturen entstehen, die unter Umständen die abiotische Umgebung mit erhöhter Effizienz nutzen und dadurch bestehende Systeme konkurrenzieren können. Neue Strukturen können etwa durch den Import von exotischen Arten, durch die systematische Begünstigung oder Benachteiligung einzelner Arten, durch Mutationen und Manipulationen der Gene oder durch gezielte Züchtung entstehen.

Die abiotische Umwelt ist dauernden Veränderungen unterworfen. Die sich darauf einstellenden neuartigen biogenen Strukturen gelangen wegen ihrer Trägheit in der Veränderung kaum zu einem Stillstand in der Entwicklung. Klimax-Systeme werden wohl angestrebt aber kaum je erreicht. Weil Arten und Individuen eines Ökosystems intensiv voneinander abhängig sind, wird die uneingeschränkte Dominanz einer Art ausgeschlossen. Dadurch entsteht für den Aussenstehenden der Eindruck von Ausgewogenheit. Von Harmonie oder gar Idylle im anthropozentrischen Sinn muss jedoch abgesehen werden, da die scheinbare Ausgewogenheit durch eine Vielzahl von laufend zurückgesetzten

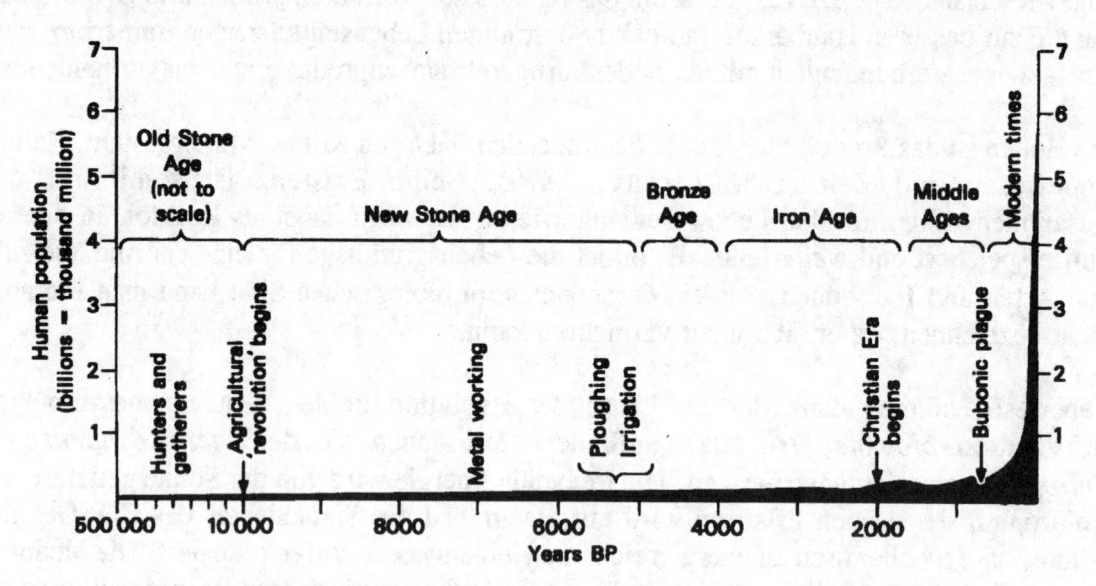

Abbildung 1: Entwicklung der Erdbevölkerung (GOUDIE, 1986)

Grenzüberschreitungen zustande kommt. Hier müsste eine raum-zeitliche Betrachtung über die Verbreitung von Arten und ihren Kombinationen sowie ihrer Raten der Vermehrung und der genetischen Mutationen anschliessen, um Veränderungen von Ökosystemen als evolutiv oder als katastrophal einordnen zu können.

In beschleunigtem Masse hat die Menschheit mit ihrer Intelligenz Information gesammelt, verbreitet, neu kombiniert und vor allem technisch angewendet. Dank dieser Intelligenz kann sie in vielen Bereichen die an sich gegebenen Grenzen vermeintlich ohne ernsthafte Zurücksetzung laufend übertreten. Die Menschheit hat sich dadurch stark vermehrt und global verbreitet, wie die Abbildung 1 vor allem für die Neuzeit deutlich ausweist. Die menschliche Bevölkerung wächst vorderhand noch ungebremst weiter, was bisher global noch keiner anderen Art von Lebewesen gelungen ist. Auch übertrifft die Rate der dadurch erzwungenen Veränderungen der biogenen Systeme jene ihrer genetischen Entwicklung bei weitem.

Es ist thermodynamisch *effizienter,* die Umwelt in *der Richtung einer Entropiezunahme* zu nutzen. Man darf behaupten, dass wegen dieser erhöhten Effizienz die Vermehrung der Menschheit und ihre Ausbreitung selbst in unwirtliche Gegenden überhaupt so erfolgreich verlaufen konnte. Mit der Umwelt entstanden allerdings Konflikte, weil diese nicht genügend zusätzliche Neg-Entropie produzieren konnte, um die auch für den Menschen lebenswichtigen biogenen Strukturen funktionstüchtig zu erhalten.

Mit einer anzustrebenden Nachhaltigkeit sollen die Konflikte offenbar eingeschränkt oder gar behoben werden. Nach den bisherigen Darstellungen ist dies jedoch nur möglich, wenn der Erhaltung biogener Strukturen höchste Priorität eingeräumt wird. Da eine Strukturerhaltung gegen den Entropiegradienten gerichtet ist, bedeutet sie eine politisch wahrscheinlich nicht durchführbare Einbusse anthropozentrischer Effizienz bei der Nutzung unserer Resourcen.

Im folgenden wird der Begriff der NACHHALTIGKEIT am Beispiel der *forstlichen Bodennutzung* dargestellt. Der meines Erachtens häufig irreführend angewandte Begriff der NACHHALTIGEN ENTWICKLUNG wird in einem weiteren Abschnitt anhand der *landwirtschaftlichen Bodennutzung* erläutert.

Die Nachhaltigkeit in der forstlichen Bodennutzung

Praktische Bedeutung der Nachhaltigkeit

In der Schweiz kommen etwa 150 einheimische Arten von holzbildenden Pflanzen vor, wenn man von der Gattung *Salix* absieht. Dazu gesellen sich ungefähr 20 exotische Baumarten von wirtschaftlicher Bedeutung. Ein funktionstüchtiges Wald-Ökosystem bedarf neben der nutzbaren Bäume auch der Kräuter, Moose, Farne, Pilze, Mikroorganismen sowie der Meso- und der Makrofauna. In seiner Gesamtheit gewährleistet ein derartiges System einen stetigen Auf- und Abbau der Biomasse, wodurch die Nährstoffe immer wieder neuen Generationen von Lebewesen zur Verfügung gestellt sowie Wasser und Energie in einer system-typischen Weise genutzt werden.

Die Kunst der nachhaltigen Nutzung eines Waldökosystems besteht nun darin, seine erwünschten Funktionen durch gezielte Eingriffe in die Waldstruktur zu fördern. Zu den typischen Massnahmen gehören die Baumartenwahl bei der Bestandeserneuerung sowie die Durchforstung durch negative oder positive Auslese während den verschiedenen Wachstumsphasen eines Waldes. Zu seinen traditionellen Funktionen gehören die Produktion von wirtschaftlich wertvollen Arten und Formen von Bäumen, die Schutzwirkungen gegen ungünstige Umwelteinflüsse wie Steinschlag, Lawinen, Hochwasser und Wind, und die Erholungsfunktion, denn jeder Wald kann in der Schweiz von jedermann gemäss ART. 699 ZGB jederzeit betreten werden. Entsprechend neueren Betrachtungsweisen sind auch die vielfältigen ökologischen Interaktionen des Waldes mit seiner weiteren Umgebung von Bedeutung, wobei vor allem die Waldränder eine wichtige Rolle spielen.

KNUCHEL (1950) definierte in seinem Lehrbuch für das obere Forstpersonal:

> *"Als nachhaltig wird ein Forstbetrieb bezeichnet, der dauernd jährliche Nutzungen an hiebsreifem Holz liefert, im Gegensatz zum aussetzenden Betrieb und zum Raubbau."*

Nachhaltige Nutzung bedeutet demnach eine stetige, gleichbleibende Nutzung womit auch ein Nutzungszwang einhergeht. Dazu liefert er folgende Illustration:

> *"Am einfachsten ist die Nachhaltigkeit eines Forstbetriebes am Beispiel eines Niederwaldes zu demonstrieren. Gleichmässigen Standort und normale Bestockung vorausgestzt, kann dort bei einer Umtriebszeit von u Jahren jährlich eine gleich grosse Fläche F/u mit annähernd gleich hohen Massenerträgen geschlagen werden."*

Die flächenmässige Ausdehnung F des Waldareals eines Forstbetriebes ist demnach für die Grösse der Fläche F/u und somit für die jährliche Nutzung von Bedeutung. Die wirtschaftlich interessanten Bäume eines *Niederwaldes* schlagen wieder aus den Stöcken der gefällten Bäume aus. Stockausschläge nützen die Wurzeln der vorangehenden

Baumgeneration. Ein Niederwald wächst daher rasch und die knorrigen Stämme, vor allem der Hagebuche, werden hauptsächlich als Brennholz genutzt. Die Quantität des erzeugten Holzes steht im Vordergrund wodurch sich waldpflegende Massnahmen, wie die Jungwuchspflege oder die Durchforstung praktisch erübrigen. Die 20 bis 30 jährige Umtriebszeit u (Zeitintervall von der Bestandesbegründung bis zur Ernte) ist im Niederwald im Vergleich zum *Hochwald* als kurz zu bezeichnen. Ein reiner Flächenbezug zur Beurteilung der Nachhaltigkeit ist somit im Niederwald gerechtfertigt. Da für Brennholz kaum noch eine Nachfrage besteht, sind die meisten Niederwälder in der Schweiz in Hochwälder überführt worden.

Ein Hochwald ist aus *Kernwüchsen* zusammengesetzt, das heisst aus Bäumen, welche sich aus Samen entwickelt haben. Während seiner Umtriebszeit von 80 bis etwa 150 Jahren nimmt die Stammzahl pro Hektar von etwa 5'000 (bei Anpflanzungen) bis 50'000 und mehr (bei natürlicher Ansamung) laufend ab bis sie im Altholz mit etwa 80 bis 120 die Reifephase erreicht hat. Die Artenzusammensetzung und die Ausformung der Stämme können durch periodische Durchforstungen systematisch beeinflusst werden, sofern Stürme oder Schädlinge den Forstleuten nicht zuvorkommen.

Stufige Mischbestände sind im schweizerischen Mittelland in der Regel stabiler als gleichaltrige Reinbestände. Eine räumliche Durchdringung der Altersphasen wird deshalb angestrebt. Als Beispiel möge das in Abbildung 2 schematisch dargestellte *Saumschlagverfahren* dienen.

Abbildung 2: Profil durch eine Saumschlag-Verjüngung (KNUCHEL, 1950)

Als Besonderheit hat sich im kleinflächigen Bauernwald des Emmentals der *Plenterwald* herausgebildet. Die Weisstanne *(Abies alba)* kann bis über das Alter von 50 Jahren hinaus in der schattigen Unterschicht ausharren um dann, bei plötzlich zunehmendem Lichtangebot, immer noch als normalwüchsiger Baum in die oberen Stufen hineinzuwachsen. Die Fichte *(Picea abies)* und die Buche *(Fagus silvatica)*, die beiden anderen Hauptbaumarten des Plenterwaldes, verbleiben bei ungenügendem Lichtangebot in der Unterschicht. Sie bilden das Unterholz und können sich auch bei vermehrtem Lichtangebot kaum mehr in die oberen Stufen hineinwachsen. Dank der Eigenschaft der Weisstanne sind immer genügend Bäume in der Unterschicht vorhanden, welche nach der Entfernung eines Altbaumes aus den oberen Stufen in diese nachwachsen können. Dadurch findet man in einem gepflegten Plenterwald die drei Hauptbaumarten verschiedenen Alters auf engster Fläche durchmischt. In Abbildung 3 ist ein Profil durch einen Plenterwald dargestellt.

Die Plenterung ermöglicht die ständige Nutzung vieler, auf einem Bauernhof immer wieder benötigter Sortimente wie Brennholz, Haglatten, Pfähle und Bauholz. Französisch wird Plenterwald mit *forêt jardinatoire* umschrieben, was die Notwendigkeit des häufigen, aber schonungsvollen Eingreifens trefflich verdeutlicht. Nach LEIBUNDGUT (1949) gilt:

"Die wesentlichen Vorteile des Plenterwaldes, die geringe Gefährdung des Bestandes, die Stetigkeit des Betriebes, die günstige und ununterbrochene Schutzwirkung, die ausschliesslich natürliche Verjüngung, die höchstmögliche Ausnützung aller individuellen Zuwachskräfte und viele andere Vorzüge werden immer und überall angestrebt. Das Plenterprinzip ist richtunggebend, auch wenn wir nicht überall den klassischen Plenterwald anstreben."

Das Plenterprinzip vetritt somit die forstliche Nachhaltigkeit am deutlichsten.

Das Ausmass der nachhaltigen forstlichen Nutzung wird konsequent aus dem Waldwachstum abgeleitet. Die Forstwirtschaft ist somit planwirtschaftlich ausgerichtet und kann höchstens langsam auf die Bedürfnisse der Marktwirtschaft reagieren. Ihr Angebot muss demnach als unelastisch bezeichnet werden.

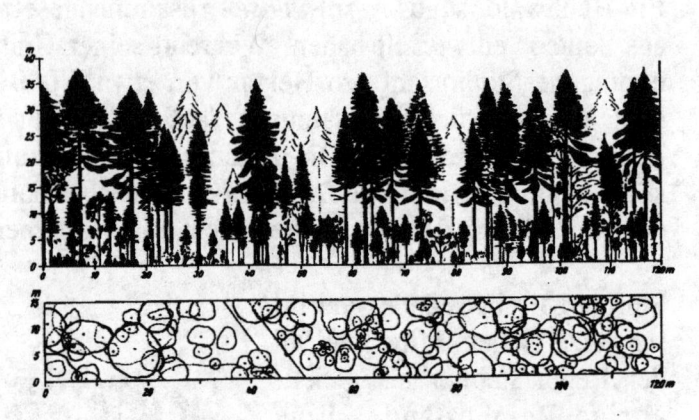

Abbildung 3: Profil durch einen Plenterwald (KNUCHEL, 1950)

Der *jährliche Zuwachs* eines Waldbestandes wird aufgrund von Ertragstafeln, periodischen Waldinventuren und der laufend registrierten Nutzung festgestellt. Er dient als Grundlage für die obrigkeitlich periodisch festgelegten *Hiebsätze*.

"Holz wächst an Holz", das heisst mit zunehmendem Holzvorrat pro Fläche nimmt auch der jährliche Volumenzuwachs eines Baumes bis zu einem Optimum zu. Da dickere und längere Stämme höhere Preise pro Holzvolumen erzielen, nimmt der flächenmässige Geldertrag mit zunehmendem Alter der Bestände überproportional zu.

Weil "keine Bäume in den Himmel wachsen" nimmt ihre Vitalität nach dem Erreichen eines art- und standortspezifischen optimalen Alters allmählich ab. Die Erneuerung der Wurzeln verlangsamt sich und die Anfälligkeit für Pilz- und Insektenbefall erhöht sich. Die Stabilität der Bestände, vor allem im Hinblick auf Windwurf, beginnt zu sinken. In diesem Zusammenhang verwies Leibundgut in seinen Waldbauvorlesungen gerne auf den

"Meister Blaser, welcher immer wieder Umstellungen und Abweichungen vom Wirtschaftsplan verlangt."

Aus wirtschaftlichen Gründen, aber auch weil sich die meisten Wälder in der Mitte des letzten Jahrhunderts in äusserst schlechter, vielfach ausgeplünderter Verfassung befanden, waren die Kreisförster bestrebt, ihre Waldbestände in einem besseren Zustand (d.h. mit höherem Holzvorrat) an ihre Nachfolger weiterzugeben als sie diese von ihren Vorgängern übernommen hatten. Dadurch erhöhte sich der Vorrat vielerorts über das nötige Mass der Nachhaltigkeit hinaus. Umwelteinflüsse, wie vermehrter Stickstoffeintrag und die sauren Niederschläge beeinträchtigen die Vitalität der Wälder zusätzlich. Die Auswirkungen auf das Ökosystem sind als äusserts komplex zu bezeichnen. Die grossflächig auftretenden neuartigen Waldschäden können noch nicht ursächlich erklärt werden.

Wegen sinkender Nachfrage auf dem Holzmarkt übersteigen heute häufig bereits die Kosten der Holznutzung die Erlöse aus dem Holzverkauf. Auch deswegen wächst in der Schweiz mancherorts seit langem mehr Holz nach als genutzt wird. Dem Waldbesitzer stehen daher oft die finanziellen Mittel zur Pflege der noch nicht wirtschaftlich nutzbringenden Bestände kaum mehr zur Verfügung. Die Sorgen um die nachhaltige Waldpflege und um die langfristige Überalterung der Wälder sind daher berechtigt.

Die Entwicklung des Begriffes *Nachhaltigkeit* in der Forstwirtschaft

Selbst GOETHE kann bemüht werden, wenn es sich um die treffliche Wortwahl handelt. Er schrieb an seinen Freund Zelter (zit. nach KEHR, 1993) :

> *"... in jenen Tagen des Festes hab' ich mich .... männlicher benommen als die Kräfte nachhielten .."*

Die übermässige Verausgabe wird hier offenbar im Widerspruch zur Nachhaltigkeit empfunden. Auch GOTTHELF (zit. nach KEHR, 1993) kümmerte sich um Stetigkeit, wenn er zum Beispiel die Wirtschaftsweise seiner emmentaler Bauern beschreibt:

> *" .. mit grossem Fleiss und staunenswerter Nachhaltigkeit ...."*

Im Aufsatz "Nachhaltig denken - zum sprachgeschichtlichen Hintergrund und zur Bedeutungsentwicklung des forstlichen Begriffes der Nachhaltigkeit" schreibt KEHR (1993):

> *"Das Wort nach, auch in seiner wortbildenden Funktion als Präfix für Verben, Substantive und Adjektive, erhält die Begriffskomponente der Beständigkeit, des Weiterlebens, der Dauer, wie sie unter anderem im Begriff der Nachhaltigkeit wirksam ist."*

In den "Anweisung zur wilden Baumzucht" führte HANS CARL VON CARLOWITZ (1713) (zit. nach KEHR, 1993) als erster das Adjektiv ein als er die

> *" ... nachhaltige Bergwaldwirtschaft ..."*

beschrieb. Er brauchte auch den sinnverwandten Begriff "pfleglich", der heute ausserhalb der Forstwirtschaft kaum mehr angewendet wird. J.F. STAHL (1772/73, 1780) (zit. nach KEHR, 1993) definierte in seinem Lexikon "Onomantologia forestalis piscatoria-venatoriae Supplementum":

> *"Nachhaltig Holz hauen: Diese Redensart bedeutet mehrers als mancher sich vorbildet. Die Eintheilung eines Waldes in gewisse jährliche Schläge, macht die Sache lange nicht aus: die Natur arbeitet nicht nach unserem Dessein."*

Hier wird bereits eine nachhaltige Nutzung gefordert, welche sich nicht nur auf die Fläche bezieht sondern das Waldwachstum in seiner Gesamtheit berücksichtigt. Im 19. Jhd. tauchten der Begriff "Nachhaltsbetrieb" und sein Gegensatz, "unnachhaltiger Betrieb" auf. KASTHOFERS Forderung von (1818) (zit. nach ZÜRCHER, 1993) nachhaltig werde ein

> *"Wald benutzt, wenn nicht mehr jährlich darin Holz gefällt wird, als die Natur jährlich darin erzeugt, und auch nicht weniger."*

leitet über von der Flächenachhaltigkeit eines von Carlowitz zur Nachhaltigkeit des Zuwachses. 28 Jahre später verlangt derselbe KASTHOFER (1846) (zit. nach ZÜRCHER, 1993):

> *"Ein Wald wird nachhaltig benutzt, wenn die Holzschläge, welche jährlich oder in gewissen Zeiträumen in demselben geschehen, keine Schwächung seiner Ertragbarkeit herbeiführen, und wenn nach der Abholzung des ganzen Waldes [d.h., nach Ablauf einer Umtriebszeit (P.G.)] sein Besitzer wenigstens wieder eben so grosse Holzvorräthe benutzen kann als sich in der Zeit vorfanden, wo diese Abholzung ihren Anfang genommen hätte."*

Hier wird also die langfristige Erhaltung der Ertragsfähigkeit und des Holzvorrates gefordert.

Mit zunehmender Erfahrung und der Herausbildung von staatlichen Forstorganen entwickelt sich eine Ideologie um den Begriff der Nachhaltigkeit. So Heske (1931)(zit. nach ZÜRCHER, 1993):

> *" Der Nachhaltigkeitsgedanke ist die Grundlage, ja die Seele der Forstwirtschaft, mit der diese steht oder fällt".*

Und Kuhn (1958) (zit. nach ZÜRCHER, 1993):

> *"Die Waldwirtschaft wird nachhaltig sein oder sie wird nicht sein!"*

Dann der forstliche Betriebswirt ZÜRCHER (1965):

> *"Unter Nachhaltigkeit soll das Streben nach der Dauer und Gleichmässigkeit der jährlichen Holznutzung nach Höhe und Güte zu der Einhaltung der*

Voraussetzungen hierzu verstanden werden. In dieser Form ist die Nachhaltigkeit das Problem der Forsteinrichtung [das ist die Technik von der Überprüfung der Vorräte und Zuwächse in einem Waldbestand(P.G.)] *überhaupt."*

In den 80-er Jahren dieses Jahrhunderts wurde dann der Begriff der Nachhaltigkeit über den Bereich der mitteleuropäischen Forstwirtschaft hinausgetragen und reflektiert. So etwa von W. Peters (1984) (zit. nach KEHR, 1993):

"Der Grundsatz der Nachhaltigkeit kann .. als weltweit anerkannt gelten. Eine Ausnahme stellen hierbei die Entwicklungsländer dar ..."

und

"Der Begriff der Nachhaltigkeit bewegt sich in die Nähe eines Ideals, wenn nicht einer utopischen Vorstellung. Von daher sind die Fehlleistungen und Verstösse zu verstehen, wenn auch nicht zu entschuldigen. Nachhaltigkeit ist ein Moralbegriff aus dem Bereich der Sozialethik. Sie enthält einen durch forstwirtschaftliche Gesetze festlegbaren Bestandteil - und einen Teil, der nicht festlegbar ist, weil er sich den regionalen Unterschieden und zeitlichen Veränderungen der Sozialgeschichte anpassen muss, ohne den absoluten Bedeutungskern ('so wirtschaften, dass ein für künftige Generationen gedachter Waldvorrat erhalten wird') aufzugeben.

Das DISKUSSIONSFORUM TROPENWALDSCHUTZ definierte in Weilburg, BRD, Sept 91/Jan. 92 (zit. nach KEHR, 1993) :

"Nachhaltigkeit ist kein naturwissenschaftliches Merkmal des Waldes oder eine Rechengrösse der Forstplanung, sondern eine Verhaltensnorm für den Umgang des Menschen mit Ökosystemen".

Diese Art der Nachhaltigkeit wird in der schweizerischen Forstwirtschaft gelebt. Die Frage ist berechtigt, warum denn zwischen den Forstorganen und gewissen Kreisen des Naturschutzes nahezu unüberbrückbare Gräben bestehen.

R. HENNIG (1989) (zit. nach KEHR, 1993) stellt in seinem Aufsatz über die "Nachhaltigkeit als Prinzip verantwortungsvoller Naturnutzung" fest:

"In unserer Zeit der vielfachen Begriffsverwirrung und des allgemeinen sprachlichen Niederganges wird auch der Begriff "nachhaltig" oftmals völlig sinnentstellend benutzt, ja, er ist weitgehend zu einem mehr oder minder inhaltlosen Modewort geworden.

Ein Zitat von KEHR (1993) soll die Diskussion um die Nachhaltigkeit abrunden:

"Der umfassende Gebrauch des Fachwortes Nachhaltigkeit als Mode- und Schlagwort in der deutschsprachigen Presse kann wiederum das Denken und Definieren der Fachleute beeinflussen, auch den Begriff verändern. Das

"Begreifen" sollte ein "Abgegriffenwerden" verhindern, sonst kann das Wort Nachhaltigkeit nich mehr den gesamten Begriffsinhalt, der sich auf das Leben von Waldungen und Menschen gleichermassen bezieht, abdecken. Jede zukünftige Definition der Nachhaltigkeit, immer noch Leitwort und Schlüsselwort der Forstleute und Waldbesitzer, sollte den Zusatz oder die Einräumung enthalten, dass der Begriff nach Wissen und Vorstellungen der heutigen Zeit geprägt wurde - somit überprüft, revidiert werden muss, um gültig, anwendbar zu bleiben. Nachhaltig denken bedeutet bereit zu sein zum Umdenken."

Nachhaltige Entwicklung in der landwirtschaftlichen Bodennutzung

Die Weltbevölkerung wächst zur Zeit ungebremst, wie Abbildung 1 deutlich zeigt. Hatte die Pest zu Ende des Mittelalters in dieser Kurve noch eine deutliche Spur hinterlassen, so sind die katastrophalen Einbrüche des 1. und des 2. Weltkrieges, mit demselben Massstab dargestellt, wegen der enormen Wachstumsrate nicht mehr zu erkennen. Die quantitative Entwicklung der Bevölkerung wird nun als Mass für die landwirtschaftliche Produktion herangezogen. Auch wenn die Versorgung der Menschheit mit Nahrungsmitteln noch lange nicht, oder möglicherweise nie, befriedigend ausfallen wird, muss doch beeindrucken, wie die *nachhaltige Entwicklung* in der landwirtschaftlichen Produktion mit dem Wachstum der Bevölkerung einigermassen Schritt halten konnte. Unter nachhaltiger Entwicklung wird hier also im eigentlichen Sinne des Wortes eine *stetige Zunahme* in der *Entwicklung* des betrachteten Merkmals verstanden.

Eine nachhaltige Entwicklung der Bevölkerung ist nur möglich, wenn sie von einer nachhaltigen Entwicklung in der landwirtschaftlichen Produktion begleitet wird. Unter Verfolgung des *marktwirtschaftlichen Prinzipes* werden heute die Nahrungsmittel möglichst effizient bereitgestellt. Nach diesem Prinzip gilt es, entweder mit den vorhandenen Betriebsmitteln Boden, Arbeitskraft und Kapital einen möglichst hohen Ertrag zu erwirtschaften oder einen vorher festgelegten Ertrag mit dem geringsten Einsatz von Boden, Kapital und Arbeitskraft zu erwirtschaften. Eine laufende und flexible Anpassung an die Nachfrage wird dabei vorausgesetzt. Eine nachhaltige Entwicklung der aus der Bodenbewirtschaftung erarbeiteten Erträge hat offenbar stattgefunden und muss weiterhin möglich sein, wenn die Ernährung sichergestellt sein will. Hingegen ist das marktwirtschaftiche Verhalten kaum geeignet, den Boden in einem der forstlichen Nachhaltigkeit entsprechenden Sinne zu bearbeiten.

Je nach wirtschaftlichem und politischem Umfeld können Ziele in der Bodennutzung angestrebt werden, die sich widersprechen können, wie etwa die langfristige Sicherung der Ernährungsbasis, die Steigerung der Arbeitsproduktivität, der Flächenproduktivität oder der Erträge aus dem investierten Kapital sowie in jüngster Zeit die Schonung unserer Umwelt. Seit Jahrhunderten griff der Staat zur Durchsetzung von politischen Zielen mit Subventionen und anderen Massnahmen in die Bestrebungen des freien Marktes mit landwirtschaftlichen Produkten ein. Dass heute in unserer Demokratie eine überwältigende Mehrheit von Nicht-Landwirten an der Formulierung dieser Ziele mitdiskutiert, vereinfacht die Entscheidungsfindung nicht unbedingt.

Durch die Steigerung der Arbeitsproduktivität wurden im Laufe der Geschichte immer grössere Teile der Bevölkerung vom Zwang zur Nahrungsmittelbeschaffung befreit. Die *Zehnten* als Abgaben an den klösterlichen Grundherrn zeigen, dass zur Sicherung der Ernährung im Mittelalter etwa 90% der Bevölkerung landwirtschaftlich tätig sein musste. Heute beträgt dieser Anteil ungefähr 3% einer wesentlich grösseren Gesamtbevölkerung.

Zunächst konnte die Steigerung der Arbeitsproduktivität im wesentlichen durch hofeigene Strukturverbesserungen, wie Pflanzenzüchtung, Einfuhr neuer Arten (Kartoffel!) und durch eine besser organisierte Bewirtschaftung (Fruchtwechsel, Flurzwang) errreicht werden. PFISTER (1991) spricht dabei von einer solaren Landwirtschaft. Die Bodennutzung kann unter diesen Umständen als nachhaltig bezeichnet werden, weil die Energie und die übrigen Betriebsmittel zur Hauptsache vom Hof selbst stammten. Eine *nachhaltige Entwicklung ist somit auch innerhalb des nachhaltigen Wirtschaftens* möglich. Die maximale Arbeitsproduktivität muss sich dann allerdings auf einem relativ tiefen Niveau einpendeln. Die kurzfristige Gewinnmaximierung musste in der solaren Landwirtschaft zugunsten der Nachhaltigkeit zurückstehen. Eine rigorose Lagerhaltung verbunden mit obrigkeitlichen Preiskontrollen halfen mehr oder weniger erfolgreich bei der Überbrückung nicht allzulanger Versorgungskrisen. Eine konsequent durchgeführte Geburtenkontrolle über die Festlegung des Heiratsalters, welche durch einen starren vorehelichen Verhaltenskodex flankiert wurde, sollte die Nachfrage nach Lebensmitteln eindämmen.

Die rasante Entwicklung der letzten hundert Jahre war nur durch die Zufuhr von Fremdenergie und Fremdstoffen möglich. Die *Entwicklung* ist immer noch nachhaltig, die *Bodennutzung* jedoch nicht mehr.

Im folgenden werden einige Marksteine in der Entwicklung zur heutigen Landwirtschaft vorgestellt. So bedingte der erste monokulturelle Ackerbau die Züchtung von Getreidesorten, deren Körner gleichzeitig reiften und bis zur Ernte in den Ähren, Rispen oder an den Kolben verblieben (CAROLL ET AL., 1990).

Zur ausgewogenen Ernährung bedarf es neben der Stärke auch der Aminosäuren, Proteine und Vitamine. Durch Züchtungserfolge in der Viehhaltung, im Gemüse- und im Obstbau, die denen im Getreideanbau nicht nachstanden, konnte dieser Bedarf mit steigender Effizienz gedeckt werden.

Proteine können aus der Milch oder dem Fleisch der Tiere stammen. Die Milchwirtschaft beruht in der Regel auf einer intensiven Beziehung zwischen Mensch und Tier, während die Art der Fleischproduktion von einer intensiven über eine extensive Tierhaltung bis zur Jagd und Fischerei reichen kann. Gerade in der Tierhaltung haben sich verschiedene optimale Betriebsformen entwickelt. So wird in Steppengebieten eine geringe Flächenproduktivität erwirtschaftet, durch die geeignete Wirtschaftsform (traditionelles Nomaden- und Hirtentum, moderneres Ranching) kann jedoch die Arbeitsproduktivität trotzdem recht hoch ausfallen.

Neben der Sonnenenergie und dem Wasser ist das Pflanzenwachstum auch auf Nährstoffe aus dem Boden angewiesen. Nach dem Liebig'schen Prinzip des Minimums, wie es in Abbildung 4 dargestellt ist, steuert jener Nährstoff im Boden den Ertrag, der den Pflanzen im Minimum zur Verfügung steht. Durch Zugabe des im Minimum vorhandenen Nährstoffes können demnach der Pflanzenertrag und die Flächenproduktivität am besten gesteigert werden. Dem pflanzenverfügbaren Stickstoff im Boden wird im folgenden besondere Aufmerksamkeit gewidmet, denn seine Bewirtschaftung ist besonders eng mit der Bevölkerungsentwicklung verknüpft (PFISTER, 1982).

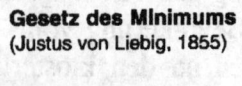

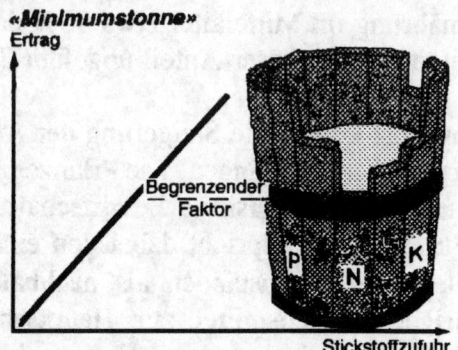

Abbildung 4: Beispiel einer Wachstumseinschränkung. (SÄGESSER UND WEBER, 1992)

Die Betrachtung der Stickstoffversorgung von Pflanzen veranschaulicht die Komplexität der Funktion terrestrischer Ökosysteme. In ihnen ist Stickstoff (N) in der abgestorbenen organischen Substanz in Form von Eiweissen und ähnlichen Verbindungen gespeichert. Heterotrophe Mikroorganismen reduzieren diese N-Verbindungen zu energiereichem Amonium (NH_4^+). Die hiezu nötige Energie beziehen die Mikroorganismen zur Hauptsache aus der Oxidation von Kohlenwasserstoffverbindungen. Die Pflanzenwurzeln könnten im Prinzip Amonium aufnehmen, doch kommen ihnen die chemo-autotrophen Mikroorganismen zuvor, welche Amonium über verschiedene Zwischenstufen zu energiearmem Nitrat (NO_3^-) oxidieren. Die Pflanzenwurzeln nehmen gelöstes Nitrat auf und müssen dieses zur Hauptsache unter Zulieferung von Energie nochmals zu Amonium reduzieren. Nitrat ist ein Anion und kann daher an den negativ geladenen Oberflächen der Tonteilchen nicht sorbiert werden. Nitrat, welches nicht von den Pflanzenwurzeln aufgenommen werden kann, läuft dann Gefahr, beim nächsten intensiven Niederschlag mit dem Bodenwasser rasch in die Tiefe verlagert zu werden, wo es unter Umständen das Grundwasser belastet. Kurzfristig können im Wasser eines mit Stickstoff unbelasteten Waldbodens bis zu 700 [ppm] Nitrat auftreten (der Trinkwasserstandard liegt bei 50 [ppm]) (GERMANN, 1976). Falls ein Boden wegen zu hohem Wassergehalt unvollständig durchlüftet ist, sinkt sein Redoxpotential. Die Oxidation von Amonium läuft nicht vollständig ab. Molekulares Stickstoffgas (N_2) oder Stickoxide (NO_x), im Extremfall sogar

Amoniak (NH_3), können in die Atmosphäre gelangen. Die einzelnen Schritte im Kreislauf des Stickstoffs im Boden und die dazugehörenden Limitierungen bilden immer noch eine Herausforderung für die Forschung.

Von der anthropozentrischen Energieausbeute her betrachtet, ist eine pflanzliche Ernährungweise um einen Faktor fünf bis zehn effizienter als eine auf Fleisch beruhende Diät. Um diesen Faktor reduziert sich die landwirtschaftlich bebaute Fläche, wenn sich eine gegebene Bevölkerung mehrheitlich vegetarisch ernährt im Vergleich zu einer vorwiegend auf tierischen Produkten basierenden Ernährungsweise. Zu Zeiten angespannter Versorgung wird daher der pflanzliche Anteil an der Ernährung bei weitem überwiegen.

Vom Stickstoffhaushalt her gesehen birgt eine überwiegend vegetarische Ernährungsweise die Gefahr des Stickstoffmangels für die Pflanzen, weil eine regelmässige Düngung über den Mist nicht gewährleistet ist. Zunächst und augenfällig nehmen die Pflanzenerträge ab, doch treten mit der Zeit auch Mängel an Aminosäuren und Proteinen in der menschlichen Ernährung auf. Einerseits muss eine mehrheitlich vegetarische Ernährung nicht zwangsläufig mit Stickstoff-, Aminosäuren- und Proteinmangel gleichgesetzt werden, weil zum Beispiel die Leguminosen, wie Linsen, Bohnen und Erbsen, sowohl den Boden mit Stickstoff versorgen als auch die nötigen Proteine und Aminosäuren für die Ernährung liefern können. Andrerseits ist die Viehwirtschaft noch kein Garant für eine genügende Stickstoffversorgung der Böden.

Die folgenden Betrachtungen über die Entwicklung in der Ernährung und in der Landwirtschaft seit dem frühen Mittelalter stützen sich auf die Arbeiten von MONTANARI (1993) und RÖSENER (1987). Die Bewohner des landwirtschaftlich hoch entwickelten Römerreiches ernährten sich vorwiegend von pflanzlichen Produkten, wie von verschiedenen Getreidearten, von Früchten, Gemüse und von Olivenöl. (Der Nährwert von Olivenöl lässt sich mit jenem von Speck vergleichen.) Fleisch und Fisch spielten eine untergeordnete Rolle auf ihrem Speisezettel. Demnach dürfte die antik-römische Nahrungsmittelversorgung bezüglich der Energieumsätze nahezu optimal funktioniert haben, es werden jedoch periodisch auftretende Stickstoffmängel vermutet.

Möglicherweise wurde bereits zu jenen Zeiten der begehrte Mist durch die in die Berge und Wälder getriebenen Ziegen und Schafe produziert. Dieses Verfahren der Düngerproduktion kann heute noch im hohen Atlas von Marokko beobachtet werden. Auch wurde es zum Beispiel bis in die 50-er Jahre unseres Jahrhunderts durch die Rebbauern am Bielersee betrieben, deren Monokulturen vom See bis zu den unwirtlichen Jurahängen hinaufreichen. Die lichten Flaumeichenwälder der steilen Jurahänge wurden von den Ziegen beweidet, die nachts zur Mistproduktion in die Ställe getrieben wurden (KÜCHLI, 1992). Die Vegetationsgesellschaften oberhalb der Rebberge zeigen heute noch Spuren der Ziegenwirtschaft. (HEGG, 1992).

Die landwirtschaftlichen Methoden der zu Ende der gallo-römischen Zeit allmählich in das Mittelland und die Voralpen einwandernden germanischen Siedler waren bei weitem nicht so fortgeschritten wie jene ihrer Vorgänger. Der Kalorienbedarf wurde zu einem grossen

Teil durch den Konsum tierischer Produkte gedeckt. Die Jagd und eine extensive Schweinemast in den Wäldern waren dabei die Hauptlieferanten. In den Wäldern gesammelte Beeren und Pilze bildeten wesentliche Zusätze in der Ernährung. MONTANARI entwickelt die interessante These, dass die sich als Nachfolgerin des römischen Reiches betrachtende römisch-katholische Kirche versuchte, die römische Ernährungsweise im zunehmend germanisch besiedelten Mitteleuropa durchzusetzen. Daraus entstanden die zahlreichen religiösen Fastenregeln, die sich augenfällig bei der Einschränkung des Fleischkonsums zeigen.

Durch die germanisch-extensive Art der Nahrungsmittelbeschaffung war die optimale Grösse der Dörfer auf etwa 300 bis 600 Einwohner beschränkt. Mit der Zunahme der Bevölkerung Mitteleuropas mussten daher vom 9. bis ins 11. Jhd. hinein neue Siedlungen angelegt werden. Jede Neugründung verlangte zusätzliche Aufwendungen, welche aus den ohnehin kargen Lebensumständen heraus erbracht werden mussten. Die Grundherren, namentlich die Klöster, begünstigten daher die Gründung neuer Siedlungen durch Verleihung rechtlicher und wirtschaftlicher Privilegien. Das etwas mildere Klima des 11. und des 12. Jhd. begünstigte diesen Kolonisationsschub. Die Neugründungen von Städten, wie Bern und Freiburg fielen ebenso in diese Epoche wie die ausgedehnte Walserkolonisation. In der Art der Nahrungsmittelbeschaffung können nur langsame Änderungen festgestellt werden. So ermöglichte nach RÖSENER die Einführung des Beetpfluges im Laufe des 11.Jhd. gegenüber dem Hakenpflug eine rationellere Bewirtschaftung der Felder.

Eine allmähliche Steigerung der Flächen- und der Arbeitsproduktivität im Sinne der Beschaffung von Grundnahrungsmitteln für einen grösseren, nicht-landwirtschaftlichen Bevölkerungsanteil wurde durch die Verminderung des Fleischkonsums zugunsten einer vermehrt vegetarischen Ernährung erreicht. Der Rückgang des Fleischkonsums deutet auf eine insgesamt angespannte Lage der Nahrungsmittelversorgung hin, die sich unter anderem darin begründet, dass die zur Schweinemast und zur übrigen extensiven Nutzung verfügbare Waldfläche durch die steigende Anzahl der Siedlungen stark schwand.

Neu umgebrochene Waldböden liefern zunächst überdurchschnittliche Erträge wegen dem reichen Angebot an mineralischen und organischen Pflanzennährstoffen aus dem Humus. Vor allem wird während den ersten fünf bis zehn Jahren nach einem Neuumbruch verhältnismässig viel Nitrat freigesetzt. (Dieser Vorteil wird heute noch durch Shifting Agriculture ausgenützt.) Daraus folgt, dass während der Zeit der Zunahme von Siedlungsgebieten die Nahrungsmittelversorgung einer Region vergleichsweise günstig ausfällt. Nach etwa zehn Jahren dürften die Erträge vor allem wegen mangelnder Stickstoffzufuhr abnehmen. (Diese als lang veranschlagte Periode der Ertragsabnahme muss im Zusammenhang mit den damalig geringen Erträgen gesehen werden.) Im Laufe des 13. Jhd. dürften die Grenzen der Zunahme von Siedlungsgebieten in den meisten Regionen Mitteleuropas im wesentlichen erreicht worden sein. Die Lage in der Versorgung mit Nahrungsmitteln spitzte sich wieder zu.

Die grosse Wende trat mit den *Pestzügen in der Mitte des 14. Jhd.* ein. Ob diese durch die mangelhafte Ernährung oder durch die mangelnden hygienischen Verhältnisse in den überbevölkerten Städten bedingt waren, ist noch Gegestand von Diskussionen. Möglicherweise spielten beide Faktoren eine wichtige Rolle. Entscheidend ist jedoch, dass die städtische Bevölkerung drastischer dezimiert wurde als die ländliche, wodurch zwei entscheidende Entwicklungen einsetzten.

Erstens brachen die Getreidepreise auf den städtischen Märkten mangels Abnehmern zusammen. Die Steuern wurden den Grundherren in Form von Naturalien abgeliefert, die sie dann zur Bestreitung ihrer Aufgaben grösstenteils auf den städtischen Märkten veräusserten. Durch den Preiszerfall wurden die Grundherren ihrer witschaftlichen Basis beraubt und das Feudalsystem barst auseinander. In Unkenntnis wirtschaftlicher Zusammenhänge versuchten die Feudalherren manchenortes erfolglos eine quantitative Erhöhung der Naturalabgaben zu erzwingen. Die erstarkte Bauernschaft konnte sich häufig erfolgreich zur Wehr setzen. Auch traten neue Beziehungen zwischen Stadt und Land auf, wie sie aus der Entwicklung der jungen Eidgesnossenschaft bekannt sind.

Zweitens ernährte sich die ländliche Bevölkerung wieder vermehrt von tierischen Produkten, hauptsächlich aus der Rindviehhaltung, welche nun die extensive Schweinemast abzulösen begann. Durch die Bevölkerungs- und Wirtschaftskrise des 14. Jhd. trat offenbar eine Entspannung in der Versorgung der überlebenden ländlichen Bevölkerung ein. Diese vergleichsweise günstige Ernährungslage ermöglichte eine zügige Umstrukturierung der Landwirtschaft, in dem durch die Verbreitung, und vor allem durch die Verbesserungen in der Rindviehhaltung fortan eine verlässlichere Milch- und Fleischwirtschaft betrieben werden konnte. Damit einher lief eine verbesserte Versorgung der Ackerböden mit Mist, wodurch auch die pflanzlichen Erträge gesteigert wurden.

Ähnliche Muster und Schübe in der Entwicklung lassen sich in Mitteleuropa seit Beginn der Neuzeit immer wieder feststellen. Zunächst tritt eine Krise in der Versorgung ein, der dann wirtschaftliche und politische Umwälzungen folgen. Während den Umwälzungen können sich häufig neue Methoden und eigentliche neue Systeme von der Produktion über die Vermarktung bis zum Konsum etablieren. Erwähnt sei hier als Beispiel der von den Arabern Spaniens ausgehende Reisanbau in Oberitalien, mit dem die Bauern kurzfristig das herkömmliche Abgabensystem umgehen konnten. Auch Mais, Bohnen und Kürbissarten gesellten sich zu den Nahrungsmitteln Mitteleuropas. Die zunehmenden Transportdistanzen und die weiterreichenden Handelsbeziehungen müssen ebenfalls in Betracht gezogen werden. So war Schweizerkäse ein beliebtes Nahrungsmittel der west-mediterranen Seefahrer und auf den Märkten des heutigen Norditaliens waren schweizer Rinder gefragt.

Durch den zunehmenden Handel, auch mit den überseeischen Kolonien, und durch die zunehmenden politischen und wirtschaftlichen Verflechtungen treten diese Entwicklungsschübe jedoch immer weniger klar hervor, obwohl mit der zeitlichen Annäherung an die Gegenwart die Informationsdichte zunimmt.

Die Stickstoffversorgung der Böden und der Pflanzen wurde seit der Mitte des 18. Jhd. durch den Anbau von Klee als Zwischenfrucht und dem gezielten Einsatz von Mist und Jauche (Bau von Jauchegruben im Laufe des 19. Jhd.) laufend gesteigert. Auch konnten die neu gezüchteten Getreidesorten die verbesserte Stickstoffversorgung effizienter nutzen.

Bis dahin wurde der für die Produktion benötigte Dünger wie auch die Energie auf dem Hof selbst erzeugt. Trotz Rückschlägen durch Hungersnöte, Epidemien und Kriege nahm die Bevölkerung Europas insgesamt stetig zu, der Anteil der landwirtschaftlich tätigen Bevölkerung hingegen ab.

Die bis dahin durch Strukturverbesserungen erzielten Steigerungen der Produktivität sowohl der Flächen als auch der Arbeit in der solaren Landwirtschaft entfalteten sich noch im Rahmen einer nachhaltigen Bodennutzung. Seit der Mitte des 19.Jhd. jedoch nahm die landwirtschaftliche Produktivität mit atemberaubender Geschwindigkeit zu. Das Thomasmehl (das ist die gemahlene phosphorhaltige Schlacke aus der Eisenverhüttung) und mineralische Stickstoffdünger trugen ebenso zur Steigerung der Flächenproduktivität bei wie der Anbau neuer Sorten. Der Einsatz von Maschinen mit der damit verbundenen Zufuhr von Fremdenergie erhöhten die Arbeitsproduktivität. Damit stiegen die Investitionskosten. Neben die Produktionsmittel *Boden* und *Arbeitskraft* tritt nun vermehrt das *Kapital*. Damit zeichnet sich auch eine Fremdbestimmung und ein zusätzlicher Druck zur Produktivitätssteigerung in der Bodennutzung ab. Diese Entwicklung verläuft in zwei Richtungen. Einerseits werden ertragsschwache Standorte nur noch extensiv genutzt oder sie verbrachen sogar. Andrerseits kann die Intensität der Produktion durch investiertes Kapital derart erhöht werden, dass sie kaum mehr auf Boden als Produktionsmittel direkt angewiesen ist. So können auf der Stufe des Betriebes Tiere weitgehend unabhängig vom Boden gehalten werden. Ja, auch die pflanzliche Produktion kann, genügend Umsatz vorausgesetzt, *hors sol* betrieben werden.

Der vermehrte Einsatz von hoffremder Energie für den Einsatz von Maschinen, von hoffremdem Kapital, das benötigt wird für ihre Beschaffung, und von hoffremden Stoffen zur Steigerung der Produktivität durch Düngung und Pflanzenschutzmittel hat zu den bekannten Konflikten mit der Umwelt geführt. Das seit vielen Jahrzehnten verwendete Thomasmehl als Phosphordünger oder das Vitriol als probates Mittel gegen den Mehltau haben zu einer Belastung der Böden mit Cadmium und Kupfer geführt. Die heutige Stickstoffproblematik folgt direkt aus dem zur Produktionssteigerung forcierten Stickstoffkreislauf. Die erhöhte Arbeitsproduktivität hat wegen des intensiven Einsatzes von Maschinen manchenorts zu Bodenverdichtungen geführt, welche nur mit Mühe wieder verbessert werden können.

Der Druck zur Produktion ist in der Schweiz wegen der Verschuldung einerseits und durch den Anreiz der vergleichsweise hohen Subventionierung der Erträge andrerseits deutlich spürbar. Als Folge unserer konsequenten Neutralitätspolitik musste bis zu den historischen Veränderungen im ehemaligen Ostblock prioritär die Versorgung der Bevölkerung in möglichen Krisenzeiten jederzeit gewährleistet sein. Durch das Ausschütten von Subventionen können in der Schweiz Böden und Standorte landwirtschaftich genutzt werden, die andernorts aus wirtschaftlichen Gründen aufgegeben oder längst extensiv bewirtschaftet werden. Die Flächenproduktivität ist somit vergleichsweise hoch, das Verhältnis von Flächen- zu Arbeitsproduktivität liegt jedoch, im Vergleich zum benachbarten Ausland, relativ tief. Es ist denkbar, dass gerade in diesem Verhältnis eine Chance liegt, die schweizerische Landwirtschaft durch die Gewährung von Flächenbeitragen statt Produktesubventionen umweltschonender zu gestalten.

Schlussbetrachtungen

1) Aus den Darstellungen folgt, dass nachhaltiges Wirtschaften mit biotischen Systemen unterschiedlicher Komplexität und unterschiedlichen Energieinhalten möglich ist, wie die Entwicklung der Landwirtschaft bis zum Verlassen der solaren Betriebsart gezeigt hat. Da die grünen Pflanzen die Sonnenenergie äusserst ineffizient ausnützen, können vergleichsweise geringe biogene Strukturveränderungen zu enormen Ertragssteigerungen führen. Ob derartige Steigerungen die dazu nötigen Strukturen langfristig funktionstüchtig erhalten können, das heisst eine nachhaltige Nutzung ermöglichen, oder ob die zur Produktion nötigen Strukturen bei einer einsetzenden Neuentwicklung in Mitleidenschaft gezogen werden, ist aus folgenden Gründen schwierig vorauszusagen.

a) Biotische Systeme sind derart komplex, dass die *systemare a-priori-Beurteilung* von gezielten Veränderungen ihrer Strukturen grundsätzlich äusserst schwierig ist. Es müsste vor einer Nutzungs- und Systemänderung beurteilt werden können, welcher Anteil des Ertrages zur Erhaltung der Struktur aufgewendet werden soll. In der Forstwirtschaft wird diese Forderung weitgehend erfüllt, indem ihre Einhaltung mit der Kontrollmethode der Forsteinrichtung laufend überwacht wird. Unter diesen Voraussetzungen sind Nutzungsänderungen aber nur langsam zu erreichen.

Die Schwierigkeit nur schon einer *politischen a-priori-Beurteilung* kann am Beispiel der Diskussion um die Gentechnologie illustriert werden. Es scheint, dass uns trotz unserer Demokratieerfahrung die Gesprächskultur hiezu noch fehlt.

Eine a-priori-Beurteilung einer Umweltbeeinflussung ist auch deshalb schwierig, weil ja auch beurteilt werden muss, wann eine Entwicklung eine nachhaltige Nutzung nicht mehr gewährleistet. Hiezu müsste man die relevanten Prozesse und das Ausmass der beteiligten Speicher a-priori kennen.

b) Die *a-posteriori*-Strategie, "zuerst versuchen - dann flicken", wird häufig befolgt, weil man damit die komplexe Beurteilung vermeintlich umgehen kann, tatsächlich aber vor sich her schiebt. Die für umweltrelevante Projekte geforderten Umweltverträglichkeitsprüfungen sind ein Versuch, der a-posteriori-Strategie durch eine a-priori-Beurteilung zuvorzukommen. Die *a-posteriori-Strategie* erlaubt zudem die bisher angesammelte Neg-Entropie kurzfristig zu nutzen, das heisst sie folgt der anthropozentrisch effizienteren Art der Nutzung und ist deshalb beliebt. Die Schwierigkeit dieser Strategie liegt häufig darin, dass die Mängel einer nicht-nachhaltigen Wirtschaftsweise erst eine bis mehrere Generationen nach ihrem Beginn ersichtlich werden. Die betroffene Generation sollte dann die zusätzliche Neg-Entropie aufbauen können, die die vorhergehende grosszügig aufgebraucht hatte.

2) Ein System nachhaltig nutzen bedingt die Erhaltung sowohl seiner Strukturen als auch der Strukturen jener Systeme, welche durch seine Nutzung beeinflusst werden. Eine nachhaltige Entwicklung innerhalb dieser Bedingungen ist möglich, stösst aber an die Grenze der tragbaren Produktivität, welche vermutlich durch unser kurzfristiges

Effizienzstreben in den meisten wirtschaftlich relevanten Bereichen längst überschritten worden ist. Aus diesem Grunde dürfte eine Umkehr zu echt nachhaltiger Nutzung ohne eine vorhergehende Krise, welche die Nutzung kurzfristig unter die tragbare Produktivität versetzt, eher eine Utopie bleiben.

3) Es ist interessant festzustellen, wo im Lehr- und Forschungsbetrieb der Berner Geographie das Thema der Erhaltung und der Erneuerung von Strukturen angesiedelt ist. Im Bereich der physischen Geographie wird wohl Landschaftsökologie betrieben, das Thema der Neg-Entropie wird hingegen implizit im Bereich der Kulturgeographie behandelt. Nach diesem Muster schafft und erhält offenbar der Mensch die Strukturen, in dem er durch seine Kultur der Entropie entgegenwirkt. Dabei nutzt und pflegt er auch die biotischen Systeme. In der physischen Geographie hingegen liegen die Lehr- und Forschungsschwerpunkte in den Bereichen Hydrologie, Meteorologie, Geomorphologie und Erosionsforschung. Dazu gehören etwa die Ausdrücke Hochwasserabflüsse, Schadstoffausbreitung, Gefahrenkataster und Bodenverluste durch Oberflächenabfluss und Wind. Derartige Forschungsthemen befassen sich nahezu ausschliesslich mit der Zunahme der Entropie. So verwundert es nicht, dass der erste permanente Lehrauftrag in Bodenkunde von der Abteilung Kulturgeographie vergeben wurde.

Der Einbezug der Neg-Entropie könnte unter Umständen zu einer Klassierung von genutzten Systemen bezüglich ihrer Strukturstabilität führen und letztlich vielleicht doch einen Weg aufzeigen, wie sie nachhaltig genutzt werden könnten.

Verdankung

DR. ANTON BRÜLHART, Kantonsoberförster des Kantons Freiburg, DR. CHRISTIAN GYSI, Sektionschef an der eidg. Forschungsanstalt für Obst-, Wein- und Gartenbau in Wädenswil und PROF. KARL PEYER, Leiter des Schweizerischen Bodenkartierungsdienstes an der eidg. Forschungsanstalt für Pflanzenbau, Zürich-Reckenholz, haben mir wertvolle Unterlagen zur Verfügung gestellt. Ich danke ihnen für ihre Anregungen.

Literaturverzeichnis

BEGON, M., J. L. HARPER UND C. R. TOWNSEND (1991) : *Ökologie*. Birkhäuser Verlag, Basel, 1024 p.

CARROLL, C.R., J. H. VANDERMEER UND P. M. ROSSET (1990) : *Agroecology*. McGraw-Hill Publishing Company, New York, 641 p.

DOKUCHAEV, V. V. (1879) : *Abridged historical account and critical examination of the principle existing soil classifications.* Trans. Petersburg Soc. of Nat. 10:64-67 (in Russian).

GERMANN, P. (1976) : *Wasserhaushalt und Elektrolytverlagerung in einem mit Wald und einem mit Wiese bestockten Boden in ebener Lage.* Mitt eidg. Anst. f.d. forstl.Vers'wes 52(3):163-309.

GYSI, CH. (1993) : *Mündliche Mitteilung zur Hors-sol Technik.*

GOUDIE, A.(1986) : *The Human Impact on the Natural Environment.* 2nd edition, Basil Blackwell Ltd., Oxford UK), 338 p.

HEGG, O. (1992) : *Mündliche Mitteilung anlässlich des universitären Weiterbildungskurses in Forstlicher Standortskunde.*

KASTHOFER, K. (1818) : *Bemerkungen über die Wälder und Alpen des Bernischen Hochgebirges.* Aarau., 2. Auflage.

KASTHOFER, K.(1846) : *Kurzer und gemeinfasslicher Unterricht in der Naturgeschichte der nützlichsten einheimischen Waldbäume, in der Schlagführung zur Förderung der nachhaltigen Wiederbesamung der Wälder, in der Bestimmung der nachhaltigen Holzbenutzung und in der Waldsaat und Waldpflanzung.* Genf.

KEHR, K. (1993) : *Nachhaltig denken: Zum sprachgeschichtlichen Hintergrund und zur Bedeutungsentwicklung des forstlichen Begriffes der "Nachhaltigkeit".* Schweiz. Z.f.Forstwesen 144(8):595-605.

KNUCHEL, H. (1950) : *Planung und Kontrolle im Forstbetrieb.* Verlag H. R. Sauerländer & Co., Aarau, 346 p.

KÜCHLI, CH. (1992) : *Mündliche Mitteilung anlässlich des universitären Weiterbildungskurses in Forstlicher Standortskunde.*

KUHN, H. (1958) : *Die Nachhaltigkeit als forstwirtschaftspolitisches Postulat.* Centralblatt für das gesamte Forstwesen, 75(1).(zit. nach Zürcher, 1965)

LEIBUNDGUT, H. (1949) : *Grundzüge der schweizerischen Waldbaulehre.* Forstwissenschaftliches Centralblatt 5:257-291.

LEIBUNDGUT, H. (1965-69) : *Vorlesungen über Waldkunde und Waldbau* (persönliche Notizen und Eindrücke von P. G.)

MONTANARI, M. (1993) : *Der Hunger und der Überfluss.* Verlag C. H. Beck, München, 251 p.

PFISTER, CH. (1982) : *Bevölkerung, Klima und Agrarmodernisierung 1525-1860,* 2 Bände, Verlag Paul Haupt, Bern, 347 p.

PFISTER, CH. (1991) : *Mündliche Mitteilung und Vorlesungsunterlagen.*

RÖSENER, W. (1987) *Bauern im Mittelalter.* Verlag C. H. Beck München, 335 p.

SÄGESSER, H., UND P. WEBER (1992) :*Allgemeiner Pflanzenbau, Teil II* landwirtschaftliche Lehrmittelzentrale, Zollikofen.

ZÜRCHER, U. (1965) : *Die Idee der Nachhaltigkeit unter spezieller Berücksichtigung der Gesichtspunkte der Forsteinrichtung.* Mitt. Eidg. Anst. f.d.forstl. Vers'wes. 41(4): 87-218.

ZÜRCHER, U. (1993) : *Die Waldwirtschaft wird nachhaltig sein oder sie wird nicht sein.* Schweiz. Z. f. Forstwesen 144(4):253-262.

Mathias Binswanger

Wirtschaftliche Dynamik und Nachhaltige Naturnutzung

1. Was bedeutet Nachhaltigkeit in der Oekonomie?

Der Begriff der "Nachhaltigkeit" bzw. "Sustainable Development" ist seit der Veröffentlichung des Brundtland-Berichtes im Jahre 1987 zu der wahrscheinlich am häufigsten gebrauchten Vokabel in der Oekonomie geworden, wenn es darum geht, ökologische Ziele für die Zukunft zu formulieren. Die häufige Verwendung bedeutet aber keineswegs, dass man auch weiss, was damit eigentlich gemeint ist. Und diese Vagheit ermöglicht es wiederum, den Begriff der Nachhaltigkeit auf alle Entwicklungen anzuwenden, die irgendwie als umweltfreundlich eingestuft werden. Ob es sich dabei um allgemeine ethische Postulate zur Erhaltung der gesamten Natur oder um konkrete umweltrelevante Verbesserungen in einzelnen Betrieben handelt, überall ist von Nachhaltigkeit die Rede.

Je allgemeiner der Begriff "Nachhaltigkeit" verwendet wird, umso leichter fällt es ihn zu definieren. Doch umso grösser ist auch die ökonomische Irrelevanz. Dies lässt sich gleich erkennen, wenn wir die verschiedenen Ebenen der Nachhaltigkeitsdiskussion unterscheiden. Diese sind:

Nachhaltigkeit als allgemeine ethische Zielsetzung:

Auf dieser allgemeinsten Ebene ist es noch relativ einfach zu sagen, was nachhaltige Entwicklung bedeteutet. Die entscheidende Definition steht bereits im Brundtland-Bericht und ist kaum umstritten. Sie lautet:

Nachhaltige Entwicklung ist Entwicklung, die die Bedürfnisse der Gegenwart befriedigt, ohne zu riskieren, dass künftige Generationen ihre eigenen Bedürfnisse nicht befriedigen können.[1]

So weit, so gut, doch lassen sich aus dieser allgemeinen Forderung noch keine fassbaren Postulate ableiten. Dies ist erst möglich, wenn man die Oekosysteme und ihre Funktionsweise berücksichtigt.

---

[1] Hauff, 1987, S. 46

Nachhaltigkeit als ökologisch begründete Zielsetzung

Einen ökologischen wenn auch noch keinen ökonomischen Gehalt weisen Nachhaltigkeitspostulate auf, welche sich an den ökologischen Auswirkungen wirtschaftlicher Prozesse orientieren. Ein wirklich konkretes Postulat liess sich bisher aber nur für die Nutzung erneuerbarer Ressourcen ableiten, wo man sich eines in der Forstwirtschaft schon lange praktizierten Grundsatzes bedienen konnte.[2] Dieser lautet:

Postulat für erneurbare Ressourcen:

Die Inanspruchnnahme der erneuerbaren Ressourcen ist so zu gestalten, dass die Nutzungsrate die natürliche Regenerationsrate nicht übersteigt.

In den heutigen Industriewirtschaften werden allerdings hauptsaechlich nicht erneuerbare Ressourcen (Erdöl, Erdgas, Uran) genutzt, so dass mit dieser Forderung nur ein Bruchteil der tatsächlichen Umweltbelastungen erfasst wird. Weitere Postulate musssten deshalb gefunden werden, die sich allerdings nicht mehr so klar wie für die Nutzung erneuerbarer Ressourcen formulieren lassen.

Ein Grossteil der Umweltbelastungen hängen mit der Entstehung von Schadstoffkonzentrationen bzw. Abfällen zusammen, wofür folgende "Nachhaltigkeitsregel" postuliert wurde:

Postulat für Abfälle und Emissionen:

Bei der Belastung der Umwelt durch Abfälle und Emissionen ist sicherzustellen, dass die Verschmutzungsrate gleich wie oder geringer als die Absorptionsrate[3] ist.[4]

Dieses Postulat verhindert die Entstehung von zeitlichen Schadstoff- und Abfallkonzentrationen, welche die Absorptionsfähigkeit der Oekosysteme überbeanspruchen. Wie hoch die Absorptionsrate bestimmter Oekosysteme jedoch liegt, ist eine vielfach ungeklärte Frage.

Versucht man nun gar, Themen wie die Nutzung nicht erneuerbarer Ressourcen, ökologische Risiken oder der Erhaltung der Biodiversität mit Nachhaltigkeit in Verbindung zu bringen, lassen sich selbst auf dieser allgemeinen Ebene, keine klaren Kriterien mehr ableiten. Man ist hier auf ganz pragmatische "ethisch-ökologische Bastelarbeit" angewiesen. Wir wollen uns an dieser Stelle auf die Ableitung eines zusätzlichen Postulates für die Nutzung nichterneuerbarer Ressourcen beschränken.

Zur Nutzung nicht erneuerbarer Ressourcen kann das Konzept der Nachhaltigen Entwicklung zunächst einmal gar nichts aussagen, da der am ökologischen Substanzerhalt orientierte Begriff der Nachhaltigkeit in Bezug zu diesen keinen Sinn ergibt. Nicht erneuerbare Ressourcen lassen sich nicht nachhaltig nutzen, da ihr Abbau und Einsatz in wirtschaftlichen

---

[2] siehe dazu Nutzinger, 1992

[3] Die Absorptionsrate beschreibt die Fähigkeit eines bestimmten Oekosystems, Schadstoffkonzentrationen durch ökologische Prozesse innerhalb eines bestimmten Zeitraumes wieder abzubauen.

[4] Pearce/Turner, 1990, S. 43 f

Prozessen immer zur Erschöpfung der Vorräte führt und ausserdem mit irreversiblen Veränderungen in der Umwelt verbunden ist. Soll nicht die unrealistische Radikalforderung aufgestellt werden, dass nicht erneuerbare Ressourcen im Rahmen einer Nachhaltigen Entwicklung überhaupt nicht genutzt werden dürfen (was rein ökologisch betrachtet natürlich sinnvoll wäre), so muss man das Nachhaltigkeitskonzept entsprechend ausbauen. So wird in der Literatur vorgeschlagen, dass die Nutzung nicht erneuerbarer Ressourcen durch die gegenwärtige Generation grundsätzlich zulässig sei und dass bei der Festlegung des Abbauplanes eine Abdiskontierung der zukünftigen Nutzungen erlaubt ist. Damit wird akzeptiert, dass den zukünftigen Generationen fortlaufend geringere Ressourcenmengen zur Verfügung stehen. Diese (mengenbezogene) intergenerationelle Ungerechtigkeit ist allerdings ethisch gerechtfertigt, wenn durch technischen Fortschritt sichergestellt ist, dass zukünftige Generationen mit geringerem Verbrauch von nicht erneuerbaren Ressourcen einen mit der Gegenwart vergleichbaren Wohlstand erzeugen können.

Aus diesen Überlegungen lässt sich das folgende pragmatische Postulat einer nachhaltigen Entwicklung in den Industrieländern ableiten:[5]

> *Postulat für nichterneuerbare Ressourcen:*
>
> *Die Nutzung nichterneuerbarer Ressourcen ist nur in dem Ausmasse zugelassen, als es gelingt, die gesamtwirtschaftliche Ressourcenproduktivität (bezogen auf ein Land) in einem solchen Ausmass zu erhöhen (beziehungsweise die Ressourcenintensität zu senken), dass es - trotz allfälligen Wirtschaftswachstums - zu einem absoluten Rückgang des Verbrauchs an nichterneuerbaren Ressourcen kommt, ohne dass die andern Postulate einer nachhaltigen Entwicklung verletzt werden.*

Dieses Postulat läuft praktisch auf die Forderung hinaus, den Verbrauch an nichterneuerbaren Ressourcen vom Wirtschaftswachstum zu entkoppeln. Ein zweiter, theoretisch ebenfalls denkbarer Weg, nämlich die Substitution von nicht erneuerbaren Ressourcen durch erneurbare Ressourcen[6] kann in grösserem Massstab heute nicht Teil einer nachhaltigen Naturnutzung sein, da er zu einer krassen Uebernutzung von erneurbaren Ressourcen führen würde.

Nachhaltigkeit in der ökonomischen Theorie

Begibt man sich nun auf die "wirklich" ökonomische Ebene, also in eine Welt wo Märkte und Preise regieren, dann beginnt die grosse Ratlosigkeit, was man nun mit dem Begriff "Nachhaltigkeit" anfangen soll. Zwischen Nachhaltigkeit als ökologische Zielsetzung (siehe 2.) und der eigentlichen Umweltökonomie oder ökologischen Oekonomie herrscht eine riesige Diskrepanz, die sich bis heute nicht überbrücken lässt. Obwohl ethische und ökologische Ziele auch in der ökologischen Oekonomie ausführlich diskutiert werden, gelingt es

---

[5] vgl. Minsch, 1993, S. 41

[6] vorgeschlagen z.B. von El Serafy, 1992, Pearce/Turner, 1990

nicht, eine wirkliche Brücke zur Oekonomie zu schlagen, d.h. den Begriff der Nachhaltigkeit zu operationalisieren.[7] Dies ist auch nicht weiter erstaunlich, da sich das Konzept der Nachhaltigkeit, mit der Logik der Wirtschaft kaum vereinbaren lässt. Diese ist auf die Maximierung von in Geld gemessenen Grössen, also des Gewinns (bzw. des Nutzens) oder, etwas altruistischer ausgedrückt, des allgemeinen Wohlstandes ausgerichtet. Natürlich lassen sich in diese Logik sehr wohl auch ökologische Gesichtspunkte integrieren, da eine intakte Umwelt langfristig ebenfalls für den Erhalt des allgemeinen Wohlstandes notwendig ist. Doch sobald man versucht, die umfassenden Funktionen von Oekosystemen, um die es bei der nachhaltigen Entwicklung geht, etwas konkreter mit der Sprache der Oekonomie zu erfassen, erleidet man Schiffbruch. Der Wert der Erhaltung der natürlichen Umwelt (bzw. des natürlichen Kapitalstocks) ist ökonomisch nicht fassbar, da den höchst komplexen und interdependenten Leistungen der Umwelt kein sinnvoller Preis zugeordnet werden kann. Das ist mittlerweile eine Binsenwahrheit, jedoch eine nach wie vor relevante. Spricht man deshalb in der Oekonomie von Nachhaltigkeit so bewegt man sich meist auf einer rein ökologisch-ethischen Ebene und lässt die Oekonomie beiseite. Diese kommt erst zum Zuge, wenn es um die Instrumentendiskussion geht, d.h. mit welchen Massnahmen die gewünschte nachhaltige Entwicklung eingeleitet werden soll. Dabei geht es dann um ganz konkrete Fragen wie:

Soll eine allgemeine Energiesteuer eingeführt werden und wenn ja in welcher Höhe? Wie und in welcher Höhe sollen Umwelttechnologien vom Staat subventioniert werden?

Doch ist nun die Erhebung einer Energiesteuer bereits Teil einer nachhaltigen Entwicklung? Auf diese Frage werden wir auf ökonomischer Ebene kaum eine Antwort finden. Der ethisch-ökologische Nachhaltigkeitsbegriff ist, obwohl häufig verwendet, eine ökononomische Leerformel geblieben und hat bisher wenig Neues gebracht. Man weiss natürlich, dass die Preise für die Leistungen der Umwelt zu niedrig bzw. gar nicht vorhanden sind und entsprechend korrigiert werden sollten. Doch das wusste man auch schon bevor von nachhaltiger Entwicklung die Rede war. Der wissenschaftliche Fortschritt, den die Nachhaltigkeitsdiskussion bisher gebracht hat, liegt nicht in neuen Erkenntnissen sondern darin, dass sich Oekonomen vermehrt mit ökologisch-ethischen Fragen beschäftigten.

Nachhaltigkeit in Zusammenhang mit konkreten volkswirtschaftlichen und betriebswirtschaftlichen Entwicklungen

Wendet man den Begriff der Nachhaltigkeit nun auf konkrete Entwicklungen in einer Volkswirtschaft oder gar in einzelnen Betrieben an, also dort, wo die wirtschaftlich relevanten Entscheide wirklich gefällt werden, dann verkommt er zur völligen Beliebigkeit.[8] Ist es

---

[7] vgl. Brenck, 1992, S. 393 ff

[8] Dies zeigt sich z.B. in einem Aufsatz von Pearce/Atkinson, 1993 (Ecol. Econ. Oct.), in welchem die Autoren anhand eines geradezu erschreckend einfachen Ansatzes zu beurteilen versuchen, ob die wirtschaftliche Entwicklung in bestimmten Ländern als nachhaltig eingestuft werden kann. Die Autoren bezeichnen die Entwicklung in einem Land dann als nachhaltig, wenn in einem Jahr mehr gespart wird, als Sachkapital und natürliches Kapital abgeschrieben werden muss. Nach dieser Beur-

nachhaltige Entwicklung, wenn eine Volkswirtschaft weniger fossile Brennstoffe verbraucht und dadurch die Luftschadstoffemissionen reduziert? Kann man von nachhaltiger Entwicklung sprechen, wenn ein Unternehmen weisses Papier durch Umweltschutzpapier ersetzt, wenn phosphatfreie Waschmittel oder Chlorkohlenwasserstoff-freie Treibgase verwendet werden oder wenn ein Unternehmen eine Oekobilanz aufstellt? Niemand wird bestreiten, dass diese Entwicklungen zu einer Entlastung der Umwelt beitragen können, aber ob es sich dabei um nachhaltige Entwicklung handelt lässt sich keineswegs eindeutig beantworten. Beispielsweise kann die Reduktion der Umweltbelastungen in einem Land (oder in einem Unternehmen) auch dadurch zustande kommen, dass die umwelbelastende Produktion ins Ausland (in ein anderes Unternehmen) verlagert wird. Oder bestimmte Umweltbelastungen (Luftschadstoffemissionen) werden durch andere (nukleare Risiken aufgrund eines erhöhten Einsatzes der Kernenergie) ersetzt. Der ganzheitliche und deshalb auf konkreter Ebene zwangsläufig vage Ansatz des Konzepts der nachhaltigen Entwicklung lässt sich nicht direkt auf einzelne Entwicklungen anwenden, da es hier um eine ganzheitliche Perspektive der Umweltproblematik geht. Nur eine gesamthafte Betrachtung verschiedener Umweltindikatoren unter Einbezug der grenzüberschreitenden Umweltbelastungen (vor allem Importe von grauen Umweltbelastungen) kann Hinweise darauf geben, ob die eine oder andere Nachhaltigkeitsregel verletzt wurde und die Entwicklung in einem Land somit in Richtung nachhaltige Naturnutzung geht oder nicht.

Als Fazit lässt sich festhalten, dass das Konzept der nachhaltigen Entwicklung in der ökonomischen Diskussion bisher nicht über allgemeine ethisch-ökologische Forderungen (Punkt 1 und 2) hinausgediehen ist. Dies hängt wiederum damit zusammen, dass sich die ökonomische Nachhaltigkeitsdiskussion in der Oekonomie meist auf eine reine Instrumentendiskussion beschränkt und sich nicht mit der fundamentalen Frage nach der längerfristigen Dynamik der heutigen Wirtschaftssysteme beschäftigt. Es wird kaum danach gefragt, welche Logik hinter den wirtschaftlichen Vorgängen steckt und welche Konsequenzen sich daraus für die wirtschaftliche Entwicklung ergeben. Erst wenn man sich aber mit diesen Themen beschäftigt wird man auch Antworten auf nicht ganz unerhebliche Fragen finden, wie:

- Besteht im heutigen Weltwirtschaftssystem ein Zwang zum Wachstum oder ist auch eine quantitativ nicht mehr wachsende Wirtschaft möglich?
- Lässt sich Wirtschaftswachstum überhaupt mit nachhaltiger Entwicklung vereinbaren,

    d.h. kann es ein nachhaltiges Wachstum überhaupt geben?

Im folgenden versucht dieser Beitrag, zumindest einige Aspekte der wirtschaftlichen Wachstumsdynamik zu beschreiben, um so einer Antwort auf die eben gestellten Fragen näher zu kommen.

---

teilungsmethode ist die Entwicklung in Japan am nachhaltigsten und in Mali am wenigsten nachhaltig.

2. Monetäre Dynamik und Wachstumszwang

Im Grunde genommen geht es in einer Geldwirtschaft, so wie sie in den heutigen Industrieländern schon seit hunderten von Jahren existieren nur um eines: nämlich aus einer bestimmten Geldsumme M (money) eine höhere Geldsumme M' zu machen.[9] Dies ist der entscheidende Grund, weshalb ein Unternehmen überhaupt produziert. Unternehmen produzieren, weil sie damit rechnen durch den Verkauf von Gütern bzw. Dienstleistungen im Verlauf der Zeit eine höhere Geldmenge M' einzunehmen als sie ursprünglich für die Bezahlung der Produktionsfaktoren Arbeit (Löhne) und Kapital (Investitionen) ausgegeben haben, um so einen Gewinn G = M'-M zu realisieren.[10] Dies ist, ganz einfach ausgedrückt, die fundamentale Logik einer Geldwirtschaft, welche diese zu einer ständigen Expansion antreibt.[11]

Der wirtschaftliche Kreislauf ist somit für das Unternehmen ein kontinuierlicher Prozess, der sich in einer auf Marx (und nicht auf den Marxismus!) zurückgehenden Terminologie als M-C-M'-Kreislauf (Geld-Ware-Geld-Kreislauf) beschreiben lässt. Der Kreislauf beginnt damit, dass ein Unternehmen eine bestimmte Geldsumme M investiert, um damit die für die Produktion notwendigen Produktionsfaktoren Arbeit und Kapital zu bezahlen. Erst an zweiter Stelle kommen reale, d.h. physische Güter C (commodities) hinzu, indem die Unternehmen Anlagen und Maschinen kaufen (Realkapital), um damit Güter und Dienstleistungen zu produzieren. Durch den Verkauf der mit Hilfe von Arbeit und Kapital hergestellten Güter verwandelt das Unternehmen schliesslich die produzierten Güter und Dienstleistungen wieder in Geld (M'), wobei gilt, dass die erwartete Geldmenge M' grösser sein muss als die ursprünglich investierte Geldmenge M. Die in dem Wirtschaftskreislauf zirkulierende Geldmenge vergrössert sich somit von Periode zu Periode, solange sich die Gewinnerwartungen tatsächlich erfüllen.

Welche Güter oder Dienstleistungen tatsächlich hergestellt werden ist innerhalb der wirtschaftlichen Logik ohne Bedeutung. So entwickelten sich in modernen Industriewirtschaften immer mehr Möglichkeiten, Gewinne auch ohne eine entsprechende Produktion von Gütern und Dienstleistungen zu erzielen. Auf Finanzmärkten werden heute zum Teil Gewinne erzielt, ohne dass irgend etwas Reales produziert wird. Finanztransaktionen ermöglichen es immer mehr, das C aus dem M-C-M'-Kreislauf herauszudrängen und aus diesem einen M-M'-Kreislauf zu machen, was die Chancen Gewinne zu machen, noch einmal drastisch erhöht.

---

[9] Das erscheint trivial und selbstverständlich, doch das ist es nur, solange man die heute vorherrschende ökonomische Theorie ausser Acht lässt. In dieser Theorie ist das Geld nämlich ohne Bedeutung und es wird davon ausgegangen, dass nach wie vor, wie in der Steinzeit, Güter gegen Güter getauscht werden. Gemäss der konventionellen ökonomischen Theorie hat die Entwicklung des Geldes zwar dazu beigetragen, den Tausch zu erleichtern, doch hat es letztlich keine Auswirkungen auf die reale Produktion und den Konsum der Wirtschaftssubjekte. Innerhalb dieses theoretischen Gebäudes ist es deshalb nicht möglich, die Dynamik einer Geldwirtschaft zu erkennen.

[10] Selbstverständlich müssen, wie wir weiter unten noch sehen werden, alle erwarteten zukünftigen Geldströme abdiskontiert werden.

[11] siehe z.B. Heilbronner, 1986.

Handeln alle Unternehmen in einer Wirtschaft nach dem Prinzip des M-C-M'-Kreislaufs so wächst auch die gesamte Wirtschaft, sofern die erwarteten Einnahmen M' sich bei einer Mehrheit der Unternehmen auch tatsächlich einstellen. Solange der M-C-M'-Kreislauf funktioniert, funktioniert auch die Wirtschaft. Dank des Wachstums ist die Wirtschaft kein Nullsummenspiel, sondern ermöglicht es den Wirtschaftsakteuren einen Gewinn zu machen bzw. das Einkommen zu erhöhen, ohne dass sich dadurch der Gewinn bei andern Wirtschaftsakteuren bzw. das Einkommen verringern muss, wie dies bei einem Nullsummenspiel der Fall wäre. Das ist ein wesentlicher Grund dafür, warum Wachstum auch in Zusammenhang mit der Entwicklung der dritten Welt immer so stark propagiert wird. Es ermöglicht den Entwicklungsländern eine Erhöhung des Wohlstandes, ohne dass wir in den Industrieländern dafür auf irgend etwas verzichten müssten.

In einem streng ökonomischen Sinn hat somit der Begriff Nachhaltigkeit einen ganz andern Sinn wie in der Oekologie. Es geht hier um die Erhaltung des M-C-M'-Kreislaufs, was gesamtwirtschaftlich ein ständiges Wachstum bedeutet. Deshalb tauchen auch in der Wirtschaft, vor allem in der englischsprachigen Literatur, immer wieder Begriffe wie "sustainable growth" oder "sustainable profits" auf, die mit Nachhaltigkeit im ökologischen Sinn überhaupt nichts zu tun haben. An dieser Stelle zeigt sich bereits die Schwierigkeit, nachhaltige Entwicklung mit der Logik einer Geldwirtschaft in Verbindung zu bringen.

Mit den bisherigen Ausführungen haben wir gezeigt, dass die wirtschaftliche Logik in einer Geldwirtschaft auf Wachstum ausgerichtet ist. In der Folge soll nun gezeigt werden, wie aus dieser wirtschaftlichen Logik heraus ein effektiver Wachstumszwang für einzelne Unternehmen resultieren kann. Ein Wachstumszwang, der nicht etwa daraus resultiert, dass die Menschen unersättlich wären und immer mehr haben wollen, sondern ein Wachstumszwang, der in der Funktionsweise einer Geldwirtschaft selbst begründet liegt.

In der heutigen Wirtschaft ergibt sich der Wert aller Investitionen in Realkapital (Maschinen und Anlagen) letztlich auf Finanzmärkten. Die Motivation hinter allen Investitionen sind erwartete Gewinne, die sich wiederum auf die Preise von Wertpapieren wie Aktien und Obligationen auswirken, und dadurch das Vermögen der Investoren erhöhen.[12] Diese Transformation von erwarteten zukünftigen Erträgen in Wertpapierpreise ist notwendig, um potentiellen Investoren einen Anreiz zu geben, in das betreffende Unternehmen zu investieren. Der Schottische Oekonom Mcleod hat dies bereits vor mehr als hundert Jahren treffend ausgedrückt.

> "The true function of credit is to bring into commerce the present value of future profits."[13]

---

[12] siehe beispielsweise Minsky, 1986, S. 348 f
[13] Mcleod, 1889, S. 80

Erwartet man, dass ein bestimmtes Unternehmen in Zukunft erfolgreich sein wird, so werden sich die Preise der Wertpapiere des betreffenden Unternehmens erhöhen, und können dann mit Gewinn wieder verkauft werden. Alle erwarteten zukünftigen Erträge, die Unternehmen durch ihre produktive Tätigkeit erwirtschaften, kommen also auf Finanzmärkten zum Ausdruck, wo die produktiven Tätigkeiten in Geld bewertet werden. Wir wollen deshalb den Versuch unternehmen, die Wachstumsdynamik in einer modernen Geldwirtschaft mit Hilfe der Finanzmärkte zu erklären.

Der Einfluss der Erwartungen über zukünftiges Wachstum auf die heutigen Wertpapierpreise lässt sich anhand von einigen einfachen finanzmathematischen Ueberlegungen demonstrieren.[14] Beschränken wir uns der Einfachheit halber auf die Betrachtung von Aktienmärkten, dann wird der Preis P einer Aktie in der Finanztheorie im allgemeinen durch die Abdiskonierung aller erwarteten zukünftigen Gewinne G berechnet.[15] Dies geschieht mit Hilfe der folgenden Formel:

$$P = \sum_{t=1}^{n} \frac{G_t}{(1+i)^t}$$

P ist der Preis bzw. Gegenwartswert der Aktie, G_t sind die erwarteten Gewinne (für den einzelnen Aktionär sind dies die ausbezahlten Dividenden) zu den Zeitpunkten 1,2,...,n und i ist der für die Abdiskontierung relevante Zinssatz.

Die obige Formel lässt sich nun noch weiter vereinfachen, indem wir annehmen, dass erstens, alle erwarteten zukünftigen Gewinne gleich sind und den Wert G haben und zweitens, n sehr gross ist, was keineswegs unrealistisch ist, da Unternehmen im allgemeinen über ziemlich lange Zeiträume existieren. In diesem Fall vereinfacht sich die obige Formel zu Berechnung des Aktienpreises auf:

$$P = \frac{G}{i}$$

Der Preis bzw. Gegenwartswert der Aktie hängt jetzt nur noch von den erwarteten zukünftigen Gewinnen G und dem Zinssatz i ab. P lässt sich dabei auch ausdrücken als Produkt aus dem ursprünglich investierten Betrag I und der Gewinnrate dieser Investition g. Es gilt dann:

$$G = g*I$$

Wenn zum Beispiel i = 0.05, g = 0.1 und I = 1000 SFr. ist, dann ist der Preis der Aktie P:
$$P = 1000 \text{ SFr.} *0.1/0.05 = 2000 \text{ SFr.}$$

Das bedeutet, dass der Preis der Aktie in diesem Fall gerade das doppelte der ursprünglich investierten Summe I beträgt. Im allgemeinen ist P>I, wenn gilt: g>i.

---

[14] teilweise aufbauend auf Binswanger H.C., 1991

[15] siehe beispielsweise Seitz, 1990, S. 6 ff

Bis jetzt haben wir noch gar nicht von Wachstum gesprochen. Wir haben viel mehr angenommen, dass alle zukünftigen Gewinne G gleich sein werden, was auch in einer nicht wachsenden Wirtschaft ohne Nettoinvestitionen möglich ist. In diesem Fall wird kein neues Kapital gebildet und die durchgeführten Bruttoinvestitionen dienen lediglich dazu, abgeschriebenes reales Kapital (z.B. eine abgenutzte Maschine) zu ersetzen.[16] Doch wie man sieht, führt bereits die Erwartung von konstanten zukünftigen Erträgen zu einem Preis, der viel höher liegt, als die Summe, die ursprünglich investiert wurde.

Nehmen wir nun an, dass die Wirtschaftsakteure nicht mehr konstante Gewinne sondern konstant wachsende Gewinne für die Zukunft erwarten. In diesem Fall wird der Kapitalstock des Unternehmens durch Nettoinvestitionen laufend vergrössert, woraus Erwartungen über wachsende Gewinne resultieren. Nettoinvestitionen werden ermöglicht, indem ein Teil des Gewinns nicht mehr als Dividende ausbezahlt sondern im Unternehmen reinvestiert wird. Dadurch verringern sich zunächst die Gewinne für die Aktionäre (Dividenden) gegenüber dem vorherigen Beispiel einer nicht wachsenden Wirtschaft, wo alle Gewinne direkt an die Aktionäre ausbezahlt wurden.[17] Das heisst: die Gewinnrate sinkt für die Aktionäre von g auf g', wobei gilt: g'<g. Allerdings werden die Gewinne dann zu einem späteren Zeitpunkt aufgrund des Wachstums höher sein als im Fall der nicht wachsenden Wirtschaft, so dass gesamthaft wesentlich höhere Gewinnerwartungen resultieren.

Wir rechnen weiterhin mit einem unendlichen Zeithorizont, mit einer konstanten Gewinnrate g' sowie mit einer konstanten Wachstumsrate w der Gewinne. In diesem Fall berechnet sich der Preis der Aktie wie der Gegenwartswert einer ewig wachsenden Rente (constant growth stock, oder Gordon Modell). Die Formel lautet:

$$P = \frac{G}{i-w} = \frac{g'*I}{i-w}$$

Natürlich gilt diese Formel nur, wenn die Wachstumsrate w kleiner als der Zinssatz i ist. Eine Situation, in welcher i grösser als w ist, liesse sich aber kaum über lange Zeit aufrecht erhalten, da die Konkurrenz durch die hohen Wachstumsraten angezogen würde und so dafür sorgte, dass w fallen würde und schliesslich wieder kleiner als i wäre.

Betrachten wir nun wieder ein Zahlenbeispiel. Wir nehmen an, wie in dem Beispiel der nicht wachsenden Wirtschaft, dass i = 0.05 und I = 1000 SFr. ist. Zusätzlich treffen wir die An-

---

[16] Die Abwesenheit von Nettoinvestitionen bedeutet nicht, dass abgenutzte Maschinen durch genau die gleichen Maschinen wieder ersetzt werden. Innovationen sind auch hier möglich, doch der Wert des gesamten Kapitalstocks nimmt nicht zu.

[17] Dies gilt auch, falls die Investitionen durch Fremdkapital finanziert werden, da dann die Gewinne durch Zinszahlungen verringert werden.

nahme, dass die Gewinne jedes Jahr mit einer Wachstumsrate w = 0.03 wachsen und g' = 0.07[18] ist. In diesem Fall gilt:

$$P = 1/0.02 * 0.07 * 1000 \text{ SFr.} = 3500 \text{ SFr.}$$

Wenn man also annimmt, dass die Gewinne jedes Jahr um 3% wachsen werden, dann hat dies eine gewaltige Auswirkung auf den Gegenwartswert bzw. den Preis der Aktie, der jetzt 3.5 mal so hoch wie der ursprünglich investierte Betrag von 1000 SFr. ist und 1.75 mal so hoch ist wie der Preis bei einer nicht wachsenden Wirtschaft. Dieses Beispiel zeigt deutlich, wie sich Erwartungen über zukünftiges Wachstum auf die gegenwärtigen Wertpapierpreise auswirken. Sobald ein zukünftiges Wirtschaftswachstum erwartet wird und diese Erwartungen in die Preisbildung von Wertpapieren miteinbezogen werden, steigen die Preise beträchtlich an. Je höher das für die Zukunft erwartete Wachstum ist, umso mehr erhöhen sich die Preise.

Die Botschaft dieses kurzen Ausflugs in die Finanzmathematik ist deutlich. Wenn der Gegenwartswert einer Investition von den abdiskontierten zukünftigen Gewinnen abhängt und wenn diese wiederum die Preise der Wertpapiere bestimmen, dann wirken sich die Erwartungen über zukünftiges Wachstum auf die heutigen Preise der Wertpapiere aus. Eine Aenderung dieser Erwartungen führt in diesem Fall zu unmittelbaren Aenderungen der Wertpapierpreise. Erwarteten die Wirtschaftsakteure beispielsweise ein bestimmtes Wachstum der zukünftigen Gewinne und ändern sich diese Erwartungen in der Weise, dass mit keinem zukünftigen Wachstum mehr gerechnet wird, dann führt dies zu einem Preisverfall auf den entsprechenden Finanzmärkten. Das bedeutet, dass die Erwartung eines zukünftigen Nullwachstums oder bereits eines geringer werdenden Wachstums das gegenwärtige Finanzvermögen vermindert, da die Preise, zu welchen die Wertpapiere wieder verkauft werden können, sinken. Für die Investoren bringt dies reale Verluste, wie dies bei Börsencrashs der Fall war.

Die Abhängigkeit des gegenwärtigen Vermögens einer Volkswirtschaft von zukünftigem Wachstum ist ein wesentlicher Grund dafür, weshalb sich heutige Geldwirtschaftssysteme in einem effektiven Wachstumszwang befinden. Durch frühere Wachstumserwartungen wurde unser heutiges Vermögen dermassen in die Höhe katapultiert, dass wir dazu verdammt sind, diese Wachstumserwartungen auch für die Zukunft Aufrecht zu erhalten. Andernfalls bricht unser gesamtes auf fiktiven zukünftigen Gewinnen beruhendes Vermögen zusammen. Und Wachstumserwartungen lassen sich auf die Dauer nur aufrechterhalten, wenn dieses Wachstum auch eintritt. Dies ist schon deshalb der Fall, weil die Unternehmen jedes Jahr Zinsen und Dividenden für das erhaltene Geldkapital bezahlen müssen, wozu sie über längere Zeit nur in der Lage sind, wenn das erwartete Wachstum auch tatsächlich eintrifft.

---

[18] Die Zahl 0.07 ergibt sich, wenn wir annehmen, dass 30% der Gewinne (ein Anteil von 0.3) reinvestiert werden und damit für das Wachstum sorgen und 70% als Dividenden (ein Anteil von 0.7) ausbezahlt werden. Wenn wir weiterhin unterstellen, dass die Gewinnrate g (für das gesamte Unternehmen) wie im vorherigen Beispiel 0.1 beträgt, dann gilt für die Wachstumsrate w: w = 0.1*0.3 = 0.03 und g' = g-w = 0.07.

Diese Ueberlegungen treffen sowohl für die gesamte Volkswirtschaft wie auch für das einzelne Unternehmen zu. Ist damit zu rechnen, dass in einem bestimmten Unternehmen in Zukunft kein Wachstum mehr zu verzeichnen sein wird, dann werden die Investoren die Wertpapiere des betreffenden Unternehmens möglichst schnell verkaufen, um in ein erfolgreicheres Unternehmen zu investieren. Dadurch kommt es zu einem Preisverfall der Wertpapiere des entsprechenden Unternehmens, dem es dann kaum mehr gelingen wird, neue Investoren zu finden. Dies ist nur möglich, wenn es das Unternehmen schafft, die Erwartungen für ein zukünftiges Wachstum wieder zu beleben. Für das einzelne Unternehmen ist Wachstum somit eine Notwendigkeit, um Investoren zu finden, die bereit sind, Geldkapital zu investieren, Gelingt dies nicht, so verschwindet es mit der Zeit vom Markt. Volkswirtschaftlich ist dies natürlich noch kein Problem, solange es noch Unternehmen gibt, bei denen ein Wachstum erwartet wird. Erst wenn die ganze Wirtschaft in eine depressive Stimmung gerät und allgemein mit keinem Wachstum mehr gerechnet wird, dann kommt es zu einem Crash und zu einem allgemeinen Vermögensverlust. Und da sich Finanzmärkte in immer schnellerem Tempo entwickeln und ein immer grösseres Vermögen auf zukünftigen Erwartungen aufbaut, wird auch der Zwang zum Wachstum mit zunehmendem Wohlstand nicht etwa geringer sondern grösser.

Die Entwicklung der Aktienmärkte in den USA während den 80er Jahren illustriert, mit welcher Geschwindigkeit und in welchem Ausmass die Aktienkurse (Preise) steigen können. In der Zeit von 1980-1989 stieg der Dow Jones Industrial Index, der die Entwicklung der wichtigsten Aktien in den USA anzeigt um 181%, während sich das Bruttoinlandprodukt (BIP) nominal um "nur" 92% erhöhte. Diese doppelt so hohe Zunahme der Aktienkurse im Vergleich zum BIP konnte nur dadurch zustande kommen, dass die Wirtschaftsakteure in der betreffenden Zeit mit steigenden Aktienkursen rechneten (die sich auch bewarheiteten). Und diese steigenden Akteinkurse konnten letztlich wiederum nur darauf beruhen, dass die Wirtschaftsakteure mit einem Wachstum der amerikanischen Wirtschaft rechneten.

3. Bedeutet Wachstum auch eine Zunahme von Naturverbrauch und Umweltbelastungen?

Das vorherige Kapitel versuchte aufzuzeigen, warum in den modernen Geldwirtschaftssystemen, so wie sie bis heute funktionieren, auf Wachstum nicht verzichtet werden kann. Damit ist aber noch nichts darüber ausgesagt, ob Wachstum auch zwingend zu einer Zunahme von Naturverbrauch und Umweltbelastungen führt, oder, in Bezug auf unser Thema, ob sich Wachstum grundsätzlich mit nachhaltiger Entwicklung vereinbaren lässt. Die Meinungen dazu sind durchaus kontrovers. Der bekannte Amerikanische Umweltökonom Hermann Daly von der World Bank bezeichnet ein nachhaltiges Wachstum als einen Widerspruch in sich, wenn er schreibt:

> "Since the human economy is a subsystem of a finite global ecosystem which does not grow, even though it does develop, it is clear that growth of the economy cannot be sus-

tainable over long periods of time. The term "sustainable growth" should be rejected as a bad oxymoron."[19]

Die Kommission der Europäischen Gemeinschaften spricht hingegen ganz locker von "...employment creating and environmentally sustainable economic growth".[20] Kann es also ein nachhaltiges Wachstum geben?

Versuchen wir zunächst die Frage empirisch zu beantworten und betrachten die bisherige Entwicklung in der Schweiz und in übrigen hochentwickelten Industrieländern. Allerdings taucht hier sofort wieder das Problem auf, wie nachhaltige Entwicklung überhaupt erfasst werden kann. Hinweise darauf (mehr nicht!) ergeben sich durch gesamthafte Betrachtung der Entwicklung verschiedener Umweltindikatoren, die Auskunft über verschiedene Formen von Naturverbrauch und Umweltbelastungen geben. In der Schweiz zeigtdie Entwicklung zwischen 1970 und 1990 folgendes Bild:[21]

Umweltindikatoren, die weiterhin stark zugenommen haben (gleiches oder stärkeres Wachstum als das BIP)	**Umweltindikatoren, die in geringerem Ausmass als das BIP zugenommen haben (relative Entlastung)**	**Umweltindikatoren, die nicht mehr zugenommen haben oder absolut zurückgegangen sind (absolute Entlastung)**
- Energieverbrauch - Bodennnutzung - Verbrauch von Aluminium, Kunststoffen, Papier - Nitratbelastung der Gewässer - Siedlungsabfälle - Verkehr	- CO_2-Emissionen - NO_x-Emissionen - VOC-Emissionen	- Wasserverbrauch - Eisen- bzw. Stahlverbrauch - SO_2-Emissionen - Staub/Russ- und Blei-Emissionen - Phosphatbelastung der Gewässer

Man sieht, dass eine Mehrheit der untersuchten Indikatoren weiterhin zugenommen hat und von einer längerfristigen, absoluten Entlastung bisher nur bei einigen Luftschadstoffen und Gewässerbelastungen gesprochen werden kann. Von einem nachhaltigen Wachstum in der Schweiz kann somit bis jetzt kaum die Rede sein. Insbesondere wurde das Postulat für die Nutzung nichterneuerbarer Ressourcen, nämlich ein absoluter Rückgang nur in wenigen Fällen erfüllt. Aehnlich ist die Entwicklung in andern Industrieländern. Dort kam es zwar teilweise zu relativen Entlastungen beim Energieverbrauch und bei den Siedlungsabfällen.

---

[19] Daly, 1992,

[20] Kommission der europäischen Gemeinschaften, 1993

[21] Binswanger, 1993

Sonst unterscheidet sich das Bild hingegen kaum. Eine nachhaltiges Wachstum, welches diesen Namen auch verdienen würde, hat es bisher nicht gegeben.

Die weitere Zunahme der meisten Umweltindikatoren seit 1970 hängt damit zusammen, dass die produzierten Mengen (und damit auch die konsumierten Mengen) in fast allen Ländern immer noch stärker gewachsen sind als die Wertschöpfung (das BIP). Dies obwohl der Anteil des Industriesektors am BIP zugunsten des Dienstleistungssektors laufend zurückgehen. Im OECD-Durchschnitt ist die industrielle Produktion (d.h. die produzierten Mengen) beispielsweise von 1975-1989 um 60% gestiegen, während sich das BIP im gleichen Zeitraum um 54% erhöhte.

Bei etwas genauerer Betrachtung ist die starke Zunahme der produzierten Mengen in der Industrie trotz abnehmendem Anteil an der Wertschöpfung nicht erstaunlich. Der gesamte technische Fortschritt seit der industriellen Revolution ist dadurch gekennzeichnet, dass die immer teurer werdende Arbeit, deren Entlöhnung heute den grössten Teil der Wertschöpfung ausmacht, durch Maschinen (Realkapital) ersetzt wurde, die mit immer billiger werdender Energie angetrieben wurden und immer billiger werdende Rohstoffe verarbeiteten.[22] So verschwanden die Arbeiter durch Automatisierung immer mehr aus den Fabrikhallen und übernahmen stattdessen Schreibtisch-Jobs. Nun lohnt sich dieser arbeitssparende technische Fortschritt in der Produktion aber vielfach nur, wenn es auch zu einer Zunahme der produzierten Menge kommt. Es handelt sich dann um sogenannten skalenerhöhenden technischen Fortschritt,[23] der gleichzeitig zu einem Wachstum der produzierten Mengen führt. Dies soll anhand von einigen Kostenkurven in ökonomisch konventioneller Weise demonstriert werden.

Ein einfaches Modell für den skalenerhöhenden technischen Fortschritt erhalten wir, wenn wir den technischen Fortschritt auf die Reduktion der Produktionskosten beziehen.[24] Wir nehmen an, ein Unternehmen produziere ein bestimmtes Produkt mit der Kostenfunktion TK_0 (Totale Kosten), der eine Grenzkostenfunktion GK_0 (die Kosten um eine zusätzliche Einheit zu produzieren) entspricht (siehe Abb. 1). Die Kostenfunktionen weisen dabei die in der ökonomischen Theorie üblichen Eigenschaften auf, nämlich bei geringen Produktionsmengen steigende Skalenerträge (sinkende Grenzkosten) und bei höheren Mengen abnehmende Skalenerträge (steigende Grenzkosten).

Der Kauf von neuen Maschinen führt vor allem zu einer Erhöhung der fixen Produktionskosten FK_0. Steigt der Anteil der fixen Kosten an den gesamten Kosten, so steigen die Kosten mit zunehmendem Output zunächst weniger schnell an, als bei geringerem Anteil der fixen Kosten. Das führt zu einer Veränderung des Verlaufs der ursprünglichen Kostenfunktion TK_0. Für geringe Produktionsmengen sind die Kosten wegen des gestiegenen Fixkostenanteils (FK_1) bei der neuen Kostenfunktion TK_1 höher als bei der ursprünglichen

---

[22] siehe z.B. Opschoor, 1991, S. 35

[23] siehe Pulley/Braunstein, 1984

[24] siehe Binswanger, 1992, S. 256 ff

Kostenfunktion TK_0. Sie steigen mit zunehmender Outputmenge aber nur wenig an, da auch bei einer Zunahme der Produktionsmenge kaum mehr Arbeiter benötigt werden, was zu einem flacheren Verlauf der neuen Kostenfunktion TK_1 führt. Ab einer bestimmten Produktionsmenge (Y) sind die Kosten bei der neuen Kostenfunktion TK_1 deshalb geringer als bei der ursprünglichen Kostenfunktion TK_0.[25] Erst bei einer wesentlich höheren Outputmenge kommt es bei der neuen Kostenfunktion zu einem steilen Anstieg der Grenzkosten (sinkenden Skalenerträgen). Das bedeutet, dass die Produktionskapazität der neuen Technik erst bei einer höheren Produktionsmenge ausgelastet ist.

Betrachten wir die entsprechenden Grenzkostenkurven. Durch den flacheren Verlauf der neuen Kostenfunktion TK_1 bleiben auch die Grenzkosten GK_1 zunächst auf einem tiefen Niveau und steigen im Vergleich zu den ursprünglichen Grenzkosten GK_0 erst bei einer höheren Outputmenge wesentlich an (Abb. 1).

---

[25] vgl. Pulley/Braunstein, 1984, S. 107

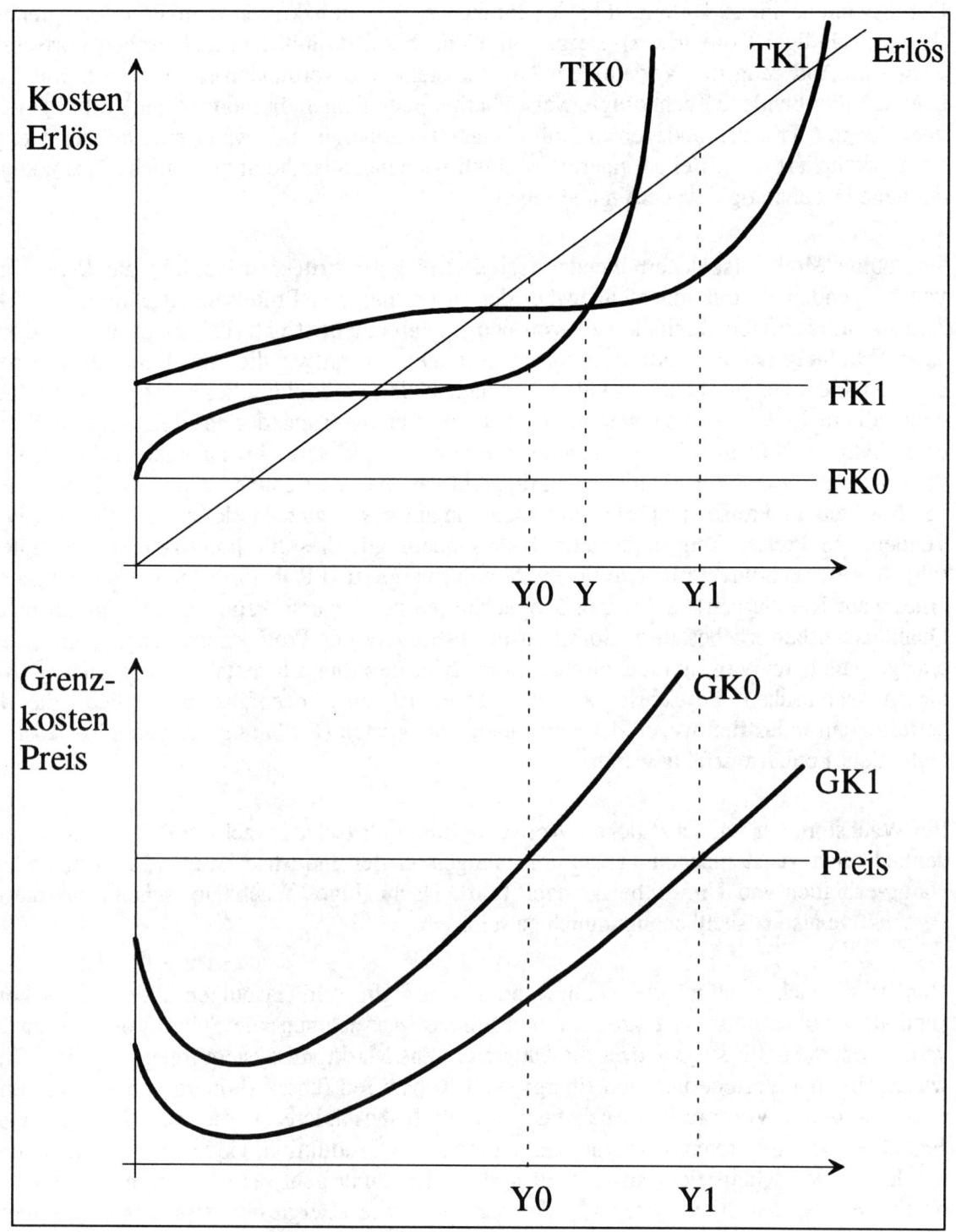

Figure 1

Der gewinnmaximale Output, d.h. der Punkt wo die Grenzkosten dem Preis entsprechen (bei vollständiger Konkurrenz), steigt von Y_0 nach Y_1, da mit dem technischen Fortschritt auch eine Änderung des Verlaufs der Grenzkostenkurve verbunden ist. Die neue mit TK_1 bzw. GK_1 verbundene Technologie weist überhaupt erst einen ökonomischen Vorteil gegenüber der mit TK_0 verbundenen ursprünglichen Technologie auf, wenn eine höhere Menge als Y produziert wird. Bei geringeren Produktionsmengen ist die ursprüngliche Technologie der neuen Technologie weiterhin überlegen.

Das obige Modell (skalenerhöhender technischer Fortschritt) verdeutlicht die Bedeutung von steigenden Produktionsmengen bei der Änderung von Produktionstechnologien. Die Abdeckung der fixen Kapitalkosten von neuen Maschinen ist natürlich nicht zwingend mit einer Erhöhung der Produktionsmengen verbunden. Wenn wir die Annahme fallen lassen, dass der Preis der produzierten Güter konstant bleibt, so können diese Kapitalkosten auch über höhere Preise gedeckt werden z.B. durch Verbesserung der Produkte, die dadurch einen höheren Nutzen bei den Konsumenten besitzen und vermehrt nachgefragt werden. In der Praxis ist dieser Weg allerdings häufig nicht gangbar, da sich wegen der Konkurrenz auf den Märkten die Preise nicht erhöhen lassen und auf gesättigten Märkten vielfach sogar eine Tendenz zu Preissenkungen besteht. Insbesondere gilt dies für homogene (nicht unterscheidbare), noch unverarbeitete Produkte wie Energie und Rohstoffe (hauptsächlich nichterneurbare Ressourcen), wo wenig Möglichkeiten zur Diversifikation und damit für einen Qualitätswettbewerb bestehen. Somit ist die Erhöhung der Produktionsmenge oftmals der einzige gangbare Weg, um technischen Fortschritt ökonomisch rentabel zu machen.[26] Auf diesen technischen Fortschritt zu verzichten, ist aber ebenfalls unmöglich, da die betreffenden Industrien wegen der steigenden Lohnkosten (Erhöhung der variablen Kosten) nicht mehr konkurrenzfähig wären.

Ein Wachstum der wirtschaftlichen Wertschöpfung (Wirtschaftswachstum) führt somit tendentiell auch zu steigenden Produktionsmengen in der Industrie, was zu zunehmendem Naturverbrauch und Umweltbelastungen führt. Nachhaltiges Wachstum scheint aus dieser Perspektive also tatsächlich unmöglich zu sein.

Nun liessen sich zunehmender Naturverbrauch und Umweltbelastungen aber gemäss konventioneller ökonomischer Logik durch staatliche Massnahmen wie Steuern oder Abgaben vermeiden, die dafür sorgen, dass die Umwelt in das Marktpreissystem integriert wird. Dies würde zu einer Verteuerung von Energie und Rohstoffen führen (höhere variable Kosten), wodurch deren Verbrauch zurückgehen sollte. Insbesondere würde sich Energie auch gegenüber der Arbeit verteuern, die damit auch in der Produktion wieder konkurrenzfähiger würde. Ein Vorschlag, der ganz gezielt in diese Richtung geht, ist die Idee eines ökologischen Umbaus des Steuersystems,[27] der nicht nur eine Energiesteuer propagiert, sondern gleichzeitig eine Entsteuerung der Arbeit verlangt, so dass insgesamt keine höhere Steuerbelastung resultiert. Inwieweit das tatsächlich klappt ist eine noch offene Frage, denn man muss sich der Tragweite einer staatlichen Verbilligung der Arbeit und entsprechenden

---

[26] zu positiven Skalenerträgen siehe auch Christensen, 1991

[27] siehe v.Weizsäcker/Jeninghaus/Mauch/Iten, 1992

Verteuerung der Energie bewusst sein. Diese Massnahme ist gerade das Gegenteil dessen, was technischer Fortschritt in den letzten hundert Jahren bewirkt hat, nämlich eine Verteuerung der Arbeit und eine Verbilligung der Energie. Und auf diesem für die Umwelt natürlich verheerenden Trend baut letztlich die Entwicklung unserer gesamten heutige industrielle Produktionsstruktur auf. Eine Trendumkehr wird sich somit auch auf das Wirtschaftswachstum auswirken, und dürfte kaum ohne Wohlstandsverluste zu realisieren sein. Diese Wohlstandsverluste sind allerdings gering im Vergleich zu den langfristigen Umweltschäden, die entstehen werden, wenn für Energie und andere Leistungen der Natur nicht ein entsprechender Preis bezahlt werden muss. Erst wenn die Wirtschaftsakteure wissen, dass sich die Leistungen der Umwelt in Zukunft verteuern werden, werden sie bereit sein, Technologien und Produkte zu fördern, die mit geringerem Naturverbrauch und Umweltbelastungen verbunden sind.

4. Fazit

In diesem Beitrag wurde versucht, dem ökonomischen Gehalt des Nachhaltigkeitsbegriffs etwas auf die Spur zu kommen und nachhaltige Naturnutzung in Zusammenhang mit der wirtschaftlichen Dynamik heutiger Industriewirtschaften zu diskutieren. Dabei standen vor allem zwei Fragen im Mittelpunkt, die sich jetzt zumindest ansatzweise beantworten lassen. Diese Fragen lauteten:

Frage:

> Besteht im heutigen Weltwirtschaftssystem ein Zwang zum Wachstum oder ist auch eine quantitativ nicht mehr wachsende Wirtschaft möglich?

Anwort:

> Es besteht ein Wachstumszwang, da wir es heute mit Geldwirtschaften zu tun haben, in welchen das heutige Geldvermögen von zukünftigen Wachstumserwartungen abhängt. Eine Abkehr vom Wirtschaftswachstum ist somit ohne grundlegende Aenderung der Wirtschaftssysteme nicht möglich.

Frage:

> Lässt sich Wirtschaftswachstum mit nachhaltiger Entwicklung vereinbaren, d.h. kann es ein nachhaltiges Wachstum überhaupt geben?

Antwort:

> Vielleicht ist dies in Zukunft möglich. Bisher hat es jedoch kein nachhaltiges Wachstum gegeben. Allerdings weiss man noch zu wenig darüber, ob durch staatliche Massnahmen ein solches Wachstum in Zukunft eingeleitet werden kann, da

gleichzeitig eine Tendenz besteht, die Produktionsmengen wegen skalenerhöhendem technischen Fortschritt laufend zu erhöhen. Energiesteuern und andere ökologisch motivierten Korrekturen des Marktpreissystems wurden bisher, obwohl seit Jahrzehnten von Oekonomen vorgeschlagen, in der Praxis noch kaum in nennenswerter Höhe eingeführt.

Literatur

BINSWANGER, HANS C. (1991): Geld & Natur. Stuttgart: Weitbrecht

BINSWANGER, M. (1992): Information und Entropie - Oekologische Perspektiven des Uebergangs zu einer Informationswirtschaft, Frankfurt

BINSWANGER, M. (1993): Gibt es eine Entkopplung des Wirtschaftswachstums von Naturverbrauch und Umweltbelastungen?, IÖW-Diskussionspapier Nr. 12, St. Gallen

BRENCK, A. (1992): Moderne umweltpolitische Konzepte: Sustainable Development und ökologisch-soziale Marktwirtschaft, in: Zeitschrift für Umweltpolitik & Umweltrecht 15, (Dezember): 379-414

CHRISTENSEN, P. (1991): Driving Forces, Increasing Returns and Ecological Sustainability, in: CON-STANZA, R. (editor): Ecological Economics, New York

DALY, H. (1992): Steady State Economics, London

EL SERAFY, S. (1992): Oekologische Tragfähgigkeit, Einkommensmessung und Wachstum, in Goodland et al.: Nach dem Brundtland-Bericht: Umweltverträgliche wirtschaftliche Entwicklung, UNESCO, Bonn

HAUFF, V. (Hrsg.) (1987): Unsere gemeinsame Zukunft. Der Brundtland-Bericht der Weltkommission für Umwelt und Entwicklung, Greven

HEILBRONNER, R. (1986): The Nature and Logic of Capitalism, New York

KOMMISSION DER EUROPÄISCHEN GEMEINSCHAFTEN (1993): Economic Growth and Environmental Sustainability: a strategic view for the Community. Working Paper of the Commission services, Brüssel

MACLEOD, HENRY DUNNING (1889): Theory of Credit. London: Longmans

MINSCH, J. (1993): Nachhaltige Entwicklung. Idee - Kernpostulate, IWÖ-Diskussionsbeitrag Nr. 14, St. Gallen

MINSKY, H. (1986): "The Evolution of Financial Institutions and the Performance of the Economy." Journal of Economic Issues 20,(June): 345-53.

NUTZINGER, H. (1992): Das Konzept der nachhaltigen Wirtschaftsweise, unveröffentlichtes Manus-kript

OPSCHOOR, H. (1992): Sustainable Development, The Economic Process and Economic Analysis, in: OPSCHOOR, H. (Hrsg.): Environment, Economy and Sustainable Development, Amsterdam

PEARCE/TURNER (1990): Economics of Natural Resources and the Environment, London

PEARCE/ATKINSON (1993): Capital Theory and the measurement of sustainable development: an indicator of "weak" sustainability, in: Ecological Economics, 8: 103-108

PULLEY/BRAUNSTEIN (1984): Scope and Scale Augmenting Technological Change, in: JUSSAWALLA EBENFIELD (editors): Communication and Information Economics, Amsterdam

SEITZ, NEIL (1991): Capital Budgeting and Long-Term Financing Decisions. Dryden Press: Chicago

VON WEIZSÄCKER/JESINGHAUS/MAUCH/ITEN (1992): Ökologische Steuerreform, Chur/Zürich

Gregor Dürrenberger und Carlo Jaeger

Nachhaltigkeit und ökologische Innovation: das Beispiel der Leichtmobile[1]

Zusammenfassung

Der vorliegende Aufsatz thematisiert die Rolle von Innovationen im Prozess der Entkoppelung von Wirtschaftswachstum und Ressourcenverbrauch. Dieser Entkoppelungsprozess, als "qualitatives Wachstum" bezeichnet, wird als notwendiger Schritt in Richtung "nachhaltiger Entwicklung" aufgefasst. Als konkrete Innovation werden Leichtmobile betrachtet. Es wird der umweltentlastende Effekt dieser Innovation aufgezeigt und begründet, warum eine politische Förderung von Leichtmobilen sinnvoll ist. Der Artikel plädiert dabei für die Einführung eines "gezielten Innovationsanreizes".

1. Begriffserläuterungen

1.1 "Nachhaltige Entwicklung" und "qualitatives Wachstum"

Häufig hört man Klagen darüber, dass durch den inflationären Gebrauch des Wortes "nachhaltig" die realen Anliegen, welche mit diesem Begriff angesprochen werden, im Dunst semantischer Mehrdeutigkeiten verloren gehen. Es mag nahe liegen, die Wissenschaften zum Ausräumen der begrifflichen Unschärfe anzuhalten. Diese Forderung ist allerdings problematischer als sie auf den ersten Blick erscheint. Beim Begriff "nachhaltig" handelt es sich um das, was Philosophen ein "essentially contested concept" nennen. Die Brauchbarkeit des Begriffs beruht gerade darauf, dass er das Streitgespräch zwischen gesellschaftlichen Akteuren ermöglicht. Er stellt mit anderen Worten eine konstruktive Mehrdeutigkeit zur Verfügung, durch die ein konfliktives Problem sozial bearbeitet werden kann. (Einen solchen Stellenwert haben, wie Quine, 1988, gezeigt hat, manchmal auch zentrale wissenschaftliche Begriffe).

---

[1] Der Artikel basiert auf Forschung, die im Zusammenhang des koordinierten Projekts "CLEAR - Climate and Environment in Alpine Regions", eines Projekts des Schwerpunktprogramms Umwelt steht (SPP-U Kredit Nr. 5001-35170). Wichtig war auch das damit verknüpfte Projekt "Leichtmobile" der EAWAG (L+F Kredit Nr.45). Wir bedanken uns bei Bernhard Truffer für kritische Kommentare und Anregungen und bei allen Interviewpartnern für die Gespräche, auf denen die vorliegende Arbeit wesentlich beruht. Die Verantwortung für Interpretationen und Fehler liegt bei uns.

Anstatt den Begriff der Nachhaltigkeit vorschnell auf einen spezifischen Verwendungszusammenhang zu reduzieren, sollten die Wissenschaften deshalb bewusst die "Idealtypen" herausarbeiten, die durch den Begriff ins Spiel gebracht werden (Jaeger, 1994, p.187ff). Als Idealtypen gelten dabei ganz im Sinne von Max Weber moralisch relevante Handlungsoptionen, die in einer geschichtlich gegebenen Situation zur Wahl stehen. Dadurch kann die Diskussion um Fragen der Nachhaltigkeit insofern bereichert werden, als damit die verschiedenen Gesichtspunkte und Perspektiven im Gespräch fruchtbar aufeinander bezogen werden können.

Für die vorliegenden Zwecke wollen wir zwei Bedeutungszusammenhänge unterscheiden: denjenigen der "nachhaltigen Entwicklung" (WCED, 1987) und denjenigen des "qualitativen Wachstums" (Block, 1990). Der Begriff der "nachhaltigen Entwicklung" kristallisiert sich wesentlich am moralischen Postulat der Verteilungsgerechtigkeit begrenzter Ressourcen, und zwar in zweierlei Hinsichten. Zum einen in Bezug auf die gegenwärtigen Reichtumsdifferenzen zwischen entwickelten und weniger entwickelten Ländern, zum anderen in Bezug auf die Ansprüche heutiger und zukünftiger Generationen. Der Begriff des "qualitativen Wachstums" demgegenüber rückt stärker den Zusammenhang zwischen Ressourcenverbrauch und Wirtschaftswachstum in den Blick. Sein moralischer Kern besteht in der Forderung, den Ressourcenverbrauch vom Wirtschaftswachstum zu entkoppeln und schrittweise zu verringern (siehe dazu auch: Imboden, 1993).

Im folgenden konzentrieren wir uns zunächst auf die zweite Begriffsbedeutung. Dabei gehen wir davon aus, dass in entwickelten Ländern eine substanzielle Verminderungen des Ressourcenverbrauchs ohne dramatische Wohlstandseinbusse realisierbar ist. Im 4. Abschnitt werden wir den Bezug zur Entwicklungsthematik herstellen: die in entwickelten Ländern eingesparten Ressourcen sollen für das Wachstum im Süden eingesetzt werden. Dieses ethisch erwünschte Wohlstandswachstum im Süden würde dadurch nicht mit einer problematischen Zunahme der globalen Umweltbelastung erkauft.

1.2. "Innovation"

In einer wachsenden Wirtschaft ist eine Reduktion des Ressourcenverbrauchs bzw. der Umweltbelastung prinzipiell nur auf eine Art denkbar: durch Substitution von umweltschädlichen durch ökologisch weniger bedenkliche Güter (und Prozesse). Dabei gilt es allerdings eine strukturelle Grenze zu bedenken: Wachstum frisst längerfristig jede einmal realisierte Entlastung auf. Unter Bedingungen von Wirtschaftswachstum kann daher Nachhaltigkeit nur durch einen stetigen Innovationsprozess gewährleistet werden. Ein Ende des Wirtschaftswachstums stellt aber zumindest gegenwärtig aus zwei Gründen keine reale Option dar: Es würde das Problem der Arbeitslosigkeit noch dramatisch steigern und es würde die Ansprüche der Entwicklungsländer auf einen menschenwürdigen Lebensstandard blockieren. Nachhaltigkeit erfordert deshalb unter heutigen Bedingungen die Entkoppelung von Wirtschaftswachstum und Ressourcenverbrauch durch einen stetigen Innovationsprozess.

Diese Option einer andauernden Produktion von Neuem ist nicht eigentlich in den ökonomischen Theorieansatz integriert (Dosi u.a., 1988; Drucker, 1993). Dies hat für die Auseinandersetzung mit Umweltproblemen die unerfreuliche Konsequenz, dass sich die Debatte um marktwirtschaftliche Instrumente vor allem auf die Analyse von Preis/Mengen-Zusammenhängen stützt, und Innovationsprozesse nicht adäquat berücksichtigt werden. Wir halten das insofern für problematisch, als Umweltabgaben nur dann eine sinnvolle ökologische Lenkungswirkung haben, wenn sie entsprechende wirtschaftliche Innovationen bewirken. Preisveränderungen, wie sie mit Lenkungsabgaben erzielt werden, sind ohne jeden Zweifel ein wichtiger Innovationsanreiz. Sie sind jedoch keine hinreichende Bedingung für Innovationen.

Eine wirtschaftliche Innovation umfasst monetäre, technische und soziale Aspekte gleichermassen. Erst das erfolgreiche Zusammenspiel dieser drei Grunddimensionen (Abb. 1) bewirkt, dass aus einer technischen Erfindung eine wirtschaftliche Innovation wird. Die soziale Einbettung der Erfindung in einen Gebrauchszusammenhang sowie die Schaffung eines entsprechenden Marktes für die neue Ware wirken dabei auf die Technikentwicklung zurück. Die Technikentwicklung ist ein Keim für wirtschaftliche Innovationen, aber nicht deren Determinante.

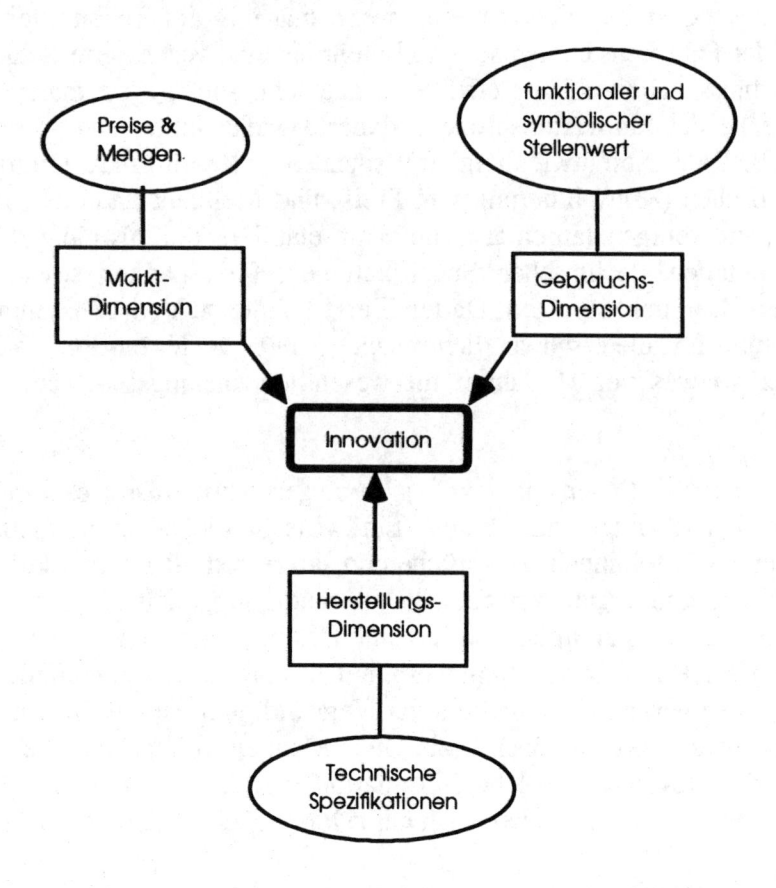

Abb. 1: Verschiedene Dimensionen einer Innovation

In der Literatur werden häufig zwei Arten von Innovationen unterschieden (Pinch und Bijker, 1987). Zum einen Innovationen im Sinne eines "incremental progress", einer schrittweisen Verbesserung von etwas Bestehendem (häufig spricht man in diesem Fall von "konservativen Innovationen"). Zum anderen Innovationen im Sinne eines "leapfrog progress", eines Quantensprungs zu etwas grundsätzlich Neuem (eine sogenannt "radikale Innovation").

Konservative Innovationen können relativ leicht mit technischen Innovationen assoziiert werden, denn die schrittweisen Verbesserungen beziehen sich primär auf die technische Dimension. Radikale Innovationen dagegen müssen in einem integralen Sinne als "wirtschaftliche Innovationen" verstanden werden: Sie führen im allgemeinen sowohl neue Regeln des funktionalen und symbolischen Gebrauchs einer Ware ein, als auch neue Regeln im Bereich von Herstellung und Verkauf. In reifen Sektoren - reif i.S. der Produktzyklustheorie - tendieren Ingenieure zu systematischen Verbesserungen des Bestehenden, in jungen und noch wenig stabilen Branchen - etwa der Computerindustrie - wird vor allem nach neuen, innovativen Konzepten gesucht (Bijker, 1987).

Das oben eingeführte Verständnis von wirtschaftlicher Innovation kann am Beispiel des Personal Computers gut veranschaulicht werden (siehe etwa Furger, 1993). Man wird der Bedeutung des PC sicher nicht gerecht, wenn man ihn auf Technologie reduziert. Insbesondere ist der PC offensichtlich sehr viel mehr als eine verbesserte Schreibmaschine, denn er hat nicht bloss Arbeitsabläufe effizienter gemacht, sondern sie massgeblich umgestaltet. Der entsprechende Innovationsprozess dauerte viele Jahre und verzwirnte technische Aspekte (z.B. Prozessorentwicklung) mit sozialen (z.B. Informatisierung der Arbeitswelt) und ökonomischen (Konsolidierung von Preis- und Mengenstandards). In der Tat hat sich der PC erst seit wenigen Jahren als eine Ware etabliert, d.h. als ein Artekfakt mit einigermassen "definierten" technischen Spezifikationen, Preisspannen sowie funktionalen und symbolischen Gebrauchsaspekten. Dadurch erst konnte sich ein Massenmarkt herausbilden, der das Produkt für alle erschwinglich machte. Heute kostet ein PC real (und sogar nominal) weniger als was vor 10 Jahren für wesentlich leistungsschwächere Modelle bezahlt wurde.

Wirtschaftliche Innovationen entwickeln sich, so gesehen, im Dreieck zwischen Ingenieuren, BenützerInnen und UnternehmerInnen. Ein wirtschaftlicher Innovationsprozess ist dann gegeben, wenn Vorstellungen, Ansprüche und Interessen aller drei Akteurgruppen sich auf eine Ware hin zu konvergieren beginnen. Verständigung spielt für diesen Prozess eine entscheidende Rolle. Verständigung basiert auf Gesprächen - auf Fachgesprächen zwischen Experten, auf der Rhetorik von Managern, auf Diskursen, die potentielle Kunden, Investoren, Zulieferanten verknüpfen. Medium der Verständigung ist die Sprache, nicht der Markt. Märkte informieren Akteure über Preise und Mengen von gehandelten Waren, sind also Gegenstand der Gespräche. Solche Informationen sind für einen wirtschaftlichen Innovationsprozess eine notwendige, aber noch keine hinreichende Voraussetzung.

Eine Schwierigkeit prinzipieller Art gilt es an dieser Stelle allerdings zu bedenken. Nach unserer Begriffsbestimmung ist eine Erfindung dann eine wirtschaftliche Innovation, wenn sie sich im Markt bewährt hat. Von einem Markt kann man typischerweise erst dann sprechen, wenn Produktspezifikationen gegeben und Preis/Mengen-Beziehungen den Produzenten bekannt sind. Das ist während des Innovationsprozesses aber noch nicht der Fall. Es scheint uns deshalb klüger, im Zusammenhang mit wirtschaftlichen Innovationspozessen nicht von Märkten, sondern von Protomärkten zu sprechen. Ein solides Kriterium dafür anzugeben, wann ein Protomarkt zu einem normalen Markt wird, ist nicht einfach. In einer innovativen Wirtschaft kann ja als Kriterium nicht die Abwesenheit von Innovationen überhaupt gelten.

Als vorläufigen Vorschlag wollen wir einen Gedanken von White (1993) aufnehmen. In einem normalen Markt beobachten sich Produzenten gegenseitig (hinsichtlich Preis- und Mengenveränderungen) und planen so ihre eigenen Anpassungsschritte. Diese Beobachtungspraxis stiftet Vertrauen in den Markt und ist die Basis für "rationale Erwartungen" (hinsichtlich Marketing- und Investitionsentscheiden). Im Falle von Protomärkten kann allerdings keine solche generalisierte Marktbeobachtung stattfinden. Stattdessen sind vielfältige Verständigungsprozesse zwischen relevanten Akteuren - UnternehmerInnen, Ingenieuren, BenützerInnen - unabdingbar. Im Falle einer erfolgreichen Innovation wird die Dynamik so sein, dass im Laufe der Zeit der generalisierten Beobachtung gegenüber der Verständigung eine deutlich grössere Bedeutung zukommen wird. Diese Marktdynamik wird einhergehen mit der Etablierung von allgemeinen Produktspezifikationen und Konsumentengewohnheiten, sowie einer zunehmend industriellen Fertigung der Ware.

Bei einem Protomarkt handelt es sich also nicht um eine Nische in einem bestehenden Markt, sondern um einen sich neu entwickelnden Markt. Dabei ist es keineswegs so, dass immer etablierte Akteure aus reifen Märkten über ihre Innovationstätigkeit den Impuls für Protomärkte erzeugen. Oft sind es Pioniere, die in einem günstigen regionalen Umfeld operieren (vgl. mit: Dürrenberger und Jaeger, 1991). Innovationsprozesse können in ihrer Anfangsphase wirksam durch die gezielte politische Förderung solcher Pioniermilieus unterstützt werden. In einer späteren Phase dürften dagegen Massnahmen, die den Übergang von einem Protomarkt zu einem normalen Markt beschleunigen können, wichtig werden. Dies soll in Abschnitt 3.2 zur Sprache kommen. Zunächst wollen wir am Beispiel des Leichtmobils etwas detaillierter auf die Anfangsphase eines umweltrelevanten wirtschaftlichen Innovationsprozesses eingehen.

2. Das Beispiel Leichtmobile

2.1 Das ökologische Potential von Leichtmobilen

Die Entkoppelung zwischen Wirtschaftswachstum und Ressourcenverbrauch - also "qualitatives Wachstum" - ist ein unerlässlicher erster Schritt in Richtung "nachhaltiger Entwicklung". Eine Wirtschaft kann nur dann nachhaltig sein, wenn die natürlichen Ressourcen nicht geplündert werden, d.h. wenn regenerierbare Ressourcen (massvoll) verwendet und ein weitgehendes Recycling von beschränkten Ressourcen verwirklicht ist. Die mit Abstand grösste Herausforderung auf dem Weg in die "Nachhaltigkeit" betrifft sicher die fossilen Energieträger. Zum einen sind sie eine beschränkte Ressource, auf die auch spätere Generationen ein Anrecht haben. Zum anderen ist ihre Verbrennug mit ökologischen Risiken verbunden, deren Beurteilung mit grossen wissenschaftlichen und auch moralischen Unsicherheiten behaftet ist. Gerade deshalb gilt es, den globalen Verbrauch von fossilen Energieträgern zunächst zu stabilisieren, später dann zu reduzieren. Hierzu sind Innovationen erforderlich, welche die Energieeffizienz so steigern, dass die Einsparungen nicht über das Wirtschaftswachstum kompensiert werden.

Wir wollen uns im folgenden auf eine Innovation im Bereich des motorisierten Privatverkehrs - sogenannte Leichthybride - konzentrieren. Am Beispiel der Schweiz wollen wir dazu einige grobe quantitative Abschätzungen vornehmen. Wie Abb. 2 zeigt, hat der Anteil des Treibstoffs am Endenergieverbrauch in der Schweiz kontinuierlich zugenommen, während sich der Bedarf an fossilen Brennstoffen seit den Energiekrisen der 70er Jahre nicht nur stabilisiert hat, sondern real sogar zurückgegangen ist. Zweifellos wird der Heizölverbrauch in der Schweiz im Zuge von Gebäuderenovationen (Wärmedämmungen) weiter sinken. Der Benzinverbrauch hingegen wird mit grosser Sicherheit auch in den kommenden Jahren ansteigen. Ein Trendbruch ist jedenfalls nicht absehbar. Vor diesem Hintergrund kommt energiesparenden Innovationen im Verkehrsbereich eine besondere Bedeutung zu.

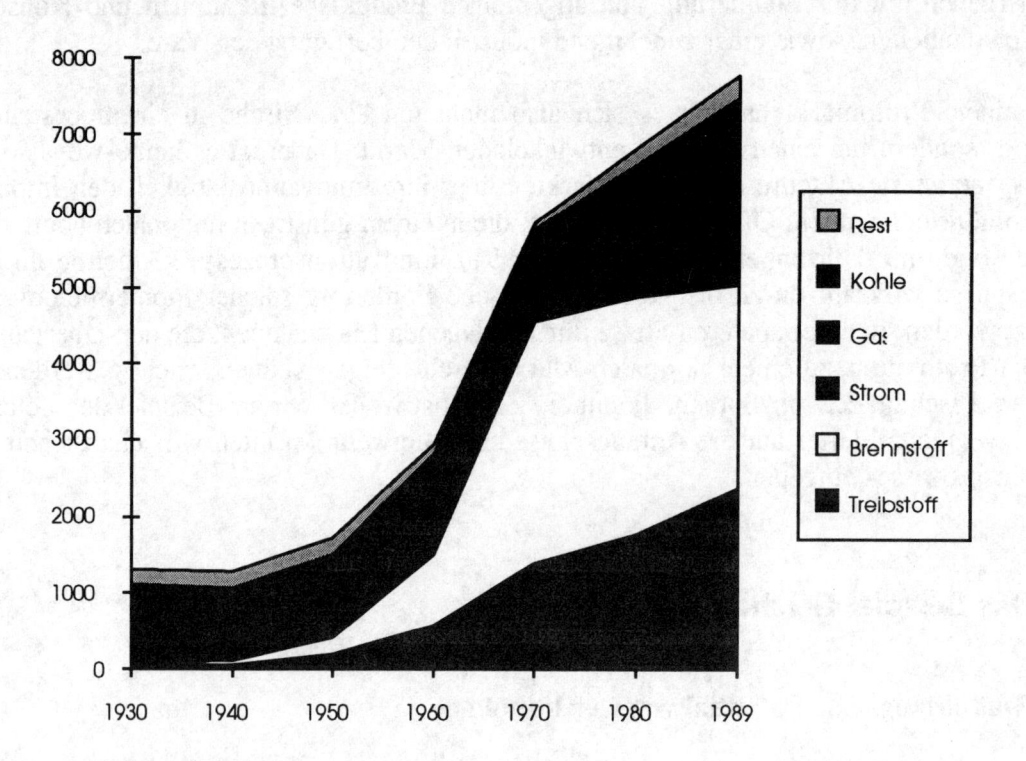

Abb.3: Endenergieverbrauch der Schweiz (in TJ. Quelle: Schweizerisch Gesamtenergiestatistik, 1992).

Betrachten wir die Energiebilanz heutiger Fahrzeuge (Abb. 3), so ist das relevante Sparpotential leicht auszumachen: es liegt im Betrieb. Einer der wichtigsten Faktoren zur Einsparung von Betriebsenergie ist das Gewicht. Durch systematische Gewichtsreduktionen kann die Energieeffizienz von Autos gewaltig gesteigert werden (Lovins u.a., 1993). Durch

Einsatz von Verbundwerkstoffen im Karosseriebereich und kompakte Bauweise kann das Gewicht für ein Kleinstauto (unter 3m Länge) auf 400-500 kg gesenkt werden. Durch Verwendung eines seriellen Hybridantriebs (ein Verbrennungsmotor speist kontinuierlich über einen Generator eine Batterie bzw. einen Elektromotor) ist es zudem möglich, einen viel höheren Wirkungsgrad beim Verbrennungsmotor zu erreichen als das bei den stark übermotorisierten reinen "Benzinern" der Fall ist. Zusätzlich kann Bremsenergie rekuperiert werden. Ein Leichthybrid kann heute so konstruiert werden, dass er weniger als 2l Benzin auf 100 km braucht.

Vergleicht man die Energiebilanzen von Hybrid- und reinen Elektrofahrzeugen, so sieht letztere etwas schlechter aus. Das hängt einerseits damit zusammen, dass Elektrofahrzeuge grössere Batteriekapazitäten benötigen, d.h. es fliesst mehr graue Energie in die Bilanz ein. Zum anderen ist wegen des höheren Gewichts des Fahrzeugs mehr Betriebsenergie erforderlich. Drittens schliesslich ist der Primärenergiebedarf zur Erzeugung einer kWh Strom beim Hybrid i.a. tiefer als bei Bezug ab Netz.

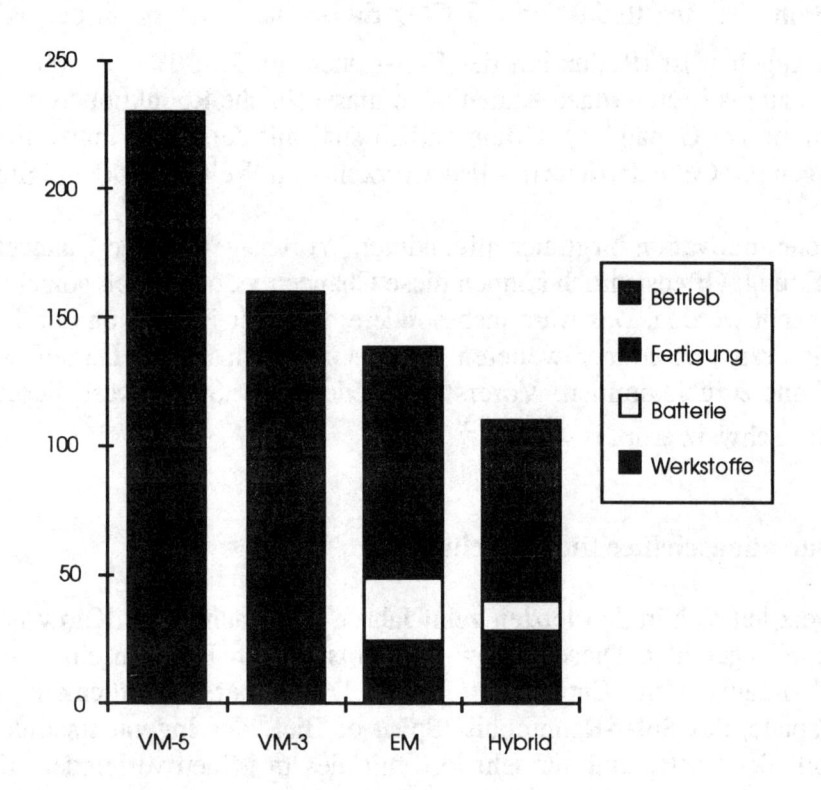

Abb. 3: Energievergleich von Fahrzeugen (in GJ pro Gesamtlebensdauer; Quelle: Eigene Berechnungen).[2]
VM-5: 5-Liter-Verbrennungsmotor, VM-3: 3-Liter-Verbrennungsmotor, EM: Elektromobil, Hybrid: serieller Hybridantrieb Benzin/Strom.

---

[2] Wir stützen uns dabei auf: Bukowiecki und Mussler, 1993; Furuholt, 1993; Seiler, 1993.

Vor diesem Hintergrund kann nun für die Schweiz das Benzinsparpotential von Leichthybriden abgeschätzt werden. Hierzulande gibt es ca. 3 Mio. PKW, die pro Jahr insgesamt etwa 5 Mia. Liter Benzin verfahren. Der Durchschnittsverbrauch liegt dabei bei ungefähr 8 Liter pro 100km. Nehmen wir an, dass von den verkehrenden Fahrzeugen zwei Drittel mittelgrosse Wagen sind. Das restliche Drittel seien Kleinwagen. Die Mittelklassewagen würden durch Leichthybride ersetzt, die ca. 3 Liter auf 100km verbrauchen, die Kleinwagen durch Leichthybride mit einem Verbrauch von 2 Liter pro 100km. Bei vergleichbaren Fahrleistungen pro Jahr würden dann bei vollständiger Substitution der herkömmlichen Fahrzeugen durch Leichtmobile jährlich etwa zwei Drittel des heute konsumierten Benzins gespart, das sind mehr als 3 Mia. Liter. Selbst bei einer Verdoppelung des Fahrzeugbestandes, bzw. der jährlich gefahrenen Kilometer, würde sich gegenüber heute immer noch eine Reduktion des Benzinkonsums in der Grössenordnung von 20% ergeben.

Die Grössenordnungen, die unsere Abschätzungen liefern, sind erstaunlich: Der Konsum an fossilen Energieträgern könnte mit Leichthybriden um über 40% reduziert werden. Vor diesem Hintergrund ist eine Reduktion der CO_2-Emissionen, wie sie in den Klimazielen von Deutschland gegeben ist (Reduktion der Emissionen um 25-30% bis 2005; Basis 1987)[3] ohne weiteres zu realisieren (dazu kämen noch massgebliche Reduktionen durch verbesserte Wärmedämmung bei Gebäuden). Offensichtlich sind mit derselben Innovation dramatische Verbesserungen der Oekoeffizienz des Privatverkehrs im Weltmassstab möglich.

Eine technische Innovation birgt hier mit anderen Worten gewichtige Chancen der nachhaltigen Entwicklung. Offensichtlich können diese Chancen jedoch durch soziale Mechanismen zunichte gemacht werden. Das wäre insbesondere dann der Fall, wenn der Trend zu immer stärkeren Motoren und immer weiteren Fahrten anhalten sollte. Darauf werden wir im Schlussabschnitt zurückkommen. Vorerst soll jedoch der Stellenwert dieser Innovationschance für die Schweiz erörtert werden.[4]

2.2 Eine Innovationschance für die Schweiz?

In der Schweiz hat sich in den letzten zehn Jahren ein beachtliches Know-how im Bereich der Leichtmobile gebildet. Dieses Know-how entstand im Rahmen eines inzwischen sehr professionell organisierten "Entwicklermilieus". Die in der Öffentlichkeit am besten bekannten Beispiele, das Solar-Rennmobil "Spirit of Biel" der Ingenieurschule Biel und das "Swatchmobil" der SMH, sind nur sehr lose mit diesem Milieu verbunden. Es mag erstaunen, dass einige der weltweit innovativsten Leichtmobile - und dazu gehören die Proto-

---

[3] Die Schweiz hat sich nur zu einer Stabilisierung bis zum Jahre 2000 (Basis 1990) entschlossen (für eine Übersicht: BUWAL, 1994).

[4] Dabei stützen wir uns auf eine Reihe von Expertengesprächen, die wir zwischen Sommer 93 und Frühling 94 mit Vertretern relevanter Firmen im In- und Ausland führten. Es handelte sich um drei Arten von Akteuren, die z.T. in der Schweiz, z.T. weltweit operieren: Kleinfirmen und Grosskonzerne, die ausserhalb der Autoindustrie mit der Entwicklung von Leichtmobilen befasst sind, traditionelle Automobilkonzerne, Firmen, die als potentielle Zulieferer ein indirektes Interesse an Leichtmobilen haben, sowie potentielle Investoren im Bereich der Leichtmobile.

typen, welche vom erwähnten Entwicklermilieu konstruiert werden, zweifellos - in einem Land ohne Autoindustrie entwickelt werden. Generell gilt jedoch, dass ein guter Teil der Prototypen von Leichtmobilen ausserhalb der Automobilbranche entwickelt werden; denn auch manche der von der Autoindustrie vorgestellten "Concept Cars" stammen nicht aus den Entwicklungsabteilungen der Automobilbauer selbst, sondern sind von Drittfirmen gebaut worden. So geht man etwa bei FIAT davon aus, dass das Know-how zum Bau ultraleichter Fahrzeuge konzernintern gar nicht vorhanden sei. Deshalb habe man die Entwicklung des Fiat "Downtown" an eine auf Leichtbau spezialisierte Firma externalisiert. Auch GM hat den vielbachteten "Impact" massgeblich von einer Drittfirma, einem Unternehmen aus der Flugzeugbranche, entwickeln lassen.

Die Automobilfirmen selbst verfolgen mehrheitlich eine konservative Entwicklungs-Strategie. Sie versuchen, bestehende Fahrzeugkonzepte zu optimieren und mit alternativen Antrieben auszurüsten (z.B. Hybridversuch von ETH und VW; elektrifizierte Serienfahrzeuge des Pilotversuchs auf Rügen). Dagegen verfolgen die Schweizer Pionierfirmen (aber auch die erwähnten Drittfirmen im Umkreis der Automobilindustrie) eine radikale Strategie: sie visieren "from the scratch" Leichtbauweise an, die sich grundsätzlich von traditionellen Konzepten unterscheidet.

Das zum Teil fehlende technologische Know-how der Automobilindustrie ist allerdings nur ein Faktor, der diese Branche davon abhält, den Weg der radikalen Innovation von Leichtmobilen einzuschlagen. Genauso wichtig ist die Tatsache, dass - weil Leichtmobile nicht einfach abgeschlankte konventionelle Autos sind - die tradierte Kultur dieser Firmen und ihrer Ingenieure in Frage gestellt wird. Dazu drei Beispiele.

(1) Die Karosserie: Anstelle von Stahlblechen werden (u.a.) glasfaserverstärkte Kunststoffelemente verwendet, was eine völlig andere Produktionskultur bedingt. In der Endmontage beispielsweise müssen nicht mehr hunderte von Teile zusammengeschweisst werden, sondern es werden bloss noch ein knappes Dutzend Elemente miteinander verleimt.
(2) Das Sicherheitskonzept: Als Achillesferse von Leichtmobilen wird häufig die Sicherheit gehalten. In der Tat kann bei Leichtmobilen das bewährte Knautschzonen-Prinzip nicht mehr zum Einsatz kommen. Dazu sind die Fahrzeuge zu kurz und sind glasfaserverstärkte Kunststoff zu hart. Aber gerade diese neuen Fahrzeug- und Materialeigenschaften können grosse passive Sicherheit gewährleisten, wenn Leichtmobile nach dem Eierschalen-Prinzip konstruiert werden: steife Karosserie, ähnlich einem Formel-1 Wagen, und Fahrgastschutz über Gurten und Airbags. Eine solche Konstruktion weist ein allen Sicherheitsanforderungen genügendes Crash-Verhalten auf (Kaeser u.a., 1992).
(3) Der Antrieb: Leichtmobile können, weil sie leicht gebaut sind, sinnvoll mit reinem Elektro- oder mit Hybridantrieb ausgerüstet werden. Dabei können Benzin- oder Gasmotoren zum Einsatz kommen. Die Variabilität in der Motorisierung dürfte die Firmenkultur der Autohersteller, welche im Kern eine Motorenkultur ist, nachhaltig beeinflussen. Insbesondere ist es denkbar, dass es gerade nicht die Motorenbauer sind, welche das Herz der Branche bilden, sondern vielleicht die Karosseriehersteller, oder die Batterieproduzenten oder Elektroniklieferanten.

Ein weiterer Faktor, warum die Automobilindustrie nicht offensiver in die Entwicklung von Leichtmobilen einsteigt, betrifft die Abschreibung von Fixkosten. Eine Grossfirma wird nur dann eine strategische Investition tätigen - und Leichtmobile sind ohne Zweifel eine solche -, wenn die Umsatzerwartungen Grössenordnungen erreichen, die für die Firma als ganze erheblich sind und in längerfristiger Perspektive interessante Marktanteile versprechen. Ganz grob gesagt, dürften Automobilfirmen kaum in Neuanlagen investieren, solange der erwartete Absatz unter 100'000 Fahrzeugen pro Jahr liegt. Die notwendigen Umstellungskosten sind zu hoch, und das Kapital würde dem Kerngeschäft entzogen. Während die innovative Investition ein beträchtliches Risiko birgt, liefert das bisherige Geschäft zwar nicht unbedingt befriedigende, aber wenigstens einigermassen kalkulierbare "returns". Vor diesem Hintergrund kann angenommen werden, dass Automobilfirmen erst dann in die Serienfertigung von Leichtmobilen einsteigen, wenn der Markt eine kritische Grösse erreicht hat und eine anhaltende Expansion erwartet wird.

So gesehen ist es nicht besonders erstaunlich, dass die Entwicklung von Leichtmobilen bisher im grossen und ganzen ausserhalb der Automobilindustrie stattgefunden hat. In der Schweiz (für eine kurze Darstellung siehe: Truffer und Dürrenberger, 1993) stand sie z.T. in engem Zusammenhang mit der Anti-AKW-Bewegung und ihrer Suche nach einer effizienten Nutzung von regenerierbaren Energieträgern. Die ersten Leichtmobile waren reine Solarmobile, und die wichtigste Veranstaltung der Leichtbau-Pioniere war die Tour-de-Sol. Die öffentliche Resonanz, welche diese Veranstaltung auslöste, und das sportlich kompetitive Milieu, das sie zwischen den Entwicklergruppen förderte, führten zu einer schrittweisen Professionalisierung der Szene. Firmen wie Horlacher oder Esoro spezialisierten sich auf den Bau von Prototypen, andere Firmen auf die Entwicklung von Komponenten, so etwa Brusa auf Elektromotoren. Daneben konvertierten Firmen wie Scholl und Larag konventionelle Fahrzeuge in Elektrofahrzeuge. Es entstanden erste Service-Zentren für Elektromobile (EMC, Sunel), ein Klub von Elektromobilbesitzern wurde gegründet, die Zeitschriften LEM-News und MobilE lanciert, der Solarsalon aus der Taufe gehoben. Über Kontakte in das Bundesamt für Energiewirtschaft entstand das "Förderprogramm Leichtmobile" sowie der "Grossversuch LEM" und in Zusammenarbeit mit ETH und Universität Zürich wurde das erwähnte Sicherheitskonzept entwickelt.

Die Stärke dieses Entwickler- oder Pioniermilieus liegt in der Entwicklung technisch hochstehender, origineller Prototypen, die jedem Vergleich mit den Konzeptfahrzeugen der Automobilindustrie Stand halten. Die für die Zukunft des Pioniermilieus entscheidende Frage ist unseres Erachtens, ob das Innovationspotential industriell genutzt wird. Ohne die Aussicht auf eine industrielle Umsetzung bzw. eine Vermarktungsmöglichkeit des vorhandenen Know-hows droht der Innovationsprozess an Schwung zu verlieren. Eine solche Umsetzung ist, zumindest in ihrem Anfangsstadium, nicht notwendigerweise auf einen Partner in der Automobilindustrie angewiesen. Einige Gründe dafür haben wir erwähnt. Damit bietet sich andrerseits Schweizer Grossfirmen die Chance, den Aufbau einer Leichtmobilproduktion an die Hand zu nehmen um sich eine Option auf einen interessanten zukünftigen Markt zu sichern.

Das Bild, das sich potentielle Investoren von dieser Option machen, ist jedoch in verschiedener Hinsicht nicht sehr verlockend. Zwar wird das Innovationspotential i.a. als sehr vielversprechend angesehen, aber die Schwierigkeiten bei der Vermarktung werden als so gross eingeschätzt, dass ein Alleingang ausserhalb der Autoindustrie als wenig sinnvoll oder gar als unmöglich erachtet wird. Es dominierte die Meinung, dass ein kleines Leichtmobil nicht mehr kosten dürfe als etwa 15'000 Fr. Dieser Preis ist nur mit grossen Serien zu realisieren, erfordert also eine veritable industrielle Operation im Bereich von einigen hundert Millionen Franken. Der Glaube an das Marktpotential ist zwar grundsätzlich vorhanden, er ist aber noch nicht genügend konsolidiert. Sodann stellen der Vertrieb und insbesondere der Service weitere Probleme bei der Vermarktung. Im Falle von Elektromobilen sind diese Probleme grösser als bei Leichthybriden, welche die bestehende Tankstellen-Infrastruktur benützen können. Für Service- und Reparaturarbeiten (v.a. an der Karosserie) müssten allenfalls spezielle Service-Center geschaffen werden.

Solche Probleme sind im vorliegenden Zusammenhang wichtig, weil sie auf Schwierigkeiten in der Marktentwicklung hinweisen. Erst wenn der Innovationsprozess die gesamte Wertschöpfungskette von der Komponentenentwicklung über die Fertigung, das Marketing, den Verkauf und den Service miteinschliesst, kann sich um das neue Produkt ein Markt etablieren. Im Fall der Leichtmobile dürften allerdings unternehmerische Initiativen an den verschiedensten Stellen der Wertschöpfungskette nicht ausreichen, um den Protomarkt zu entwickeln. Staatliche Massnahmen sind ebenfalls angezeigt.

3. Zur Dynamik von Protomärkten

3.1 Preisanreize und Mengenanreize

In der politischen Ausmarchung zwischen ökologischen und wirtschaftlichen Interessen spielen staatliche Massnahmen eine zentrale Rolle. Praktisch niemand glaubt heute, dass sich die Marktwirtschaft ohne politische Eingriffe auf einen nachhaltigen Kurs manövrieren wird. Meinungsdifferenzen beziehen sich kaum auf das "ob", sondern primär auf das "wie". Im vorliegenden Zusammenhang wollen wir uns auf marktwirtschaftliche Instrumente zur Förderung von Leichtmobilen konzentrieren. Zunächst betrachten wir die Wirkung von Umweltsteuern, Lenkungsabgaben und Zertifikaten. Im nächsten Abschnitt wird als Ergänzung die Möglichkeit gezielter Innovationsanreize zur Sprache kommen.

Die Unterscheidung zwischen Umweltsteuern, Lenkungsabgaben und Zertifikaten geht zurück auf theoretische Argumente. Umweltsteuern wurden von Pigou (1946) vorgeschlagen, um die sog. externen Kosten zu internalisieren. Der Steuersatz soll so gewählt werden, dass die externen Kosten gedeckt sind: Nicht die öffentliche Hand, sondern die privaten Verursacher sollen die negativen Folgekosten ihrer Aktivitäten berappen. Wir bezeichnen dieses Instrument deshalb als schadenorientiert. Eine derartige Umweltsteuer scheint dort sinnvoll, wo die Erfassung der externen Kosten sowie die Identifizierung der Verursacher keine grösseren Probleme aufwirft.

Umweltsteuern streben Kostenwahrheit durch Internalisierung der externen Kosten an. I.d.R. nehmen diese Kosten überproportional mit der Menge zu, ihre Internalisierung führt zu einer entsprechend veränderten Angebotsfunktion (Kurve "Angebot u" in Abb. 4). Durch die Preissteigerung - von Ps auf Pu - würde die Nachfrage nach dem Gut von Ms auf Mu fallen. Die Zielgrösse ist aber nicht dieser Nachfragerückgang, sondern die Kostenwahrheit. Die Schwierigkeit ist, dass die externen Kosten in vielen Fällen nicht bekannt und oft auch gar nicht als monetäre Grössen definierbar sind (dazu etwa: Furger, 1992).

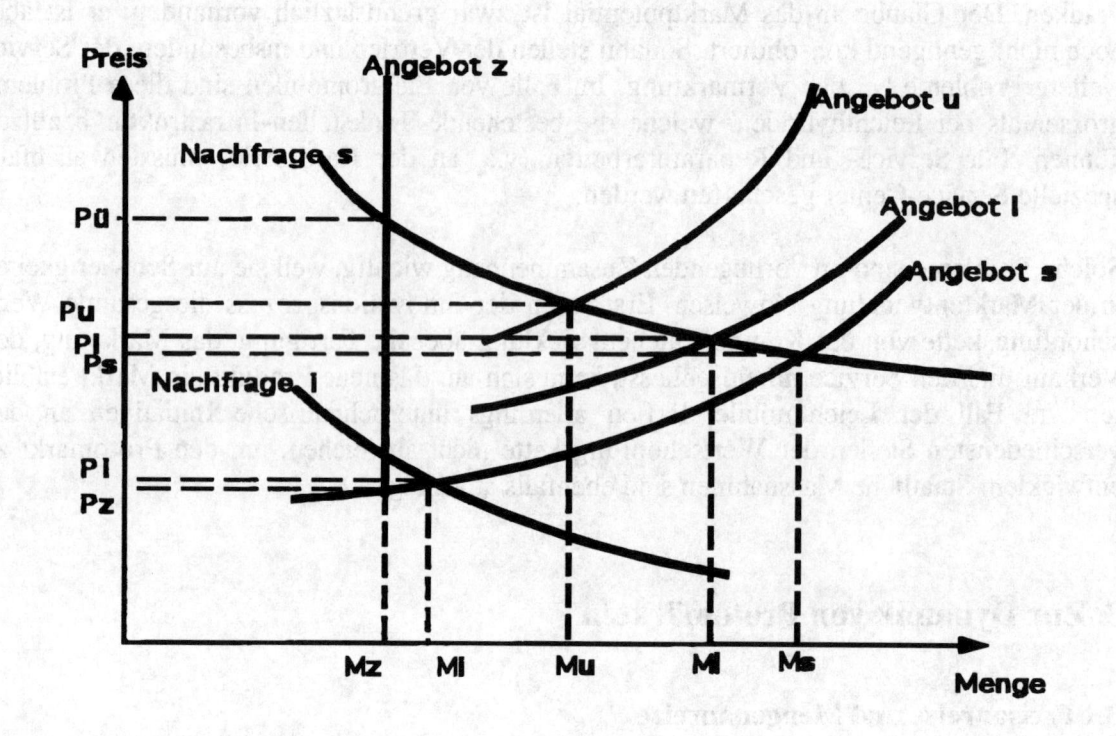

Abb. 4: Zur Wirkungsweise marktwirtschaftlicher Instrumente

Im Gegensatz zu Umweltsteuern wollen Lenkungsabgaben nicht primär negative Folgekosten erfassen und den Verursachern überbürden, sondern den Verbrauch an bestimmten, kritischen Gütern limitieren. Die externen Effekte, welche mit dem Verbrauch dieser Güter verbunden sind, werden dadurch reduziert, nicht aber im eigentlichen Sinne internalisiert. Lenkungsabgaben versuchen, einen politisch erwünschten Standard (z.B. Verbrauch an fossilen Energieträgern) über Preisanpassungen zu stabilisieren. Deshalb spricht man auch vom Standard-Preis-Ansatz (Baumol und Oates, 1975). Der Standard wird politisch ausgehandelt und nicht wissenschaftlich festgelegt. Damit entgehen Lenkungsabgaben den methodischen Problemen des Internalisierungsansatzes. Lenkungsabgaben versuchen, den zu Umweltschäden und -risiken führenden übermässigen Verbrauch von kritischen Gütern zu bekämpfen. Wir bezeichnen das Instrument deshalb als verbrauchsorientiert.

Bei den Lenkungsabgaben ist die Zielgrösse eine Mengenreduktion, z.B. von Ms auf Ml (Abb. 4). Um dies zu erreichen, wird versucht, die Angebotsfunktion so zu verschieben, dass der Preis von Ps auf Pl steigt. Die Lenkungsabgabe soll mit anderen Worten die Preisdifferenz zwischen Ps und Pl erheben. Die Schwierigkeit ist hier, dass auch der Preis Pl in vielen Fällen nicht bekannt ist und sich im Zeitverlauf erst noch in kaum prognostizierbarer Weise verändern kann. In einer Welt ohne wirtschftliche Innovationen liesse sich diese Schwierigkeit allenfalls dadurch beheben, dass die Behörden sich in einem Prozess von Versuch und Irrtum an den richtigen Wert herantasten.

Die Konzepte von Umweltsteuern und Lenkungsabgaben gehen im Grunde genommen vom Bild einer statischen Wirtschaft aus. Die Nachfrage ist über fixe Konsumpräferenzen und das Angebot über ebenso fixe Produktionsfunktionen vorgegeben. Preisveränderungen lösen dann Substitutionsvorgänge in Produktion und Konsum aus.[5] In der heutigen hochinnovativen Wirtschaft muss diese statische Betrachtungsweise durch eine dynamische ersetzt werden. Das heisst insbesondere, dass Innovationen die Nachfragefunktion direkt beeinflussen können. Konkret: Leichtmobile reduzieren den Verbrauch an Benzin. Die Nachfragekurve nach Benzin verschiebt sich nach unten (Funktion "Nachfrage i" in Abb. 4). Die Menge M_i würde zum Preis P_i gehandelt. Das politisch wünschbare Ziel der Mengenreduktion würde erreicht, ohne dass eine dauerhafte Verteuerung des Benzins über eine Lenkungsabgabe notwendig wäre. Im Gegenteil würde der Preis für Benzin längerfristig sogar fallen.

Unter Umständen kann eine entsprechende Innovation forciert werden, indem das Angebot im Sinne einer Zertifikatslösung (Dales, 1968) limitiert wird (Angebotsfunktion z in Abb. 4). Dadurch wird in einem Übergang der Preis zunächst steigen, im Extremfall bis $P_ü$, um dann nach erfolgter Innovation auf P_z zu fallen. Der Staat versucht nicht, ein Mengenziel über den Umweg von Lenkungsabgaben zu erreichen, sondern er gibt dieses Mengenziel direkt dem Wirtschaftssystem vor. Damit schafft der Staat gewissermassen auf juristischem Wege beschränkte Ressourcen, vergleichbar mit der "natürlichen" Beschränktheit des Bodens. Während Lenkungsabgaben eher auf eine Stabilität in der Preisentwicklung ausgerichtet sind, garantieren Zertifikatslösungen Mengenstabilität. Das Mengenziel wird über die Ausgabe von Zertifikaten politisch vorgegeben und die Preisbildung dem Markt überlassen.

3.2 Innovationsanreize

Die beschriebenen Instrumente können Anreize für technischen Fortschritt geben, also innovationsfördernd wirken. Bei Umweltsteuern und Lenkungsabgaben beruht diese Wirkung auf einer Veränderung der relativen Preise. Die Preisdifferenzen werden allerdings erst dann innovationswirksam, wenn sie eine kritische Höhe erreichen, die nicht zum Voraus bestimmt werden kann. Es dürfte nicht einfach sein, unter diesen Umständen demokratische Mehrheiten für griffige Umweltabgaben zu finden. Vielmehr besteht die Gefahr, dass mit grossem Aufwand Lenkungsabgaben eingeführt werden, die kurzfristig zu niedrig sind, um erwünschte wirtschaftliche Innovationen zu induzieren, und die zugleich langfristig unnötig hoch wären, wenn diese Innovationen einmal realisiert würden. Zertifikatslösungen haben demgegenüber den Vorzug, dass sie dem Markt den Spielraum lassen, zu verschiedenen Zeitpunkten je angemessene Preise zu finden. Doch auch hier wird der politische Wille zu

---

[5] Diese Annahmen bilden auch den Hintergrund der Diskussion von CO_2- und Energie-Abgaben in BUWAL, 1994, p.76ff.

griffigen Massnahmen kaum zustande kommen, wenn die relevanten Innovationsprozesse nicht schon allgemein als erfolgversprechend betrachtet werden.

Im Falle einer Produktinnovation eröffnet sich ein Ausweg aus diesen Schwierigkeiten, wenn gezielte Innovationsanreize eingesetzt werden. Konkret würde das heissen, dass die abzulösenden Produkte leicht verteuert würden und mit den entsprechenden Einnahmen das innovative Produkt verbilligt würde, (solche Innovationsanreize haben Lovins u.a., 1993 unter dem Namen "feebates" - von "fee" und "rebate" - vorgeschlagen; vgl. auch Romm und Lovins, 1992). Gezielte Innovationsanreize sollen dann zur Anwendung kommen, wenn es gilt, einen gesellschaftlich erwünschten Innovationsprozess politisch zu unterstützen.

Eine Lenkungsabgabe hebt den Preis einer Ressource an, um damit ressourcensparendes Verhalten zu bewirken. Ein gezielter Innovationsanreiz dagegen fördert eine bestimmte verbrauchswirksame Innovation, etwa energieeffiziente Fahrzeuge. Der gezielte Innovationsanreiz ist eine Mischung aus Gebühr und Rabatt im Sinne des Bonus/Malus-Systems: Beim Kauf eines Autos hätte man eine Gebühr zu bezahlen oder man bekäme einen Rabatt, je nachdem wie energieeffizient das Auto ist. Die Rabatte würden dabei durch die erhobenen Gebühren finanziert.

Der gezielte Innovationsanreiz belastet und belohnt gleichzeitig. Dies scheint uns aus zweierlei Gründen wichtig: Zum einen kann das Argument der Wirtschaftsfeindlichkeit nicht plausibel gegen gezielte Innovationsanreize ins Feld geführt werden. Gesamthaft werden weder Konsumenten noch Produzenten zusätzlich belastet. Der gezielte Innovationsanreiz ist keine neue Steuer. Im politischen Prozess können damit - anders als im Fall der Lenkungsabgaben - ökonomische Interessen nicht ohne weiteres gegen ökologische Anliegen ausgespielt werden. Zweitens kann das Instrument einen Innovationsprozess gezielt unterstützen, indem es die Marktentwicklung fördert und dadurch zusätzliche Arbeitsplätze schafft. Wir wollen im folgenden die Bedeutung gezielter Innovationsanreize für die Marktentwicklung am Beispiel der Leichtmobile darstellen.

Die in der Automobilbranche gebundenen Interessen sind so massiv, dass ein Strukturwandel nur dann einsetzt, wenn es um das ökonomische Überleben der Branche geht. Der Weltmarkt für Automobile ist reif und oligopolistisch organisiert. Neue Konkurrenten werden erbittert bekämpft. Ohne einen starken Heimmarkt ist es für Aussenseiter äusserst schwierig, in den Weltmarkt einzudringen. Es besteht nur, wer in grossen Serien zu billigen Preisen herstellen kann. Das Ausschöpfen steigender Skalenerträge ist dazu eine notwendige Bedingung. Die Leichtmobilhersteller sind gegenwärtig Kleinproduzenten, die teure Fahrzeuge mit vergleichsweise beschränkten Leistungen für ein kleines Kundensegment herstellen. Sie können keine Skalenerträge nutzen und stellen daher für die grossen Autokonzerne (noch) keine reelle Bedrohung dar.

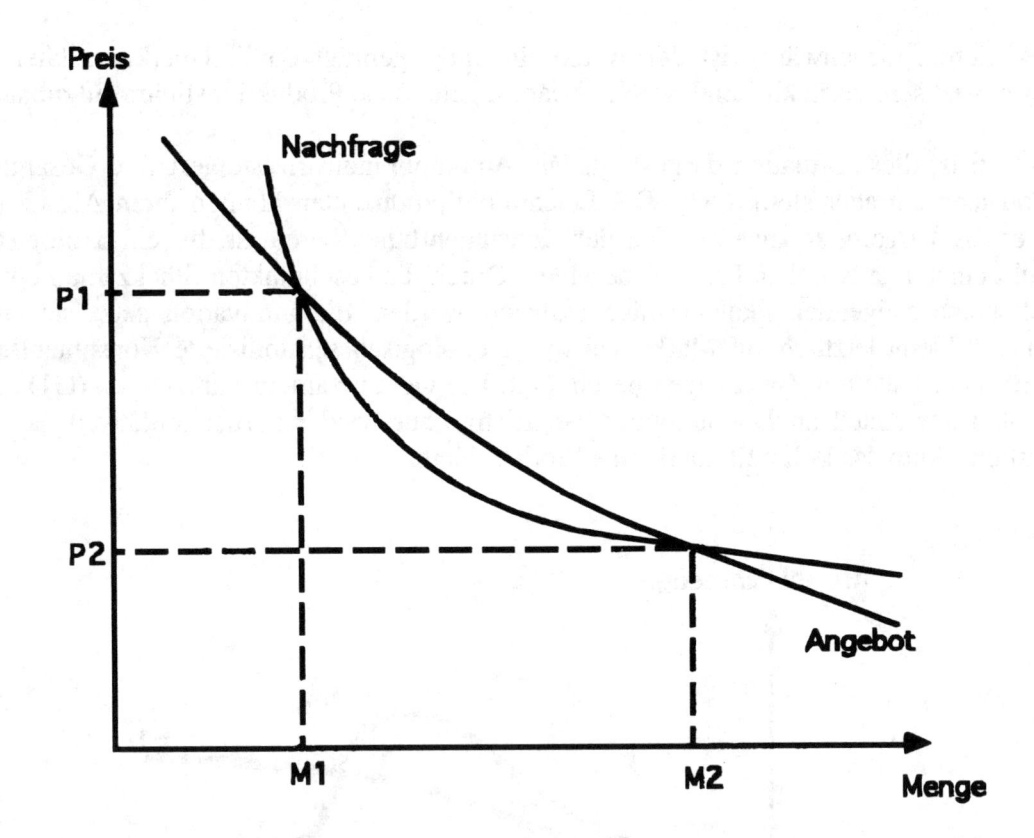

Abb. 5: Multiple Gleichgewichte bei steigenden Skalenerträgen

Von einer industriellen Umsetzung von Leichtmobilen kann dann gesprochen werden, wenn steigende Skalenerträge genutzt werden. In Abb. 5 ist die relevante Ausgangslage schematisch dargestellt.[6] Die Angebotskurve stellt die Mengen/Preis-Relationen unter Berücksichtigung steigender Skalenerträge dar. Dabei weisen sowohl die Nachfrage- als auch die Angebotskurve einen fallenden Verlauf auf, wodurch multiple Gleichgewichte möglich werden. Gegenwärtig befindet sich der Protomarkt für Leichtmobile im Gleichgewicht [M1, P1]. Marktentwicklung heisst, einen normalen Markt zu etablieren und dabei in den Gleichgewichtszustand [M2, P2] zu kommen.

Der Wechsel vom ersten zum zweiten Gleichgewichtszustand ist diskontinuierlich. Es ist ein Technologiesprung von der kleinseriellen Fertigung zur industriellen Produktion. Das erfordert ein Investitionsvolumen, das nur aufgebracht wird, wenn entsprechende Marktaussich-

---

[6] In einer innovativen Wirtschaft wird die Vorstellung, wonach Marktprozesse automatisch auf einen einzigen Gleichgewichtspunktes konvergieren, irreführend. Das wird in einer rasch wachsenden Fachliteratur erörtert (vgl. z.B. Drucker, 1993, und Schwartz, 1992). In Wirklichkeit sind ohne weiteres mehr als zwei Schnittpunkte möglich, was für die Stabilität der jeweiligen Gleichgewichte von Belang ist. Derartige Verfeinerungen der Argumentation sind jedoch im vorliegenden Zusammenhang unwesentlich. Es sollte aber nicht übersehen werden, dass eine Darstellung in Begriffen von Angebots- und Nachfragekurven nur sehr beschränkt geeignet ist, die zeitliche Dynamik von Innovationsprozessen zu erfassen.

ten existieren. Gegenwärtig ist der Automobilmarkt geprägt durch Überkapazitäten. Investoren sind sehr zurückhaltend, wenn es darum geht, neue Produktionslinien aufzubauen.

In Abb. 6 ist diese Situation dargestellt. Die Automobilindustrie steigert ihre Gesamtproduktion langsam aber stetig (A1). Die Leichtmobilproduzenten können ihren Absatz (L1) noch etwas steigern, solange ein Teil der KonsumentInnen bereit ist, für ein ökologisches Produkt einen relativ hohen Preis zu bezahlen. Durch die beschränkten Stückzahlen können jedoch keine steigenden Skalenerträge realisiert werden, die Innovation setzt sich nicht durch und bleibt letztlich auf Marktnischen für ökologisch sensibilisierte KonsumentInnen oder für Haushalte mit Zweitwagen beschränkt. Die Gesamtzahl an Fahrzeugen (G1) steigt an, wobei der Anteil an Leichtmobilen langfristig eher wieder zurückgeht, weil das herkömmliche Auto das kulturell dominante Produkt bleibt.

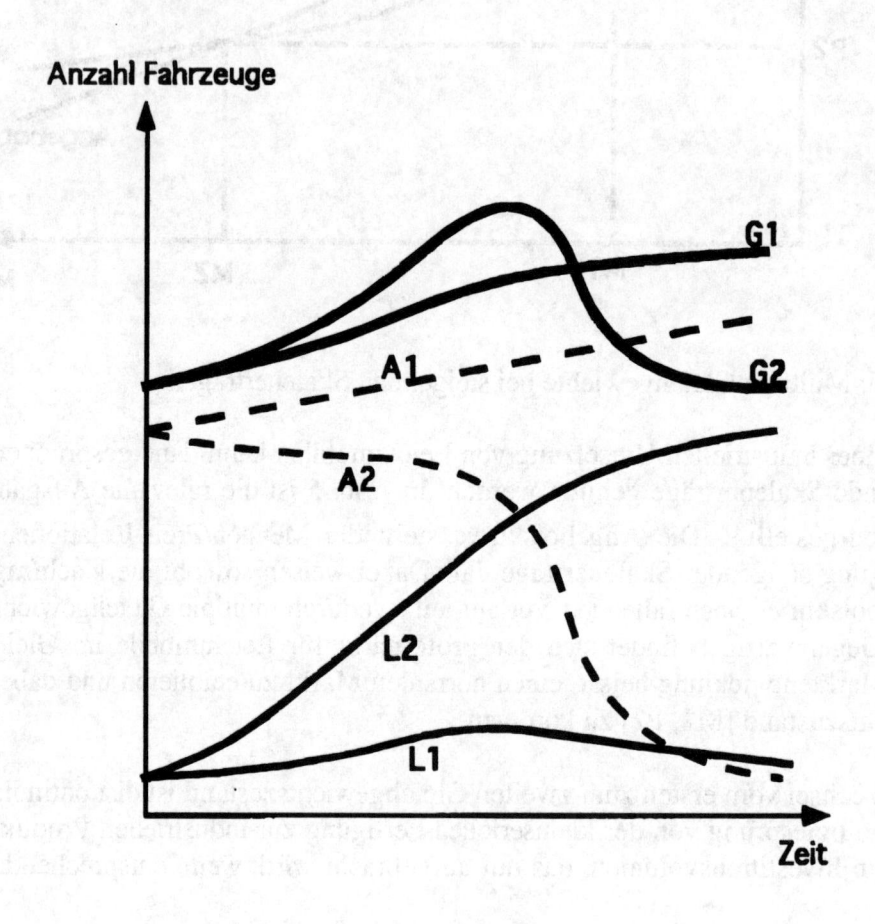

Abb. 6: Marktentwicklung und gezielte Innovationsanreize

Anders sieht die Entwicklung mit einem gezielten Innovationsanreiz aus. In einer Anfangsphase bewirkt er, dass herkömmliche Autos leicht verteuert werden. Da es sich um eine geringe Gebühr handelt, die erst noch nur beim Kauf, nicht beim Gebrauch eines Autos anfällt, dürfte die Akzeptanz einer solchen Massnahme ungleich höher sein als jene einer Erhöhung des Benzinpreises. Der Absatz an herkömmlichen Autos (Kurve A2 in Abb. 6) wird zunächst nur geringfügig zurückgedrängt. Da jedoch die Anzahl Leichtmobile zu

Beginn des Innovationsprozesses viel kleiner ist als die Anzahl herkömmlicher Autos, wird mit den Einnahmen aus der Gebühr der Stückpreis für Leichtmobile massiv gesenkt. Dadurch kann der Absatz von Leichtmobilen deutlich gesteigert werden (L2).

Die Gesamtzahl von Fahrzeugen (G2) steigt deshalb in einer Anfangsphase eher schneller als ohne Innovationsanreiz. Mit der Zeit können jedoch dank dem steigenden Absatz von Leichtmobilen bei deren Produktion steigende Skalenerträge realisiert werden, wodurch ihr Preis weiter fällt und die Leichtmobile die herkömmlichen Autos zu verdrängen beginnen. Deren Absatz geht nun zurück, und damit auch die Gesamtzahl an Fahrzeugen. Auf diesem Weg könnte sich ein neues Marktgleichgewicht zwischen Autos und Leichtmobilen einstellen, das komplementär wäre zum alten: Klassische Autos wären teuer und würden nur noch in kleinen Serien hergestellt, während Leichtmobile das dominierende Produkt darstellten. Der gezielte Innovationsanreiz bringt nun nur noch wenige Einnahmen, die erst noch auf eine grosse Anzahl Leichtmobile verteilt werden. Er ist ebenso unnötig wie wirkungslos geworden und kann wieder aufgehoben werden.

4. Zur Diffusion von Lebensstilen

Die Einführung von Leichtmobilen stellt mit Sicherheit keine hinreichende Bedingung für die Lösung der weltweit zunehmenden Mobilitätsprobleme dar. Insbesondere wird die Motorisierung der Entwicklungsländer den globalen Verbrauch an fossilen Energieträgern weiter ansteigen lassen, selbst wenn Fahrzeuge mit maximaler Energieeffizienz sich weitgehend durchsetzen sollten. Allerdings würde das Kind mit dem Bade ausgeschüttet, wenn aus diesem Grunde auf das Energiesparpotential von Leichtmobilen leichtfertig verzichtet würde. Es könnte sogar sein, dass deren Einführung für die Lösung des Mobilitätsproblems wenn auch keine hinreichende, so doch sehr wohl eine notwendige Bedingung darstellt.

Der Grund dafür ist paradox: Ohne technische Innovation können die kulturellen Prägungen, welche einen Grossteil der heutigen Umweltbelastung bewirken, nicht aufgelöst werden. Es ist ja nicht zu bezweifeln, dass der durchschnittliche Benzinverbrauch von rund 8 Litern pro 100km, der gegenwärtig üblich ist, auch mit der heutigen Autotechnologie problemlos reduziert werden könnte, und dass auch die Zahl der gefahrenen Kilometer ohne technologische Veränderung deutlich zurückgehen könnte. Der Grund, warum dieser Weg nicht begangen wird, ist ein kultureller: Die PS, die ein Autofahrer zu aktivieren vermag, sind ein Statussymbol ersten Ranges. Die Kultur des herkömmlichen Automobils ist vom Design bis zum Motorenbau von dieser Symbolik durchdrungen (vgl. dazu: Knie und Hard, 1993).

Die Darstellung von Statusdifferenzen wird mit grosser Sicherheit auch in Zukunft eine der wichtigsten Funktionen des privaten Konsums bleiben. Was sich ändern kann, ist die Symbolik, in der die eigene Stellung im sozialen Beziehungsgefüge dargestellt wird. Und die entscheidende Frage ist, ob in Zukunft ein hoher Status durch Fahrzeuge mit ausgesprochen niedrigem Energieverbrauch dargestellt werden kann. In einer innovativen Wirtschaft scheint das möglich, wenn die entsprechenden Fahrzeuge als Trendsetter auftauchen. Genau diese Möglichkeit deutet sich gegenwärtig mit der Entwicklung von Leichtmobilen an (Perrin, 1992).

Auf diesem Weg können Leichtmobile in den hochindustrialisierten Gesellschaften eine drastische Reduktion des Verbrauchs fossiler Treibstoffe ermöglichen, die rein technologisch auch ohne sie denkbar wäre. Mindestens so wichtig ist jedoch die Signalwirkung, die mit einer solchen wirtschaftlichen Innovation für Entwicklungsländer verbunden wäre. Es ist absehbar, dass die zukünftige Steigerung der globalen CO_2-Emissionen zum allergrössten Teil auf der weiteren Motorisierung der Entwicklungsländer beruhen wird. Und die grösste erkennbare Chance, um eine solche Steigerung zu vermeiden, würde darin bestehen, dass nicht nur die Industrie- sondern auch die Entwicklungsländer anstelle herkömmlicher Autos Leichtmobile einführen würden.

Der Stellenwert von Statusdifferenzen zeigt sich dabei im internationalen Massstab erneut. Wenn und nur wenn sich Leichtmobile als Mittel der Selbstdarstellung der BewohnerInnen hochindustrialisierter Gesellschaften etablieren werden, werden sie auch in den Augen der BewohnerInnen der Entwicklungsländer attraktiv sein. In diesem Sinne kann ein kleines Land wie die Schweiz durchaus zu einer grösseren Nachhaltigkeit der Weltwirtschaft beitragen: Nicht durch die anteilsmässig verschwindende Reduktion von Emissionen, die mit der Einführung von Leichtmobilen in der Schweiz einherginge, sondern durch die Signalwirkung, die mit der emotionalen Botschaft des neuen Produkts verbunden wäre.

Es ist in diesem Zusammenhang sogar denkbar, und damit wäre so etwas wie eine Vision angesprochen, dass auf diesem Weg in der Schweiz eine neue Exportbranche entstehen könnte. Eine solche müsste keineswegs auf Fertigung und Endmontage von Leichtmobilen fokussiert sein, und sie müsste auch nicht auf eine einzelne Firma beschränkt sein. Schweizer Unternehmen könnten sich im Bereich von Forschung und Entwicklung profilieren, in Spezialitätenfertigung, Komponentenbau, Marketing oder Service. Das Innovationspotential, die Voraussetzungen, es wirtschaftlich zu nutzen und die politische Wünschbarkeit einer solchen Nutzung scheinen heute allesamt gegeben zu sein. Die erfolgreichen Exportbranchen der Schweiz, von der Maschinenindustrie zur Chemie, vom Tourismus zum Finanzplatz, verdanken ihre Existenz der Tatsache, dass die Schweiz in der Vergangenheit ein Wirtschaftsstandort war, an dem derartige Visionen in die Tat umgesetzt wurden. Es bleibt die Frage, ob dies heute immer noch der Fall ist.

Literatur

BAUMOL, W.J. und OATES, W.E. (1975): *The Theory of Environmental Policy.* Englewood-Cliffs: Prentice-Hall.

BIJKER, W.E. (1987): The Social Construction of Bakelite. In: Bijker, W.E., Hughes, T.P., Pinch, T.J. (eds.) *The Social Construction of Technological Systems*, 159-187. Cambridge: MIT Press.

BLOCK, F. (1990): *Postindustrial Possibilities: A Critique of Economic Discourse.* Berkeley: University of California Press.

BUKOWIECKI, A. und MUSSLER, P. (1993): *Ressourcenbedarf des Leichtmobils.* Zürich: ETH, Abt. VIII (Diplomarbeit).

BUNDESAMT FÜR UMWELT, WALD UND LANDSCHAFT, BUWAL (1994): *Die globale Erwärmung und die Schweiz: Grundlagen einer nationalen Strategie.* Bern: BUWAL.

DALES, J.H. (1968): *Pollution, Property and Prices.* Toronto: Univ. of Toronto Press.

DOSI, G., FREEMAN, C., NELSON, R., SILVERBERG, G., SOETE, L. (eds.) (1988): *Technical Change and Economic Theory.* London: Pinter.

DRUCKER, P.F. (1993): *Post-capitalist Society.* New York: Harper Collins.

DUERRENBERGER, G. UND JAEGER, C. (1991): Globale Umweltprobleme und regionale Innovationspotentiale. *Geographica Helvetica*, 46, 110-113.

FURGER, F. (1992): *Ökologische Krise und Marktmechanismen.* Zürich: Geographisches Institut ETH.

FURGER, F. (1993): *Informatik-Innovationen aus der Schweiz?* Zürich: Verlagsgesellschaft Technopark.

FURUHOLT, E. (1993): *Life Cycle Analysis of PIV and Conventional Small Cars.* Mimeo, restricted, no distribution.

IMBODEN, D. (1993): The Energy Need of Today are the Prejudices of Tomorrow. *Gaia*, 2, 330-337.

JAEGER, C. (1994): *Taming the Dragon. Transforming Economic Institutions in the Face of Global Change.* Philadelphia: Gordon and Breach.

KAESER, R., WALZ, F., BRUNNER, A. (1992): *Collision Safety of a Hard Shell Low Mass Vehicle.* Paper presented at the IRCOBI Conference on "The Biomechanics of Impacts", Verona.

KNIE, A. UND HARD, M. (1993): *Die Dinge gegen den Strich bürsten. De-Konstruktionsübungen am Automobil.* Mimeo; Berlin: WZB.

LOVINS, A.B., BARNETT, J.W., LOVINS, L.H. (1993): *Reinventing the Wheels.* Snowmass: Rocky Mountain Institute.

PERRIN, N. (1992): *Solo. Life with an Electric Car.* New York: Norton.

PIGOU, A.C. (1946): *The Economics of Welfare.* London: Macmillan.

PINCH, T.J. UND BIJKER, W.E. (1987): The Social Construction of Facts and Artifacts. In: Bijker, W.E., Hughes, T.P., Pinch, T.J. (eds.) *The Social Construction of Technological Systems*, 17-50. Cambridge: MIT Press.

QUINE, W.V.O. (1988): *Wort und Gegenstand*, Stuttgart: Reclam.

ROMM, J.J., UND LOVINS, A.B. (1992): Fueling a Competitive Economy. *Foreign Affairs*, 72, Nr.5, 46-62.

SCHWARTZ, J.T. (1992): America's Economic-Technological Agenda for the 1990s, *Daedalus (Journal of the American Academy of Arts and Sciences)*, 121, 139-65.

SEILER, B. (1993): *Das Elektromobil: eine sinnvolle Alternative zum Auto?* Dübendorf: Gruppe Humanökologie EAWAG (Diplomarbeit).

TRUFFER, B. UND DÜRRENBERGER, G. (1993): *Changing the Myth of the Car: The Case of the Lightweight-Vehicle*. Paper presented at the COST-A4 workshop "The Car and its Environment", Trondheim.

WCED (World Commission on Environment and Development) (1987): *Our Common Future*. Oxford: Oxford Univ. Press.

WHITE, H.C. (1993): Markets, Networks and Control. In: Lindenberg, S.M. und Schreuder, H. (eds.) *Interdisciplinary Perspectives on Organization Studies*, 223-239. Oxford: Pergamon.

Martin Lendi

Rechtliche Möglichkeiten und Grenzen der Umsetzung des Nachhaltigkeitsprinzips

Das Kolloquium, in dessen Rahmen heute der Jurist das Wort ergreifen darf, hat einen sehr grundsätzlichen und umfassenden Titel: "Nachhaltige Naturnutzung im Spannungsfeld zwischen komplexer Naturdynamik und gesellschaftlicher Komplexität". Er spricht also das Nachhaltigkeitsprinzip vor dem Hintergrund der Komplexität des natürlichen und gesellschaftlichen, verstrickten Sachverhaltes an. Damit ist - vielleicht überraschend - die Antwort zu den rechtlichen Möglichkeiten und den Grenzen der Umsetzung des Nachhaltigkeitsprinzips aus der Optik der Rechtswissenschaft bereits vorgegeben, nämlich in Richtung einer Absage an vereinfachende Aussagen. Der Jurist kann und darf nicht zu simplifizierenden Thesen greifen; denn was auf der Wirklichkeitsebene so komplex in Erscheinung tritt, das kann auch rechtlich keine einfache Lösung finden, zumal das Recht auf die Realitäten Bezug nehmen muss und auf die konkret anfallenden Problemlagen einzugehen hat. Es ist ihm gleichsam aus der Sache und seinem Wesen heraus verwehrt, in Abstraktheit zu machen, wenn es seine Regelungskraft gegenüber einer komplexen Wirklichkeit einbringen soll. Auf der andern Seite weiss die Rechtswissenschaft sehr wohl, wie bedeutsam das Bewerten, das Werten ist, und wie notwendig das Festschreiben von grundlegenden Prinzipien für und durch die Rechtsordnung - beispielsweise über zentrale Aussagen auf der Verfassungsebene - sein kann. Doch selbst wenn das Recht sich dieser hohen Aufgabe stellt, kommt es nicht darum herum, sich sachgerecht den konkreten Problemlagen des Massstabes 1:1 zu widmen und also differenziert zu agieren. (Dies gilt insbesondere für das Umweltrecht; siehe dazu Kloepfer Michael, Umweltrecht, München 1989, vorweg in den einleitenden Ausführungen zur Struktur des Umweltrechts.)

Das positiv angesprochene Nachhaltigkeitsprinzip

Wenden wir uns vorerst dem positiven Recht mit der Frage zu, ob es das Nachhaltigkeitsprinzip expressis verbis kenne.

1. Verfassungsebene

Auf der Stufe der Schweizerischen Bundesverfassung ist das Nachhaltigkeitsprinzip nicht vermerkt, und zwar weder in den Teilbereichen der Wirtschaft noch des Lebensraumes. Es findet sich beispielsweise kein Grundrecht auf eine "intakte" Umwelt, in die nur in Beachtung des Nachhaltigkeitsprinzips eingegriffen werden dürfe. Es lassen sich auch keine materiellen Zielvorgaben der geltenden Verfassung zusammentragen, wonach das Wirtschaften und das Nutzen des Lebensraumes im Sinne des uns hier bewegenden Prinzipes zu erfolgen haben. Weder die Vorschriften zur Wirtschafts- noch jene zur Lebensraumverfassung sind also - dem Wortlaut nach - auf die Nachhaltigkeit ausgerichtet. Diese Aussage gilt sogar für die Verfassung in toto. Wohl wäre es denkbar, in einleitenden Bestimmungen auf dieses so wichtige Prinzip hinzuweisen, beispielsweise in einem neu zu formulierenden Zweckartikel, doch sieht die geltende Verfassung davon ab. Offen ist mithin nur noch die Frage, ob auf dem Wege der Interpretation ermittelt werden könnte, ob das Nachhaltigkeitsprinzip dem Sinn und Zweck nach der Verfassung immanent sei, indem beispielsweise argumentiert würde, der Verfassungsartikel über den Umweltschutz samt den andern für den Lebensraum bedeutsamen Bestimmungen sei letztlich durch dieses eine Prinzip geprägt und determiniere durch den Querschnittsbezug mindestens die gesamte Lebensraumverfassung, wenn nicht gar die Verfassung insgesamt. Dazu sollen später noch einige Gedanken geäussert werden. Im Moment ist nüchtern festzuhalten, dass sich die Verfassung dem Wortlaut nach nicht zum Nachhaltigkeitsprinzip äussert.

2. Gesetzesstufe

Auf der Gesetzesstufe sieht es positiver aus. Hier kommt der Begriff wörtlich vor, so im Waldgesetz und im Bundesgesetz über das bäuerliche Bodenrecht. Auf diese zwei Beispiele möchte ich kurz eintreten, um zu zeigen, in welcher Art und in welchem Zusammenhang das geltende Recht der Gesetzesstufe von der Nachhaltigkeit handelt.

a) Im neuen Waldgesetz (Bundesgesetz über den Wald vom 4. Oktober 1991, WaG) taucht das Prinzip in Art. 20 Abs. 1 leg. cit. auf. Darnach ist der Wald so zu bewirtschaften, dass er seine Funktionen dauernd und uneingeschränkt erfüllen kann, wobei in Klammer gesetzt das Wort "Nachhaltigkeit" erklärend beigefügt ist. Das Interessante an dieser Bestimmung ist, das sie das Nachhaltigkeitsprinzip in den Zusammenhang der Bewirtschaftungsgrundsätze stellt und nicht in jenen der flächenmässigen Erhaltung des Waldareals, in dem wir es vermuten würden. Die Zielsetzung der Nachhaltigkeit steht also im Kontext der Vielfalt der Waldfunktionen und äussert sich in Nutzungsrestriktionen. Es findet sich mithin präzis an jener Stelle, zu der es nach seinem innersten Kern und seinem ersten ("älteren") Sinn nach gehört: Beschränkung der Nutzung auf den "Ertrag", also Eingrenzung der Nutzung nach Art und Weise sowie Intensität, allerdings bereits hier erheblich erweitert um die Auffassung, dass das natürliche "System Wald" nicht nur um der reinen Sachwertnutzung willen, also bei der Holzproduktion, sondern auch um seiner andern vorteilhaften Effekte willen intakt zu halten ist. Dementsprechend wirkt sich das Nachhaltigkeitsprinzip gemäss der Waldgesetzgebung auch auf Aspekte des Waldes als Erholungsraum, des Natur- und Heimatschutzes, des Waldbaues, der Ökologie usw. aus. Wichtig ist die Erkenntnis, dass das Waldrecht das Nachhaltigkeitsprinzip für seinen Problembereich in der ihm angemessenen Weise und also nicht schematisch oder prinzipieneng konkretisiert. Beachtenswert ist des weitern, dass das Waldgesetz die tradierte Auffassung, wonach unter Nachhaltigkeit eine Nutzung zu verstehen sei, die sich auf den Ertrag beschränkt, verlässt, und zwar zugunsten der Erhaltung der Funktionen in ihrer Vielfalt.

b) Einer andersartigen Ausprägung des Nachhaltigkeitsprinzips begegnen wir im Bundesgesetz über das bäuerliche Bodenrecht (Bundesgesetz über das bäuerliche Bodenrecht vom 4. Oktober 1991, BGBB). Hier ist im Zweckartikel davon die Rede, dass es dem Gesetz darum gehe, das bäuerliche Grundeigentum zu fördern und namentlich Familienbetriebe als Grundlage eines gesunden Bauernstandes und einer leistungsfähigen, auf eine "nachhaltige" Bodenbewirtschaftung ausgerichteten Landwirtschaft zu erhalten und ihre Struktur zu verbessern (Art. 1 BGBB). Das Gesetz geht offensichtlich, nachdem es sich auf die Frage des Erwerbes, der Veräusserung, des Erbens und des Teilens sowie des Verpfändens von landwirtschaftlich genutzten Grundstücken konzentriert und mithin die Ordnung der Bodenbewirtschaftung für sich ausklammert, davon aus, dass Familien, die ihren Boden selbst bewirtschaften, aus Gründen der Ertragssicherung an der langfristigen Erhaltung der Bodenfruchtbarkeit ein erhöhtes Interesse haben. Der landwirtschaftlich nutzbare Boden soll deshalb - so die Stossrichtung des Gesetzes - in die Hände des Selbstbewirtschafters gelangen oder dort bleiben. Das Nachhaltigkeitsprinzip ist hier ganz und gar auf die Erhaltung der Bodenfruchtbarkeit gerichtet, wobei dieses Ziel aber nicht mit einer direkten, sondern einer indirekten Massnahme - Bevorzugung des Selbstbewirtschaftens - erreicht werden soll.

Die Erkenntnis für die Gesetzesstufe ist, dass sich der moderne Gesetzgeber des Prinzips der Nachhaltigkeit bereits angenommen hat, allerdings in einer sehr spezifischen Art, nämlich auf der Ebene der Operabilität und nicht der Deklaration - ein durchaus gutes Omen, denn Prinzipien sind nicht um der Prinzipien willen da.

3. Ebene des Völkerrechts

Werfen wir noch einen Blick auf das Völkerrecht. Bekanntlich hat das nun vertraut gewordene Nachhaltigkeitsprinzip auf der Stufe der internationalen Konferenzen und Deklarationen einen hohen Stellenwert erreicht. Es ist vor allem die "Erklärung von Rio de Janeiro" vom Juni 1992 - es ist ein Paket von Dokumenten -, die das Prinzip "Sustainable Development" unterstreicht (UNCED 92, United Nations Conference on Environment and Development, Agenda 21, Chapters 1-40, Erd-Charta, Rio de Janeiro 1992 und weitere Dokumente, ferner der Brundtland-Bericht, Our Common Future, aus dem Jahre 1987, ein Bericht der "World Commission on Environment and Development"), ohne es erfunden zu haben. Viele kritische Fragen wären hier anzumelden, bis und mit der rechtlichen Qualifikation. Dabei ist nicht erheblich, dass es sich bei der Erklärung von Rio ausserhalb der eigentlichen Verträge um "soft law" handelt, das in hohem Masse von der politischen - nicht der juristischen - Verbindlichkeit und also von der weltweiten Akzeptanz lebt. Für unseren Überlegungsgang bedeutsam ist vielmehr die leicht nachvollziehbare, sachpolitische Erkenntnis, dass das Prinzip auf dem hohen Niveau der internationalen Politik und des globalen Völkerrechts leichter anzusprechen ist, weil es hier - im Gegensatz zum nationalen Recht - vom Zwang zur Operabilität abhebt und abheben kann.

Betrachtet man die Entwicklung des Umweltvölkerrechts insgesamt so scheint es, dass in der Summe der Abkommen gegenüber dem hier primär anzusprechenden Nachhaltigkeits- deutlicher das Vorsorgeprinzip hervortritt, und zwar in den vielfältigen Formen des Bewusstseins der Begrenztheit menschlicher Erkenntnisfähigkeit, der Notwendigkeit des Handelns aus begründeter Besorgnis - auch bei fehlendem Kausalitätsnachweis -, der Umkehr der Beweislast, des Vermeidens der Strategie der Verdünnung, der Anwendung der bestmöglichen Technologie, der Forschungsanstrengungen usw. (vgl. dazu *Hohmann Harald*, Präventive Rechtspflichten und -prinzipien des modernen Umweltvölkerrechts, Berlin 1992). Auf der andern Seite wird zu beachten sein, dass die leicht verständliche und allseits begreifbare Art der Erklärung von Rio Auswirkungen auf die nationale Gesetzgebung zeitigen wird. Diese kann aber - im Gegensatz zu internationalen Deklarationen - von der unerlässlichen Konkretisierung nicht Abstand nehmen.

Nebenbei sei hervorgehoben, dass der Vertrag über die Europäische Union vom 7. Februar 1992 das Prinzip der Nachhaltigkeit nicht ausdrücklich erwähnt. Er handelt von der Verfolgung des Ziels "umsichtige und rationelle Verwendung der natürlichen Ressourcen" (Art. 130 r Ziff. 1 leg. cit.), eine Formulierung, die mindestens nach dem Wortlaut näher bei ökonomischen Ansätzen als beim ökologisch orientierten Nachhaltigkeitsprinzip zu verorten ist. Allerdings ist eine Interpretation in Richtung des üblichen Verständnisses des Nachhaltigkeitsprinzips früher oder später nicht auszuschliessen, beispielsweise unter dem Druck der sachlichen und politischen Tragweite der Erklärung von Rio de Janeiro.

Wie wir uns nun im Sinne des Aufspürens des Prinzips auf das geltende Recht mit seiner Erwähnung des Nachhaltigkeitsprinzips ausgerichtet haben, so wird überraschend deutlich erkennbar, dass das Recht diesseits der Deklarationen problembezogen mit diesem Prinzip umgeht. Wenn dem so ist, dann kommt, sofern das geltende Recht anwendungsorientierte Regelungen setzt, letztlich nichts darauf an, ob das Prinzip der Nachhaltigkeit im positiven Recht expressis verbis erwähnt wird. Massgebend ist allein seine anwendungsorientierte Umsetzung. Anders sieht es nur dann aus, wenn die einzelnen relevanten Gesetze keine "Gefässe" für "nachhaltiges Handeln" schaffen. In solchen Fällen bleibt der Rückgriff auf das Prinzip und damit die gesetzliche Festschreibung des Prinzips, auch wenn es noch so abstrakt formuliert ist, wünschenswert. Im einen wie im andern Fall ist es nicht nötig, das Nachhaltigkeitsprinzip definitorisch zu erfassen und abschliessend und abgrenzend zu bestimmen. Es gehört eben zum Wesen eines Prinzips, dass es einen gewissen Grad an Offenheit einschliesst (zum Nachhaltigkeitsprinzip und seinem Verständnis siehe insbesondere *Winkler Wolfgang*, Nachhaltigkeit, in: Handwörterbuch des Umweltrechts, Berlin 1988, und die dort zit. Literatur). Die Rechtswissenschaft ist also davon befreit, unter den verfügbaren begrifflichen Umschreibungen zu wählen (vgl. dazu *Finke Lothar*, Thesen aus ökologischer Sicht zum Themenbereich "dauerhafte, umweltgerechte Entwicklung", Dortmund 1993, der festhält, dass bereits im Jahr 1989 rund 30 Definitionen verfügbar gewesen seien). Sie muss sich sogar davor hüten, ihrer Neigung zu Definitionen voreilig nachzugeben. Wünschenswert und sachgerecht ist, dass sich das Recht problemorientiert - mit diesen oder jenen Worten - mit den Aspekten der Nachhaltigkeit der konkreten Nutzungen und Belastungen im Rahmen des umfassenden Naturhaushaltes befasst.

Differenzierte Regelungen des Nachhaltigkeitsprinzips

1. Rechtsordnung und Naturnutzungen

Im nächsten Schritt gilt es nun, die Dimensionen des Nachhaltigkeitsprinzips einzugabeln. Um dies zu schaffen, müssen wir - erstens - aus der Sache heraus verstehen, was nachhaltige Nutzung bezüglich einer bestimmten Funktion im Naturhaushalt (in Rechtsrelevanz) bedeutet, und wir müssen - zweitens - ergründen, wie die Rechtsordnung konkret mit den Naturnutzungen umgeht. Die erste Frage ist tatsächlicher, die zweite eher rechtlicher Art. In dieser Interaktion von "erstens" und "zweitens" liegt die Kernfragestellung an die Rechtswissenschaft und ihrem Verhältnis zum Prinzip der Nachhaltigkeit.

Für die Beantwortung der ersten Frage, also nach der Nachhaltigkeit einer bestimmten Nutzung im Rahmen des Naturhaushaltes, muss die Rechtswissenschaft in die Multi-, wenn nicht in die Interdisziplinarität einsteigen. Sie allein vermag die Frage nicht auszuloten. Ich muss also hier und jetzt Abstand nehmen. Als eine nicht unwesentliche Erkenntnis dürfte aber angesichts der Funktionenvielfalt und -vernetzung die Aussage anfallen, dass das Nachhaltigkeitsprinzip weit verstanden werden muss, da wegen der Komplexität der Ursachen und des Wirkungsgefüges nicht auf einzelne Naturnutzungen, wie Bodenbearbeiten, Düngen, Bauen, Kiesabbau usw. abgestellt werden darf. Es geht immer um alle Aktivitäten - in Raum und Zeit - mit potentiell naturfunktionsbeeinträchtigender Wirkung, und es geht immer um den Naturhaushalt als solchen, als Ganzes. Das Nachhaltigkeitsprinzip betrifft also nicht lineare Relationen wie Düngung als Bodenbelastung, sondern Multifunktionen und Multiwirkungen.

Bei der zweiten Frage stehen der Umfang und die besondere Art der konkreten Ausformung der rechtlichen Gewährleistung des Nachhaltigkeitsprinzips im Vordergrund. Diesen Aspekt vermag die Rechtswissenschaft bis zu einem gewissen Grad mit ihren Methoden zu ergründen.

2. Beispiele

Ich will diese heiklen, um der wissenschaftlichen Redlichkeit willen anformulierten, theoretischen Voraussetzungen an zwei Beispielen verdeutlichen, nämlich an der Raumplanung und am Umweltschutz, soweit dies im Rahmen eines juristischen Vortrages möglich ist.

a) Die Raumplanungsgesetzgebung, wie sie vor allem geprägt ist durch das Bundesgesetz über die Raumplanung vom 22. Juni 1979 (RPG), erwähnt das Nachhaltigkeitsprinzip nicht. Es handelt von der haushälterischen Bodennutzung: "Bund, Kantone und Gemeinden sorgen dafür, dass der Boden haushälterisch genutzt wird." (Art. 1 RPG), übrigens eine Wendung, welche dem Verfassungstext, der von der "zweckmässigen Nutzung des Bodens" spricht, eine vom Wortlaut abhebende Sinndeutung gibt (Art. 22^{quater} Abs. 1 BV). Nun kann allerdings sogar der zitierte Gesetzestext gemäss Art. 1 RPG missverstanden werden, mindestens dann, wenn "haushälterisch" mit "ökonomisch" übersetzt wird. Diese Auslegung ist aber unzulänglich, weil sie übersieht, dass Art. 1 RPG im systematischen und sinnbezogenen Zusammenhang mit den Planungsgrundsätzen gemäss Art. 3 RPG gelesen werden muss. Dort ist beispielsweise von der Notwendigkeit des Vermeidens von nachteiligen Auswirkungen auf die natürlichen Lebensgrundlagen die Rede, was nur heissen kann, dass "haushälterisch" im Sinne der guten Haushalterschaft des vorsorglichen und fürsorglichen, sparsamen pater familiae resp. der mater familiae zu verstehen ist. Über dieses Verständnis stellt die Gesetzgebung eine problembezogene, raumplanungsadäquate Möglichkeit der Hineinnahme des Nachhaltigkeitsprinzips zur Verfügung, dem sich die Raumplanung öffnen darf, allerdings nicht durch das Stehenbleiben beim Prinzip, sondern ganz konkret in Richtung der nachhaltigen, sprich "haushälterischen Ordnung" der Bodennutzung. Von ihr weiss die Raumplanung, dass sie letztlich immer örtlich und zeitlich konkret ist, sei es als Gegebenheit, sei es als normative Vorgabe. Die Raumplanung kann sich also funktionsgerecht nicht mit dem Markieren des Prinzips begnügen, sondern sie muss sich der Aufgabe stellen, das Prinzip der haushälterischen Bodennutzung auf ihre Art und Weise umzusetzen, und dies in Verantwortung gegenüber Wirtschaft, Gesellschaft und Umwelt und damit gegenüber der Vielfalt der Raumnutzungen. Sie tut dies ganz praktisch durch Gesetze und Pläne, vorweg und vor allem durch die Nutzungspläne. Dabei entsteht die Gefahr, dass die vielen örtlichen Teilentscheidungen der Flächenwidmungen zu einem falschen Gesamtresultat führen. Die Raumplanung kann dies nur vermeiden, wenn sie vorwegnehmend und nachrechnend bilanziert. Das Nachhaltigkeitsprinzip drückt sich damit im Rahmen der Raumplanung als eine Aufgabe der konkreten Planung und des aufrechnenden Bilanzierens der zu erreichenden und der erreichten Wirkungen aus, und dies nicht nur gemessen an der Bodennutzung als solcher, sondern auch gemessen an begleitenden Wirkungen auf die Wirtschaft, die Gesellschaft und die Umwelt: Nachhaltigkeit als Ermöglichung und Erhaltung einer Vielfalt der Raumnutzungen, unter Respektierung der Vielfalt der natürlichen Raumfunktionen.

b) Und nun zur Umweltschutzgesetzgebung. Das Bundesgesetz über den Umweltschutz vom 7. Oktober 1983 (USG) erwähnt das Nachhaltigkeitsprinzip ebenfalls nicht expressis verbis. Es spricht bekanntlich vom Vorsorgeprinzip (insbesondere Art. 1 Abs. 2 USG), handelt vom Verursacherprinzip (Art. 2 USG), involviert weitere Prinzipien wie diejenigen der ganzheitlichen Betrachtungsweise sowie der Selbstverantwortung und setzt das der Verfassung eigene Prinzip der Verhältnismässigkeit (Art. 4 BV) voraus. Von seiner Zweckwidmung her des Schützens der Menschen, Tiere und Pflanzen sowie ihrer Lebensgemeinschaften und Lebensräume gegen schädliche und lästige Einwirkungen und der Erhaltung der Bodenfruchtbarkeit ist ihm das Nachhaltigkeitsprinzip in der einen oder andern Art nicht fremd, aber auch hier nicht in einer abstrakten Form, sondern letztlich durch konkrete Massnahmen. Sie leiten sich - der Terminologie des Umweltschutzrechts folgend - aus dem in Art. 1 Abs. 2 USG ausdrücklich erwähnten Vorsorgeprinzip ab, will doch das Gesetz nicht in erster Linie nachträglich sanieren, sondern Umweltschäden "frühzeitig" (Art. 1 Abs. 2 USG) vermeiden. Und dies tut das Gesetz beispielsweise durch konkrete Emissionsbegrenzungen, also durch Bau- und Ausrüstungs-, Betriebsvorschriften usw., resp. durch konkrete Auflagen und Bedingungen (Art. 12 USG). Hört man genau hin, so wird spürbar, dass das umweltschutzadäquate Vorsorgeprinzip bis zu einem gewissen Grad über das Nachhaltigkeitsprinzip hinausgeht, nämlich mit dem frühzeitigen Abwenden potentieller Beeinträchtigungen und Belastungen. Das geltende Recht verlässt also mit der Vorsorgeintention die der Rechtswissenschaft vertraute Denkweise der kausal erfassbaren und von da her zurechenbaren Auswirkungen und stellt auf Möglichkeiten ab. In diesem Sinne hat der Gesetzgeber mit den Emissionsbegrenzungen, unabhängig von bestehenden Umweltbelastungen, einen unendlich wichtigen Schritt getan: Aus Vorsicht! Aus der Optik des kausalitätsbezogenen Nachhaltigkeitsprinzips - gemäss üblichem Verständnis geht es von erfassbaren Zusammenhängen aus - wäre dies kaum zu begründen. Diese elementare, grenzüberschreitende Relativierung des Nachhaltigkeitsprinzips verdient es, am Schluss unserer Überlegungen nochmals aufgenommen und eingehender hinterfragt zu werden.

Aus dem Gesagten und den Beispielen der Raumplanung und des Umweltschutzes fallen folgende Ergebnisse an:

1) Das geltende Recht schafft für das Nachhaltigkeitsprinzip auch dann Raum, wenn es nicht von diesem handelt.

2) Das geltende Recht sucht konkrete, operable Massnahmen, die aufgabengerecht, also problembezogen, und nicht einfach prinzipiengerecht entwickelt werden.

3) Das Nachhaltigkeitsprinzip wird nicht allenthalben gleich und gleichzeitig eng im Sinne der Beschränkung einer Nutzung auf den Ertrag definiert, sondern weitet sich in Differenzierungen aus bis zur Bilanzierung der Vielfalt der Nutzungen auf der einen und der Beeinträchtigungen auf der andern Seite. Umweltgüter aller Art sollen nur soweit belastet oder genutzt werden, als die Aufrechterhaltung der unterschiedlichen Naturfunktionen langfristig gewährleistet bleibt.

4) Das geltende Recht geht unter Umständen in sachadäquater Aufgabenerfüllung über die hohen Anforderungen des Nachhaltigkeitsprinzips hinaus.

5) Das Nachhaltigkeitsprinzip verdichtet sich in der konkreten Gesetzgebung des Raumplanungs- und Umweltschutzrechts zu einem räumlich-ökologischen Prinzip, gipfelnd im Postulat der Erhaltung der Vielfalt der natürlichen Raumfunktionen, vor deren Hintergrund die "künstlichen" ihrerseits ökologisch-räumlich bilanziert werden.

Die Komplexität der Rechtsordnung, insbesondere des Rechts des Lebensraumes

1. Vielschichtige und vielgestaltige Rechtsordnung

Der bisherige Gedankengang hat sich darauf beschränkt, einzelne Gesetze auf das Nachhaltigkeitsprinzip hin zu befragen und zu interpretieren. Nun ist allerdings die Rechtswirklichkeit wesentlich breiter zu sehen. Auf das, was in und gegenüber der Natur resp. der Umwelt resp. dem Lebensraum vor sich geht, antwortet das geltende Recht vor dem breiten Hintergrund der Komplexität der wirtschaftlichen, gesellschaftlichen und ökologischen Verstrickungen in Raum und Zeit nicht nur mit einem einzigen Gesetz, sondern immer mit einer Vielfalt von Erlassen und formellen und materiellen Rechtssätzen. Dies ist eine akute

Gefahr für das Nachhaltigkeitsprinzip, da es schwierig wird, widerspruchsfreie "Gefässe" für seine Umsetzung zu finden.

Wie bunt die Rechtsordnung ist, lässt sich bereits auf der Verfassungsebene erkennen und betrifft sogar die "Lebensraumverfassung", die alles andere als konsistent konzipiert ist (vgl. dazu *Lendi Martin*, Das Recht des Lebensraumes, in: Recht, Staat und Politik am Ende des zweiten Jahrtausends, Festschrift für Bundesrat Arnold Koller zum 60. Geburtstag, Bern/Stuttgart/Wien 1993, S. 107 ff.). Zu ihr gehören die heterogenen Verfassungsartikel über die Raumplanung (Art. 22^{quater} BV), über den Umweltschutz (Art. $24^{septies}$ BV), über den Natur- und Heimatschutz (Art. 24^{sexies} BV), über die Wasserwirtschaft und insbesondere über den Gewässerschutz (Art. 24bis BV), über das Forstwesen (Art. 24 BV), wie wenn sich Fragen der Erhaltung und der Gestaltung des Lebensraumes mit den ihm eigenen Bedingungen des Lebens im Sinne der Lebensvoraussetzungen auseinanderdividieren liessen. Dies alles wird noch dadurch heikler, dass das Recht des Lebensraumes durch das Infrastrukturrecht - Bau von Nationalstrassen, Eisenbahnanlagen, Starkstromleitungen, Wasserkraftanlagen usw. - überlagert wird, das sich seinerseits mit dem Lebensraum vieldeutig auseinandersetzt. Dazu kommen letztlich sogar die Wirtschaftsartikel (Art. 31 ff. BV), die das Geschehen im Raum erheblich beeinflussen, deutlich erkennbar beispielsweise an den verfassungsrechtlichen und - in Konsequenz davon - den gesetzlichen Aussagen zur Landwirtschaft.

Auf der Ebene der einfachen Gesetzgebung des Bundes und der Kantone stellen sich die Probleme nicht anders dar. Auch hier reihen sich sektorale Gesetze auf, nur hin und wieder in grössere Erlasse zusammengefasst, beispielsweise in Planungs- und Baugesetze mit erweitertem sachlichem Geltungsbereich, ohne dass aber das Recht des Lebensraumes einer kohärenten gesetzlichen Ordnung unterstellt wäre. Der Gründe, warum dem so ist, sind viele. Teils sind sie historisch, teils liegen sie in der Verfassungsstruktur der Kompetenzordnung Bund-Kantone und in den Anforderungen sowie Implikationen der Referendumsdemokratie, teils sind sie sachlich bedingt, weil sich das notwendige Wissen nicht zu jeder Zeit für alle Sachbereiche auf der gleichen Ebene bewegt und nicht immer für eine abgestimmte Gesetzgebung mit breitem sachlichem Geltungsbereich ausreicht.

Dies alles führt dazu, dass wir im Bereich des Rechts, konkret des Rechts des Lebensraumes, nicht nur die Komplexität der Wirklichkeit zu meistern haben, sondern auch jene der Rechtsordnung. Darüber gibt es glücklicherweise eine erkenntnisstarke, viel beachtete Rechtsprechung des Bundesgerichts (vgl. insbesondere BGE 116 1b 57), die sich um die materielle und formelle Koordination der Rechtsanwendung bemüht: Auf die gegebene Einheit und Einmaligkeit des Lebensraumes soll die Einheit der Rechtsordnung antworten, auch wenn diese sektoral zersplittert ist (vgl. dazu *Hepperle Erwin/Lendi Martin*, Leben Raum Umwelt, Zürich 1993).

Für das Nachhaltigkeitsprinzip stellt sich die kritische Frage, ob die komplexe Rechtsordnung nicht zu einem Hinderungsgrund oder zu Ballast für das auf Realitätsbezug drängende Nachhaltigkeitsprinzip werde, da es sich in alle relevanten, sektoral ausgelegten Rechtsgebiete eingliedern und dort die entsprechende, operable Konkretisierung erfahren müsste, was nicht leicht ist. Nach dem, was bis hieher erarbeitet worden ist, dürfen die Bedenken allerdings nicht zu gross gezeichnet werden, weil wir unterstrichen haben, dass das Prinzip immer der Konkretisierung bedarf und allein als Prinzip nicht hinreichend sachadäquat durchgezogen werden kann. Folglich muss es seine wirklichkeitsnahe Gestalt in den einzelnen Gesetzen finden, selbst dann, wenn die Gesetze als solche keine Meisterstücke der fachlich und gedanklich "harmonisierten" Ausrichtung sind.

2. Nachhaltigkeitsprinzip als gemeinsamer Nenner?

Eingehender diskutiert werden muss die Frage, ob das Nachhaltigkeitsprinzip nicht bereits der geltenden Verfassung und dem geltenden Recht - mindestens dem Recht des Lebensraumes - immanent sei, gleichsam als "roter Faden" durch die verschiedenen Verfassungsartikel und durch die zahlreichen Gesetze. Dieser Gedanke ist nicht von vornherein abwegig, nur dispensiert er nicht von der vielfältigen, gesetzlichen Konkretisierung. Es genügt eben nicht, das Prinzip im geltenden Recht manifest zu machen; vielmehr ist es unerlässlich, für jeden relevanten Eingriff in die Natur und die Umwelt resp. in den Lebensraum, gemessen an den beeinträchtigten Funktionen im Naturhaushalt, zu sagen, was ausgerichtet auf das "Nachhaltigkeitsprinzip" konkret vorgekehrt werden soll resp. muss. Das Prinzip als solches, also das Prinzip ist zu diffus, auch wenn es uns gelänge, es noch so elegant zu definieren und im geltenden Recht als gemeinsamen Kerngehalt nachzuweisen. Es dürfte, in Umsetzung dieser Überlegungen, sinnvoll sein, das Nachhaltigkeitsprinzip nicht von oben her zu suchen und auf der höchsten Stufe vorauszusetzen, sondern es aus seinen zahlreichen Anwendungsformen in den einzelnen Gesetzen herauszuarbeiten und von unten her nach oben als gemeinsame Klammer, als gemeinsamen Nenner zu verstehen. Nach all dem, was wir an Beispielen der Raumplanungs-, der Umweltschutz-, der Waldgesetzgebung und des bäuerlichen Bodenrechts ausführen konnten, müsste dieser Weg erfolgreich zu beschreiten sein.

Das Nachhaltigkeits- und das Vorsorgeprinzip

Noch unbeantwortet ist das Verhältnis von Nachhaltigkeits- und Vorsorgeprinzip. Selbstredend müsste auch die Relation zu andern Prinzipien hergestellt werden, doch ist der Bezug zwischen den zwei genannten besonders wichtig, weil sich damit u.a. auch die Frage verbindet, ob das eine im andern aufgehe oder ob das eine das andere dominiere. (In seinem zitierten grundlegenden Werk zum Umweltrecht hebt *Michael Kloepfer* das Nachhaltigkeitsprinzip nicht besonders hervor. Er ordnet es dem Vorsorgeprinzip zu und betont deshalb: "so handelt es sich beim Grundsatz der Nachhaltigkeit um kein (..) selbständiges, zusätzliches Prinzip, sondern vielmehr um eine Bekräftigung der ressourcenökonomischen (Teil-)Interpretation des Vorsorgeprinzips", a.a.O., S. 81).

Für die Rechtswissenschaft ist, dies mag überraschen, das Vorsorgeprinzip das wesentlich stärker herausfordernde als das Nachhaltigkeitsprinzip. Das Vorsorgeprinzip sprengt - so die These - traditionelles Rechtsdenken, während das Nachhaltigkeitsprinzip in den bekannten "Bahnen" mit Leben erfüllt werden kann. Dieses lässt sich nämlich, wie wir an den Beispielen zu zeigen vermochten, im Rahmen des überkommenen Rechtsdenkens umsetzen und also recht erfolgreich operationalisieren. Das Nachhaltigkeitsprinzip verzichtet nicht, und das ist bemerkenswert, auf die enge Verknüpfung von juristischer und naturwissenschaftlicher Kausalitätsdenkweise, wie sie die Rechtstheorie seit der hohen Zeit des römischen Rechts und vor allem seit der Aufklärung prägt. Es geht in seinem Ansatz von der errechenbaren resp. beweisbaren Relation zwischen Verbrauch und erneuerbaren Ressourcen aus. Der Vorteil liegt in der Einfachheit und damit in der Plausibilität. Ganz anders das Vorsorgeprinzip. Dieses zwingt die Rechtswissenschaft, wider die eigene Schulung in den bekannten Denkkategorien, zu überlegen, ob ein Handeln nicht auch dann angezeigt sei, wenn Zusammenhänge nicht ausgewiesen sind, aber die Vorsicht zur Vernunft mahnt, also zum Handeln bei nicht ausreichendem Wissen, bei nicht beweisbarer Kausalität. Dieses "Handeln-Müssen bei Nicht-Wissen" ist mit den klassischen Kategorien des rechtlichen Räsonierens nicht zu erfassen. Es geht hier vorweg um ein durch und durch ethisches Problem, das sich nur schwer in Rechtssätze kleiden lässt, das aber aufgenommen werden muss - und das von der Gesetzgebung im Bereich des Umweltschutzes durch vorsorgliche Massnahmen wie Emissionsbegrenzungen und nicht minder deutlich von der Raumplanungsgesetzgebung durch das Abstellen auf den planenden Zugriff in die Zukunft - bei unzureichendem Wissen - bereits akzeptiert wurde (zu den Kausalitätsfragen und zum Handeln-Müssen bei Nicht-Wissen siehe *Lenk Hans*, Zwischen Wissenschaft und Ethik, Frankfurt am Main 1992; *Lendi Martin*, Planungsphilosophie und ihre Umsetzung, in: Planung als politisches Mitdenken, Zürich 1994, S. 39; *idem*, Ethik der Raumplanung, a.a.O., S. 23). Die ethische Herausforderung des "Handeln-Müssen bei begrenztem Wissen" ist also über das Raumplanungs- und das Umweltschutzrecht im modernen Verwaltungsrecht bereits verankert. Ein wichtiger Beitrag dieser jungen Rechtsgebiete an die Rechtsordnung! Vor dem Hintergrund dieser Überlegungen ist das Vorsorgeprinzip - normativ und vielleicht auch sachlich gesehen - nicht nur wesentlich spannender, sondern sogar rechtsbedeutsamer als das Nachhaltigkeitsprinzip, denn das Vorsorgeprinzip hat einen ethisch-rechtlichen Durchbruch gebracht.

Es wäre aber verfehlt, aus diesem, für die Rechtstheorie wesentlichen Unterschied heraus, das politisch so wirksam gewordene und grundlegende Nachhaltigkeitsprinzip in Frage zu stellen, zumal es zwei sachlich zentrale und rechtserhebliche Dimensionen zum Gegenstand hat, denen nicht ausgewichen werden kann: a) die Relation zwischen Nutzungen und Naturertrag, b) die Notwendigkeit des Bilanzierens, ausgerichtet auf das Ziel der Erhaltung der Vielfalt der natürlichen und künstlichen Funktionen im Rahmen und in der Verantwortung vor dem Ganzen des Naturhaushaltes. In dieser ausholenden und sich öffnenden Art ist es von hoher Relevanz. Die verbreitete Definition "Naturgüter, soweit sie sich nicht erneuern, sind sparsam zu nutzen, und der Verbrauch sich erneuernder Naturgüter ist so zu steuern, dass sie auf Dauer zur Verfügung stehen" ist nach dem Gesagten allerdings zu eng. Das Ziel der Erhaltung der Vielfalt der Nutzungen gehört zum Inhalt des Prinzips.

Zu erwägen bleibt, ob das Nachhaltigkeitsprinzip der Ergänzung durch das Vorsorgeprinzip bedürfe. Diese Frage kann und darf der Jurist nicht abschliessend beantworten, da sie seine Kompetenz überschreitet. Die Rechtswissenschaft hat aber darauf zu insistieren, dass das Vorsorgeprinzip in rechtlicher Würdigung einen wesentlichen, ja einen prinzipalen Schritt weitergeht als das Nachhaltigkeitsprinzip, weil es dort zur Zurückhaltung mahnt, wo wir wenig, Unpräzises oder nichts wissen, aber nach dem aktuellen Stand des Wissens tiefgreifende Auswirkungen, wie die Verletzung der Nachhaltigkeit, nicht ausschliessen können. So besehen setzt das Vorsorge- das Nachhaltigkeitsprinzip voraus, wie - umgekehrt - das Nachhaltigkeitsprinzip zum Vorsorgeprinzip hinüberschaut.

Keine Notwendigkeit der politisch-juristischen Überhöhung

Mit unseren Überlegungen versuchten wir zu zeigen, dass das Nachhaltigkeitsprinzip dem geltenden Recht nicht fremd ist, und zwar auch dort, wo es nicht beim Namen genannt wird. Es ist also Teil der Rechtsordnung. Wirksam wird es durch realitätsbezogene Konkretisierung innerhalb der einzelnen Gesetze und in Verbindung mit dem Vorsorgeprinzip. Wenn wir dies ernstnehmen, dann können wir davon absehen, das Nachhaltigkeitsprinzip politisch zu überhöhen und der Überzeichnung auszusetzen.

Bemerkenswert ist, dass der Allgemeine Teil des Entwurfs eines Umweltgesetzbuchs für die Bundesrepublik Deutschland das Nachhaltigkeitsprinzip nicht als selbständiges Prinzip hervorhebt. Er spricht primär vom Vorsorge-, vom Verursacher- und vom Kooperationsprinzip. Das Anliegen des Nachhaltigkeits"prinzips" wird den "Leitlinien des Umweltschutzes" zugeordnet, und zwar in der Art eines Grundsatzes, eines finalen Rechtssatzes. Dies ist - auch für die schweizerischen Umweltschutzgesetzgeber - ein interessanter Ansatz für die juristische Einbindung. (Siehe dazu *Kloepfer/Rehbinder/Schmidt-Assmann*, Umweltgesetzbuch, 2. A., Berlin 1991, S. 39 f.).

Das Nachhaltigkeitsprinzip wird sich - im Rahmen und mit Unterstützung des Vorsorgeprinzips - über unterschiedlichste Kanäle durchsetzen, vorausgesetzt, dass das Recht - und mit ihm vor allem der Gesetzgeber - gegenüber der Verantwortung für den Lebensraum aufgeschlossen bleibt und sofern die Rechtsanwendungsorgane die gezwungenermassen relativ offenen Normen, in die sich das "Nachhaltigkeitsprinzip" kleidet, bei ihren Entscheidungen mit "Lebensraumverantwortung" füllen.

Theo Rauch

Nachhaltige Entwicklung - ein Weg aus der Krise für die Völker der 'Dritten Welt'?

1. Nachhaltigkeit und Entwicklung - zwei einander widersprechende Zieldimensionen

Es gibt mittlerweile eine Vielzahl brauchbarer Definitionen für 'nachhaltige Entwicklung'.

Die alte Försterregel "Nicht mehr Holz schlagen als nachwächst!" bringt den Kern des Nachhaltigkeitsgedankens für den Bereich der Ressourcennutzung zum Ausdruck. Bezogen auf die Grage globaler Wirtschaftsentwicklung liest sich das folgendermassen:

"Unter 'dauerhafter Entwicklung' verstehen wir eine Entwicklung, die den Bedürfnissen der heutigen Generation entspricht, ohne die Möglichkeiten zukünftiger Generationen zu gefährden, ihre eigenen Bedürfnisse zu befriedigen und ihren Lebensstil zu wählen." (HAUFF in: BRUNDTLAND-Bericht 1987, S. XV).

Ähnlich klingt die Definition der Weltbank-Autoren GOODLAND und LEDEC (1987) von 'sustainable development' als "a pattern of social and structural economic transformation (i.e. 'development') which optimizes the economic and other social benefits available in the present without jeopardizing the likely potential for similar benefits in the future".

Definitorisch also lassen sich die Ziele wirtschaftlicher Entwicklung und Nachhaltigkeit auf einen gemeinsamen Nenner bringen. Ob dies auch realpolitisch gelingt, wird sich noch zeigen müssen. Dies liegt daran, daß es um den Versuch der Harmonisierung zweier widersprüchlicher Ziele geht (vgl. HEIN 1991, S. 9 ff.). Wirtschaftliche Entwicklung beruht tendenziell auf dem zunehmenden Verbrauch knapper Ressourcen, tendiert dazu, jetzt von dem zu nehmen, was auf Dauer gebraucht wird. Nachhaltigkeit beruht tendenziell auf der Unterlassung des (zunehmenden) Verbrauchs knapper Ressourcen. Nachhaltige Entwicklung - wie auch immer definiert - ist ein Kompromiß zwischen dem Ziel der Mehrung materiellen Wohlstandes für die jetzige Generation und dem Prinzip, die natürlichen Grundlagen für materiellen Wohlstand in alle Zukunft zu bewahren bzw. zu regenerieren. Dieser Kompromiß verlangt seinen Preis. Das, was der Natur gelassen oder zurückgegeben wird, kann nicht konsumiert werden. Dieser Preis mag durch "intelligente Lösungen", durch umweltfreundliche Gestaltung von Produkten und Produktionsprozessen manchmal objektiv gegen Null reduzierbar sein. Dieser Preis mag auch durch Wertewandel, durch Orientierung an anderen, weniger ressourcenverschlingenden Lebensstilen subjektiv gegen Null reduzierbar oder in Einzelfällen gar in einen Lohn verwandelbar sein (der Spaß am Fahrradfahren, die Freude an der nur zur Saison genossenen Erdbeere, an der relativen Beschaulichkeit des Skilanglaufs). In vielen Fällen aber gilt es abzuwägen zwischen dem Preis des Verzichts und dem Preis, den man den Nachkommen bzw. der Allgemeinheit zahlen läßt. Dieser Preis ist es, was unsere Politik und unsere Völker als Konsumenten daran hinderte, hier in den reichen Ländern den Weg der nachhaltigen Entwicklung, um dessen Notwendigkeit wir spätestens seit 1973 wissen, tatsächlich zu beschreiten (vgl. hierzu CONRAD 1993, S. 131 f.).

2. Der Preis für nachhaltige Ressourcennutzung steigt mit dem Grad der materiellen Armut

Der Verzicht auf den Zweitwagen zwecks Begrenzung des Treibhauseffekts schmerzt weniger als der Verzicht auf 25% des familiären Getreidebedarfs zwecks Erosionsvermeidung. Man muß nicht unbedingt die (in diesem Fall sicherlich zutreffende!) Grenznutzenlehre bemühen, um zu belegen, daß diejenigen, die zur Erhaltung der Natur auf Flächen oder auf Arbeitskraft zur Erwirtschaftung von Grundnahrungsmitteln verzichten, einen höheren Preis zahlen, als diejenigen, die auf etwas Mobilität bzw. Fortbewegungskomfort verzichten. Drei Monate Reduktion auf eine Mahlzeit pro Tag für alle Familienangehörigen steht hier im Vergleich mit zweimal täglich 10 Minuten zur Bushaltestelle laufen und dort 5 Minuten warten.

Noch bevor wir zu der Frage kommen, ob es Formen nachhaltiger Entwicklung auch für die Bäuerinnen und Bauern in der 'Dritten Welt' gibt, die diesen Preis verringern helfen ist festzuhalten: Es kann nicht erwartet werden, daß die Völker der Dritten Welt einen höheren Tribut an die Nachhaltigkeit der Ressourcennutzung *auf globaler Ebene* entrichten als dies die reichen Völker im Verlauf ihres gigantischen Produktionsausweitungsprozesses zu tun bereit waren und als sie es heute - als alleinige Nutznießer dieses Prozesses - bereit sind zu tun. Dies ist nicht allein eine moralische Frage, sondern auch eine der Machbarkeit: Die verfügbaren bzw. mobilisierbaren freien, also nicht zur physischen Reproduktion unentbehrlichen, Produktionsfaktoren für Investitionen in die Erhaltung oder Regeneration von Ressourcen sind meist extrem gering.

Selbst, wenn es also so sein sollte, daß heute - wie von SIMONIS (1990, S....) errechnet wurde - ca. 25% des Treibhauseffektes auf den Wanderfeldbau, die Brandrodung, den Naßreisanbau oder die Viehhaltung von Bauern in Entwicklungsländern zurückzuführen sind, kann der Preis für die Stabilisierung des Weltklimas nicht von diesen Bevölkerungsgruppen bezahlt werden. Sie sind dazu nicht in der Lage, und sie können zurecht darauf verweisen, daß erst die jahrhundertelange rücksichtslose Ausbeutung der weltweiten Ressourcen zum Nulltarif das Faß nun nahezu bis zum Überlaufen gefüllt hat (vgl. HARBORTH 1991, S. 48).

Daraus resultieren **zwei vorläufige Konsequenzen**:
1) Die Länder des Nordens müssen vorangehen, weil sie gegenüber der Nachhaltigkeit einen immensen Schuldenberg angehäuft haben, weil für sie der Preis des Übergangs zu nachhaltiger Entwicklung heute weitaus niedriger ist und weil nur durch ihre Vorbildfunktion die Länder des Südens von dem - meist zum Scheitern verurteilen - Versuch abgehalten werden können, den billigen, weil nicht nachhaltigkeitsorientierten Weg zum Wohlstand, den die heutigen Industrieländer beschritten haben nachzugehen.
2) Die Länder des Nordens müssen zumindest dort den Preis des Übergangs zu nachhaltigeren Formen der Ressourcenbewirtschaftung in der Dritten Welt entrichten, wo dies primär der Stabilisierung des globalen Ökosystems (und damit primär den aktuellen Interessen der Industrieländer) dient.

'Wir' haben über Jahrhunderte hinweg die Ressourcen der Dritten Welt als Rohstoffe nahezu zum Nulltarif zum Zwecke unserer wirtschaftlichen Entwicklung ausgebeutet. Nun müssen 'wir' die verbliebenen Ressourcen als Natur kaufen, um die Erhaltung des globalen Ökosystems zu sichern.

Wenn nun Armut die Kosten nachhaltiger Ressourcennutzung nahezu unbezahlbar macht bzw. zu nahezu schonungsloser gegenwartsfixierter Ausbeutung von Natur verleitet und wenn die wirtschaftlichen und sozialen Krisen, von denen viele Gesellschaften der Dritten Welt gekennzeichnet sind, zu einer Ausweitung und Verschärfung von Armut führen, dann scheinen sich die Chancen für nachhaltige Entwicklung eher zu verschlechtern. Muß dann nicht der Preis nachhaltiger Nutzung der Natur die Krise zusätzlich verschärfen? Die Hoffnung verheißende Frage im Titel dieses Beitrags deutet darauf hin, daß die Zusammenhänge etwas komplexer sind.

Um diese Zusammenhänge näher zu durchleuchten will ich zunächst die Erscheinungsformen der Krise beschreiben, in welcher sich viele Länder des Südens seit Anfang der achtziger Jahre befinden. In einem weiteren Schritt werde ich die möglichen Wirkungszusammenhänge zwischen diesen Erscheinungsformen der Krise und den Strategieelementen nachhaltiger Entwicklung bezogen auf die Situation in ländlichen Regionen herausarbeiten. Abschließend werde ich den Interventionsbedarf und die Interventionsmöglichkeiten im Rahmen einer Strategie krisenbewältigender nachhaltiger Entwicklung erörtern.

3. Die Krise in den Entwicklungsländern als Scheitern des 'Modells' nachholender Entwicklung

Die Krise der achtziger Jahre in der Mehrzahl der Länder des Südens trat im internationalen Kontext vor allem als Verschuldungskrise in Erscheinung. Innerhalb der betroffenen Länder wurde sie spürbar in Form einer drastischen Verknappung und Verteuerung von Importwaren, einer Stagnation des weitgehend importabhängigen Industrialisierungsprozesses und eines entsprechenden Abbaus industrieller Arbeitsplätze, eines Dahinschwindens staatlicher Einnahmen bis an den Rand des Staatsbankrotts, verbunden mit dem Abbau staatlicher Beschäftigung und von Sozialleistungen. Die Folge der ökonomischen Krise waren vielfach politische Krisen: Der Staat verlor gegenüber der Bevölkerung seine Legitimation als Motor der Entwicklung. Darüber hinaus schwand mit abnehmendem Finanzvolumen seine Kapazität, verschiedene einflußreiche gesellschaftliche Gruppen durch großzügige Gaben klientelistisch an sich zu binden. Wo ökonomische Chancen schwinden und wo der Nationalstaat nichts mehr zu bieten hat, gewinnt für die Menschen die (Rück-)besinnung auf "traditionelle" Identifikationsmuster, auf die eigene Volksgruppe, auf alte oder neue Religionszugehörigkeiten etc. an Bedeutung. Die Zunahme regionaler Konflikte nicht nur in Afrika (andere Beispiele sind Indien sowie die Länder des ehemaligen Ostblocks) verweist auf diese politische Dimension der ökonomischen Krise.

Diese Krise kam weder unverhofft, noch stand sie am Ende eines hoffnungsvollen Entwicklungspfades. Es handelt sich vielmehr um die vielfach prognostizierte Sackgasse eines

- auf externen Ressourcen,
- auf kapitalintensiven und energieintensiven Produktionsmethoden,
- auf überwiegend unproduktiven Einkommensquellen (der Aneignung von Renten),
- auf der Kaufkraft privilegierter, meist städtischer Minderheiten,
- und auf stark zentralstaatlicher Regulierung

beruhenden Modells nachholender Entwicklung (vgl. u.a. SENGHAAS 1977).

Knappe Ressourcen wurden durch überbewertete Währungen und subventionierte Zinsen künstlich verbilligt. Reichlich vorhandene Ressourcen bzw. Potentiale wie Arbeitskräfte, lokales Wissen, lokale Materialien wurden dadurch, aber z.B. auch durch gesetzliche Auflagen zur Behinderung informeller wirtschaftlicher Aktivitäten relativ verteuert. Ihre Nutzung wurde entsprechend entmutigt.

Im Zuge der Krise dieses weder ökonomisch noch ökologisch auf Nachhaltigkeit angelegten Entwicklungsmodells verschärfen sich nicht nur die zentrifugalen politischen Kräfte zu Krisen von Staatsgebilden und Gesellschaften. Es verschärfen sich auch soziale und ökologische Krisen. Die Gesundheitsvorsorge verschlechtert sich wieder, die Einschulungsquoten sind rückläufig, die Kriminalität weitet sich von den großen Städten übers ganze Land hin aus. Das Schwinden von Einkommensquellen und die Verteuerung importierter Materialien beschleunigt auch die unkontrollierte, kurzsichtige und schonungslose Ausbeutung lokaler natürlicher Ressourcen.

4. Die ambivalenten Auswirkungen der Krise auf die Realisierungschancen von Konzepten nachhaltiger Entwicklung

Wirtschaften, Ressourcen nutzen unter Berücksichtigung des Ziels ökologischer **Nachhaltigkeit** basiert insbesondere auf **drei grundlegenden Prinzipien**:

1) **Vielfalt** (Diversifizierung) und lokale Integration der Nutzung (vgl. EGGER 1987), um so
   - die positiven Wechselwirkungen des Ökosystems möglichst weitgehend zu nutzen (= effektivere Nutzung der in der Natur schlummernden Produktivkräfte)
   - den Energie-, Material- und Emissionsaufwand für Transportleistungen gering zu halten (= Internalisierung der bislang unberücksichtigten transportbedingten Schadstoffemissionen).
2) **Erhaltungsinvestitionen** in die Natur in Form von
   - Arbeitskraft, die zur Ressourcenerhaltung eingesetzt wird (z.B. Terassenbau auf erosionsgefährdeten Hängen)
   - Flächen (natürlichen Ressourcen), die zeitweilig der Nutzung entzogen bzw. für regenerative Nutzung reserviert werden (z.B. Brache- und Schonperioden).
3) **Arbeitsintensivierung** zur Schadstoffvermeidung: Insbesondere der rapide Anstieg der Verwendung von Chemie (z.B. Pestizide, Verpackung) und von Energie ist Resultat der Verteuerung von Arbeitskraft. Nachhaltige Entwicklung beruht hier entweder darauf, den erhöhten Preis für umweltfreundliche arbeitsintensive Produkte (z.B. aus ökologischem Landbau) oder Verpackungen (z.B. Pfandflaschen) zu bezahlen oder gewisse Arbeiten wieder selbst unbezahlt im privaten Bereich zu verrichten (z.B. Geschirrspülen).

Die **Krise** in vielen der Entwicklungsländer **hat** die **Rahmenbedingungen** für die dortigen Nutzer von natürlichen Ressourcen insbesondere **in vier Aspekten grundlegend geändert**:

1) Die **Konkurrenzfähigkeit der Nutzung lokaler natürlicher Ressourcen** gegenüber der Verwendung importierter Güter und Materialien ist **gestiegen**. Dies erhöht einerseits die Nachfrage nach diesen, also den Druck auf diese Ressourcen. Deren Nutzung wird ausgeweitet. Andererseits erhöht sich dadurch aber auch die Konkurrenzfähigkeit standortangepaßter diversifizierter, die Wirkungsmechanismen lokaler Ökosysteme einsetzender Nutzungsformen gegenüber energie- und chemieintensiven auf Spezialisierung und Monokulturen beruhender Bewirtschaftungsformen.

2) Damit einher geht eine **Aufwertung der Bedeutung lokalen Wissens** gegenüber externem Wissen. Da lokales Wissen eher sich auf die Interdependenzen der Elemente lokaler Ökosysteme bezieht, während externes Wissen sich überwiegend auf Produktionsverfahren mit stärkerer Spezialisierung und hohem Einsatz externer Inputs bezieht, ist auch hiervon eine Tendenz zu nachhaltigkeitsfreundlicheren Bewirtschaftungsformen zu erwarten.

3) **Arbeitskraft ist gegenüber Kapital konkurrenzfähiger geworden.** Hieraus ergeben sich nicht nur beschäftigungs- und verteilungspolitische Chancen. Dies erlaubt auch die Umkehr hin zu diversifizierteren, natürliche Nährstoffkreisläufe nutzenden

Bewirtschaftungsformen, die z.T. der hoch subventio-nierten Mechanisierung zum Opfer gefallen waren.

4) **Durch sinkende Einkommens- und Beschäftigungsmöglichkeiten im sekundären und tertiären Sektor** ist insgesamt der Druck, kurzfristig Nahrungsmittel und/oder Einkommen über die **zusätzliche Inwertsetzung natürlicher Ressourcen** zu erwirtschaften gestiegen. Die aus Not neu hinzukommenden Ressourcennutzer tendieren erfahrungsgemäß zu einem weniger schonenden Umgang mit diesen Ressourcen als jene, die stets von diesen Ressourcen zu leben hatten. Die erhöhte Ressourcennutzungskonkurrenz, verbunden mit Bevölkerungswachstum führt oft dazu, daß auch alteingesessene Ressourcennutzer gezwungen sind Regeneratinsperioden bzw. -flächen zu verringern und so die erforderliche Reinvestition in die Natur zu vernachlässigen.

Bringen wir diese Krisenfolgen mit den zuvor genannten Prinzipien eines nachhaltigen Ressourcenmanagements in Verbindung, so wird der ambivalente Zusammenhang zwischen beiden Aspekten deutlich: Einem **nachhaltigkeitsgefährdenden Expansionseffekt** der Krise, resultierend in kurzfristiger (und kurzsichtiger) Inwertsetzung zusätzlicher natürlicher Ressourcen zulasten der Regenerationsfähigkeit steht ein **nachhaltigkeitsförderlicher Substitutionseffekt** gegenüber im Rahmen dessen nicht nachhaltige, auf Spezialisierung, Chemisierung und Mechanisierung beruhende Nutzungsmethoden durch diversifizierte, integrierte und lokal angepaßte Methoden ersetzt werden.

Welcher dieser beiden Effekte schwerer wiegt, läßt sich nicht generalisierend feststellen. Je knapper die natürlichen Ressourcen in einer Region bereits geworden sind umso stärker wird wahrscheinlich der negative Expansionseffekt zubuche schlagen, umso geringer werden die Freiräume für eine Umstellung zu nachhaltigeren Bewirtschaftungsformen wohl sein. Je reichlicher das Potential an bislang ungenutzten oder untergenutzten natürlichen Ressourcen, umso weniger problematisch ist der Expansionseffekt und umso größer sind die Spielräume für die Erprobung lokal angepaßter und nachhaltiger Formen des Ressourcenmanagements. Über das tatsächliche relative Gewicht von Expansions- und Substitutionseffekt können nur regionsspezifische vergleichende empirische Unternehmungen Aufschluß geben.

5. Notwendigkeit und Möglichkeiten entwicklungspolitischer Interventionen bei der Suche nach nachhaltigen Wegen aus der Krise

Wer sich in den letzten Jahrzehnten darauf umgestellt hat, Mais oder Baumwolle in Monokultur mit beträchtlichen Gaben von mineralischem Dünger und Pflanzenschutzmitteln anzubauen, wird es oft schwer finden, unter veränderten Bedingungen und unter Nutzung des Naturwissens der Väter (oder auch Mütter) bzw. gar der Großväter (Großmütter) sich wieder auf diversifizierte und integrierte Bewirtschaftungsmethoden umzustellen, wenn Versorgungsengpässe oder veränderte Preisrelationen dies nahelegen. Oft auch ist das Wissen, sind die Praktiken vergangener Generationen den veränderten Verhältnissen, insbesondere der erhöhten Bevölkerungsdichte nicht mehr angepaßt. Die Rückkehr zu den alten Prinzipien der Vielfalt, und der auf Berücksichtigung von Nährstoffkreisläufen beruhenden Integration kann meist nicht mehr auf dem Weg über eine Rückkehr zu den alten Methoden erfolgen. Oft sind Intensivierungsschritte notwendig bei der Substitution von 'high external input' Methoden zu nachhaltigen Methoden des Ressourcenmanagements. Lokales Wissen allein ist deshalb in vielen Fällen nicht mehr hinreichend, um den Substitutionsprozeß in den durch den Problemdruck gesetzten Zeitspannen zu vollziehen und um den Expansionsprozeß in umweltverträglichere Bahnen zu lenken. Hier kommt es auf die standortgerechte Kombination von lokalem und externem Wissen an. Hier gilt es, die **Suchprozesse der lokalen Bevölkerung nach angepaßten Krisenbewältigungsmöglichkeiten durch partizipative Aktionsforschung zu unterstützen**. Anstatt meist unangepaßte Innovationen von außen in die Regionen der Dritten Welt zu transferieren, sollte die Rolle der Entwicklungszusammenarbeit also darin bestehen, dabei zu helfen, vor Ort - unter Einbeziehung von externem und lokalem Know How - situationsgerechte und nachhaltige Innovationen zu entwickeln (vgl. RAUCH 1993).

Eine weitere wichtige Voraussetzung dafür, daß sich die positiven Substitutionseffekte der Krise gegenüber deren negtiven Expansionseffekten durchsetzen besteht darin, die rechtlichen Voraussetzungen für Investitionen in die Regenerierung der Natur (wieder) herzustellen. Eine der wichtigsten Voraussetzungen besteht in langfristig gesicherten Nutzungsrechten. Nur wo Nutzungsrechte längerfristig und verbindlich geregelt sind entsteht die Bereitschaft, auf kurzfristigen Nutzen zu verzichten, um die langfristige Aufrechterhaltung des Ertragspotentials zu gewährleisten. Die Übernahme einer Verantwortung für die Nachhaltigkeit der Nutzung von Ressourcen setzt eine Übergabe von Rechten und Kontrolle über diese Ressourcen an die Nutzer voraus. Hierbei muß es sich aber keineswegs nur um die Form des individuellen Privateigentums handeln. Es gab und gibt eine Vielzahl möglicher Rechtsformen, die zu verantwortlicher, nachhaltiger Nutzung ermutigen. Angesichts der in den meisten Ländern vorherrschenden Rechtsunsicherheit im Spannungsfeld zwischen traditionellen Nutzungsrechten und zentralstaatlichen Kontrollansprüchen bedarf es hier der **Identifizierung sozio-kulturell angepaßter dezentralisierter Formen der Kontrolle lokaler Ressourcen** um den Übergang zu nachhaltigen Nutzungsformen zu begünstigen.

In vielen Regionen hat die Bevölkerungs- und Nutzungsdichte ein Ausmaß erreicht, angesichts dessen die bekannten und vorstellbaren Formen nachhaltiger und lokal angepaßter intensivierter Ressourcennutzung nicht mehr zur Existenzsicherung hinreichend sind. Dies trifft z.B. auf Rwanda und Burundi und auf große Teile der Bergregionen Nepals zu. In diesen Fällen ist nachhaltiges Ressourcenmanagement nur vorstellbar, wenn die Zahl der unmittelbaren Ressourcennutzer zumindest nicht weiter erhöht wird. Dies setzt die **Schaffung von Erwerbsmöglichkeiten außerhalb des Bereichs der Primärproduktion** und z.T. auch außerhalb der überlasteten Regionen voraus. Die Krise hat die Konkurrenzbedingungen für arbeitsintensives Kleingewerbe zunächst verbessert. Zweierlei aber ist vonnöten, um die dadurch verbesserten Einkommenschancen im sekundären und tertiären Sektor besser zu nutzen:

- Es bedarf der Unterstützung der Kleinproduzenten bei der Identifizierung geeigneter Märkte, Rohmaterialien bzw. Bezugsquellen und Technologien, um den diesbezüglichen Ziel trial and error-Prozeß zu verkürzen und Risiken zu begrenzen.
- Es bedarf eines begrenzten Zollschutzes zum Aufbau solcher arbeitsintensiven Gewerbezweige (nur in jenen Bereichen, wo sie Aussicht darauf haben, auf regionalen bzw. lokalen Märkten gegenüber importierter Industrieware unter Freihandelsbedingungen konkurrenzfähig zu werden). Solch ein begrenzter Zollschutz muß an die Stelle der durch die Strukturanpassungsstrategien von IWF und Weltbank aufoktroyierten radikalen Freihandelspolitik treten.

Migration war von alters her ein Problemlösungsinstrument der Menschen, mit welchem sie auf Ressourcenverknappung reagierten. Nachdem neoklassische Wirtschaftstheoretiker darin ein Allheilmittel auf dem Weg zum räumlichen Ausgleich und zur Optimierung der Ressourcennutzung im räumlichen Gesamtsystem sahen, rückten in den letzten beiden Jahrzehnten allzu einseitig die negativen Migrationsfolgen in den Vordergrund der Betrachtung. Heute sind wir an dem Punkt angekommen, wo wir uns eingestehen müssen, daß wir der Bevölkerung in überlasteten Regionen keine bessere Lösung als die temporäre oder auch permanente Abwanderung anzubieten haben. Daraus sollte nicht der Schluß abgeleitet werden, daß es nun wieder darum gehen solle, Migration durch gezielte Interventionen aktiv zu fördern. Staatliche Politik und staatliche Bürokraten haben sich - wie vor allem anhand des indonesischen Transmigrasi-Programmes vielfach nachgewiesen - dazu als wenig geeignet erwiesen. Was allerdings gemacht werden kann, ist eine Lenkung spontaner Migrationsströme in Potentialregionen, und die Unterstützung beim Aufbau der erforderlichen sozialen Infrastruktur in solchen Zuwanderungsgebieten. Zuwanderer benötigen außerdem in weitaus höherem Maße als Einheimische Unterstützung bei der Suche nach standortgerechten, nachhaltigen Methoden der Nutzung der natürlichen Ressourcen.

Familienplanung bzw. Geburtenkontrolle wurde lange Zeit - keineswegs zu Unrecht - als etwas gesehen, was den Ländern der Dritten Welt vom Westen und was den Frauen und Männern in der Dritten Welt von ihren Regierungen mit Hilfe von Propagandafeldzügen und schlimmeren Mitteln aufgedrückt wurde. Die Verfechter "bevölkerungspolitischer Maßnahmen" wurden - meist zu Recht - verdächtigt, die komplexen Zusammenhänge zwischen wirtschaftlicher und sozialer Entwicklung und generativem Verhalten zu übersehen. So wurde Familienplanung von der einen Seite unreflektiert zu *dem* Problemlösungsinstrument emporstilisiert und von der anderen Seite ebenso undifferenziert verteufelt oder tabuisiert. Übersehen wurde dabei oft, daß bei vielen Menschen, insbesondere bei Frauen in vielen Regionen der Dritten Welt Geburtenkontrolle als *eine* Strategie im Überlebenskampf betrachtet wird und daß oft genug einfach nur der Zugang zu Kenntnissen und Mitteln für relativ einfache Formen der Empfängnisverhütung fehlen. Es kann also im Rahmen von Bemühungen, Wege nachhaltiger Entwicklung in den Ländern des Südens aufzuzeigen, weder darum gehen, Familienplanung mittels massiver Kampagnen dort einzuführen, wo die Menschen dafür (noch) nicht bereit sind, noch darum, jegliche Unterstützung in diesem Bereich a priori zu diskreditieren. Vielmehr geht es auch hier darum, die Suche der Menschen, insbesondere der Frauen, nach geeigneten

Problemlösungen durch Bereitstellung von Information und von Materialien bedarfsgerecht zu unterstützen.

Die **Notwendigkeit** entwicklungspolitischer Intervention ist also dort gegeben, wo Menschen im Anpassungsschock der Krise nicht alleine in der Lage sind, die Umkehr zu angepaßteren, nachhaltigeren Formen des Wirtschaftens zu vollziehen und so zu einem positiven "Substitutionseffekt" beizutragen. Externe Unterstützung ist dort erforderlich, wo die Chancen der Krise von Menschen nicht aus eigener Kraft genutzt werden können, weil der Schock der Krise lähmend wirkte, weil einigen Bevölkerungsgruppen einige Voraussetzungen (Informationen, Ersparnisse, Zugang zu Produktionsmitteln) fehlen, oder weil die materielle Not so prekär ist, daß die Zeit für einen geduldigen Prozeß der Suche nach problemlösenden Neuerungen aus eigener Kraft einfach nicht zur Verfügung steht.

Die - bislang unzureichend wahrgenommenen - **Möglichkeiten** entwicklungspolitischer Interventionen liegen darin, die Potentiale der Hilfsorganisationen der EZ dafür zu nutzen, die Suche nach lokal angepaßten und nachhaltigen Problemlösungen zu unterstützen, statt die Mittel und das Management für die Bereitstellung unangepaßter und nicht nachhaltiger "Lösungen" zu liefern.

6. Die Notwendigkeit einer Veränderung der Rahmenbedingungen

Grenzen sind derartigen Bemühungen vor allem gesetzt durch
- eine nicht nachhaltigkeitsorientierte Wirtschaftspolitik der Industrieländer, die aufgrund ihrer Vorbildfunktion alle Bemühungen um nachhaltige Entwicklungswege in den Ländern des Südens unterminiert und als zweitklassig diskreditiert,
- den Verschuldungsdruck der Entwicklungsländer, der in Verbindung mit Überangebot von Rohstoffen auf dem Weltmarkt und sinkenden Terms of Trade zu kurzsichtigen Raubbaustrategien zwingt,
- die rigide Freihandelspolitik, die in vielen Ländern über Strukturanpassungsprogramme durchgesetzt wird und die der Entstehung gewerblicher Einkommensmöglichkeiten (u.a.) zur Entlastung der natürlichen Ressourcen entgegensteht,
- zentralistische und bürokratisch-autoritäre Strukturen in vielen Entwicklungsländern, durch welche die Verantwortung über die Ressourcen den Nutzern entzogen wurde ohne von Seiten des Staates nun ausgefüllt werden zu können.

Nachhaltigkeitsorientierte Entwicklungsstrategien in den Industrieländern, Abbau der Schuldenlast in Verbindung mit einer beschäftigungsorientierten Strukturanpassungspolitik, einer Demokratisierung und Dezentralisierung in Entwicklungsländern sind also wichtige Voraussetzungen dafür, daß die Krise in einen Prozeß einer grundbedürfnisorientierten und nachhaltigen Entwicklung einmündet und nicht in einen Prozeß verzweifelter und verschärfter Zerstörung der natürlichen Lebensgrundlagen.

7. Fazit

Ich fasse zusammen:

1) Strategien nachhaltiger Entwicklung bieten sich als Ausweg aus der Krise für die Völker der Dritten Welt an, weil sie i.d.R. weniger auf den knapp und teuer gewordenen Faktoren Kapital, Devisen und Energie beruhen, sondern auf Synergieeffekten der Natur und auf menschlicher (und eventuell auch tierischer) Arbeitskraft.

2) Dort, wo natürliche Ressourcen bereits sehr knapp sind, und wo die Menschen zu arm sind, um die erforderlichen Investitionen in die Regenerierung natürlicher Ressourcen zu leisten, stellen allerdings zerstörerische Formen der Ressourcenausbeutung oft den einfacheren, kurzfristigeren Ausweg aus der Krise dar.

3) Die Menschen in den Entwicklungsländern bedürfen in vielen Fällen einer Unterstützung bei der Suche nach nachhaltigen Auswegen aus der Krise, um nicht auf dem destruktiven Ausweg zu landen. Lokales Wissen allein genügt nicht immer, zumal, wenn der Problemdruck massiv ist. Situationsgerechte, d.h. nicht nur ökologisch, sondern auch ökonomisch, sozial und institutionelle angepaßte Problemlösungen liegen nicht immer auf der Hand; sie müssen unter Einbeziehung von lokalem und externem Wissen oft erst gefunden und erprobt werden.

4) Nachhaltige Entwicklung kostet ihren Preis in Form einer Begrenzung von andernfalls möglichem, zusätzlichem kurzfristigem Nutzen. Die Krise hat den wahren Preis nicht-nachhaltiger Wege der Entwicklung spürbar gemacht und dadurch den Preis der nachhaltigen Entwicklung relativ verringert. Die Menschen in der Dritten Welt werden aber dennoch wohl nur dann bereit sein, diesen Preis auf Dauer (und nicht nur als Notlösung) zu akzeptieren, wenn sie nicht ständig vorgeführt bekommen, daß andere mit nicht nachhaltigen Mitteln große 'Fortschritte' feiern und den Wohlstandsvorsprung vergrößern.

Verwendete Literatur

CONRAD, J. (1993): "Sustainable Development" - Bedeutung und Instrumentalisierung, Voraussetzungen und Umsetzbarkeit eines Konzepts. In: M. MASSARAT et al (Hrsg.), S. 112-138.

EGGER, K. (1987): Ein Weg aus der Krise. Möglichkeiten des ökologischen Landbaus in den Tropen. In: HESKE, H. (Hrsg.): "Ernte-Dank"? Landwirtschaft zwischen Agrarbusiness, Gen-Technik und traditionellem Landbau. Giessen. S. 84 ff.

HARBORTH, H.-J. (1991): Die Diskussion um dauerhafte Entwicklung (Sustainable Development): Basis für eine umweltorientierte Weltentwicklungspolitik? In: W. HEIN (Hrsg.), S. 37-62.

HEIN, W. (1991): Wachstum, Grundbedürfnisbefriedigung, Umweltorientierung. Zur Kompatibilität einiger entwicklungspoligischer Ziele. In: W. HEIN (Hrsg.), S. 3-36.

HEIN, W. (Hrsg.) (1991): Umweltorientierte Entwicklungspolitik. Hamburg.

MASSARAT, M., WENZEL, H.J., SOMMER, B., SZELL, G. (Hrsg.): Die Dritte Welt und wir. Bilanz und Perspektiven für Wissenschaft und Praxis. Freiburg.

RAUCH, Th. (1993): Nachhaltige Agrarentwicklung und Entwicklungszusammenarbeit. In: M. MASSARAT et al (Hrsg.), S. 457-465.

SIMONIS, U.E. (1990): Beyond Growth. Elements of Sustainable Development. Berlin.

Friedrich Voßkühler

Naturvorstellung und Nachhaltigkeit

1. Problemaufriß: Nachhaltigkeit als ein Problem gesellschaftlichen Handelns

"Mit dem Begriff 'nachhaltig' ", sei - so steht es in dem vom Geographischen Institut Bern im Herbst 1993 verabschiedeten "Schwerpunktprogramm" über die "Nachhaltige Nutzung in Gebirgsräumen" - "dasjenige menschliche Handeln und Wirtschaften bezeichnet, das so gestaltet wird, daß keine wesentlichen Einschränkungen für künftige Handlungsmöglichkeiten entstehen." (S.5) "Konzept" und "Leitidee" eines solchen "menschlichen Handelns" und "Wirtschaftens" sei es daher einerseits, zu verhindern, daß "nicht erneuerbare Ressourcen " "erschöpft" und "die natürlichen Kreisläufe und Regulationskräfte" "überfordert" werden und andererseits zu ermöglichen, daß "gleichzeitig" "soziale und kulturelle Entwicklung stattfinden kann." (S.1) In dankenswerter Klarheit wird so der in der Umweltdiskussion oft nicht genug und deutlich betonte Sachverhalt programmatisch herausgestellt, daß nachhaltige Naturnutzung nur möglich ist, wenn sie "soziale und kulturelle Entwicklung" ermöglicht, bzw. in diese eingebunden ist. Nachhaltige Naturnutzung und "soziale und kulturelle Entwicklung" sind voneinander losgelöst nicht möglich.

Genauso wie eine nachhaltige Naturnutzung keine Chance auf ihre Realisierung hat, wenn sie sich nicht auf die Erfordernisse der modernen hochkomplexen Industrie- und Dienstleistungsgesellschaft einstellt, so ist umgekehrt der Fortbestand dieser Gesellschaft gefährdet, wenn es ihr nicht gelingt, eine "soziale und kulturelle Entwicklung" zu starten, die es möglich macht, daß die Naturnutzung überhaupt nachhaltig gestaltet werden kann.

Diesen Zusammenhang bringt eine Begrifflichkeit auf den Punkt, die ebenfalls in der Arbeit des Geographischen Instituts in Bern eine Rolle spielt. Ich meine den für meine Thematik so überaus fruchtbaren Begriff der "reproduktionsorientierten Produktion" *(Werner Bätzing z.B. in: Nachhaltige Naturnutzung im Alpenraum. Erfahrungen aus dem Agrarzeitalter als Grundlage einer nachhaltigen Alpenentwicklung in der Dienstleistungsgesellschaft. Manuskript der Probevorlesung, z.B., S.14).* Er bringt nicht nur zum Ausdruck, daß der Primat der Produktion in der modernen Gesellschaft die Regeneration ihrer natürlichen Grundlagen gefährdet, so daß die solcherart zur Dominanz gekommene Produktion sich kontraproduktiv auswirkt und somit auch unwirtschaftlich zu werden beginnt, sondern er hebt ganz besonders hervor, daß nicht nur die Reproduktion der natürlichen Grundlagen durch die Produktion selbst notwendig ist, sondern auch die Reproduktion und die Entwicklung der kulturellen und sozialen Rahmenbedingungen, durch die selbst die Reproduktion der natürlichen Grundlagen wiederum gewährleistet werden kann. Ohne einen gesellschaftlichen Konsens, der kulturell verankert und sozial akzeptiert ist, können gerade auch die natürlichen Grundlagen der modernen Gesellschaft nicht nachhaltig gewährleistet werden.

Das heißt, ob überhaupt und wie eine nachhaltige Nutzung der Natur möglich ist, ist erstens - wie eben gesagt - davon abhängig, ob wir sie wollen und wir uns darüber einig werden und entsprechende sittliche und pragmatische Normen des Umgangs mit der Natur entwickeln, und sie ist zweitens - das müßte eigens überlegt werden - davon abhängig, ob die moderne Gesellschaft dies überhaupt vermag. Drittens aber ist die Art und Weise der nachhaltigen Nutzung selbstverständlich von den natürlichen Gegebenheiten selbst abhängig. Auf ihre Beschaffenheit muß sich jeder Versuch nachhaltiger Nutzung beziehen; sie limitieren die Art der Nutzung auf gravierende Weise. Somit ist klar: "Nachhaltigkeit" ist ein Problem des gesellschaftlichen Handelns. Zu der Lösung dieses Problems brauchen wir im Einzelfall jeweils objektivierte wissenschaftliche Kenntnisse der natürlichen Gegebenheiten; aber wir werden dazu ohne einen gesellschaftlichen - d.h. kulturellen, sozialen und sittlichen - Konsens nicht in der Lage sein.

2. Nachhaltigkeit und Naturzustand

Ein solcher Zusammenhang zwischen Natur und Gesellschaft verbietet sowohl eine bloß technologische als auch eine bloß naturalistische Herangehensweise an das Problem der Nachhaltigkeit. Das heißt, nachhaltige Naturnutzung läßt sich weder dadurch realisieren, daß man sich primär mit dem Instrumentarium beschäftigt, wir sie durchzusetzen und zu konkretisieren sei, noch dadurch, daß man hofft, allein durch die wissenschaftliche Objektivierung der natürlichen Gegebenheiten bekäme man die Problematik in den Griff. Der Problemhorizont der "Nachhaltigkeit" übersteigt den Zugriff eines jeden bloß technisch motivierten Handelns, weil er sowohl das technokratische Selbstverständnis als auch den Naturalismus - die Vorstellung, die Natur gäbe hinreichend eindeutige Maßstäbe für menschliches Handeln - von der gesellschaftlichen Praxis her umgreift.

Um diesen Punkt zu präzisieren, möchte ich wiederum einen Begriff aufgreifen, der in der Arbeit des Geographischen Instituts in Bern eine Rolle spielt. Ich meine den Terminus "Kulturlandschaft". Er, der zum Inhalt hat, daß sich der Mensch im Laufe seiner Geschichte Naturräume erschließt, in denen er sich selbst und seine natürlichen Grundlagen produzieren und reproduzieren kann, führt auf einen tieferliegenden Sachverhalt, den Serge Moscovici in seiner bedeutenden Studie "Versuch über die menschliche Geschichte der Natur" *(Frankfurt, 1982)* den "Naturzustand" genannt hat. Dabei ist gerade am Beispiel der "Kulturlandschaft" gut ablesbar, was Serge Moscovici unter "Naturzustand" versteht. Denn eine "Kulturlandschaft", die sich ja gerade dadurch auszeichnet, daß sie durch "Vegetationsgesellschaften" charakterisiert wird, "deren Zusammenhang und Gestaltung vom Menschen und seiner Nutzung bestimmt werden" *(Werner Bätzing: Die Alpen. Entstehung und Gefährdung einer europäischen Kulturlandschaft. München 1991, S.284)*, ist eben nicht Natur, wie sie "an sich" ist, sondern Natur, wie sie "für" den Menschen ist; sie ist ein "Zustand" der "Natur", der ohne die spezifische Nutzung des Menschen gar nicht existieren würde. Der Begriff "Naturzustand" von Serge Moscovici setzt aber noch etwas tiefer an. Und er ist verbunden mit der These einer "menschlichen Geschichte der Natur.

„Diese These stellt sich dem Sachverhalt, daß der Lebensraum des Menschen gar nicht die Natur ist, so wie sie "an sich" selbst belassen wäre, sondern die Natur, wie sie durch den Menschen entstanden ist, auf grundsätzliche Weise. "Der Mensch", so Moscovici, "ist nicht 'Besitzer' oder 'Entdecker', sondern Schöpfer und Subjekt seines Naturzustandes. Seine Bestimmung ist es nicht, sich ein Universum anzueignen, das ihm fremd wäre und dem er äußerlich bliebe, sondern im Gegenteil, seine Funktion als interner Faktor und Regulator der natürlichen Realität zu erfüllen" *(Moscovici,S.27)*. Als "interner Faktor und Regulator der natürlichen Realität" "erlegt" der Mensch mit seinem "theoretischen und praktischen Wissen" " den belebten oder unbelebten Kräften eine Entwicklung auf, die sich mit ihrer eigenen Entwicklung verknüpft." (Moscovici, S.46) So daß folgt: durch den Menschen als "interne(n) Faktor und Regulator der natürlichen Realität" erfolgt eine "Evolution der natürlichen Welt" *(Moscovici,S.42)*. Diese bezeichnet Moscovici als die "menschliche Geschichte der Natur", und das ist die Weiterführung der materiellen Evolution durch die menschliche Arbeit. Mit Hilfe der Arbeit und den aus ihr gewonnenen "Kenntnissen" und "Erfahrungen" "vervielfältigt" der Mensch seine "Fähigkeiten", "verbessert" er seine "physischen oder geistigen Eigenschaften", "gewinnt" er "die materiellen Kräfte für sich und verleiht er ihnen eine Gestalt, die deren Prinzipien und Kombinationen entspricht, in denen sie sich in den jeweiligen Augenblick der allgemeinen Evolution einfügen." *(Moscovici, S.28)* Das heißt: der Terminus "menschliche Geschichte der Natur" arbeitet heraus, daß der Mensch als "interner Faktor" der "natürlichen Realität" im gleichen Zuge, wie er seine eigene Entwicklung durch Arbeit vorantreibt, gerade auch die Evolution der Natur voranbringt - jedenfalls in dem Bereich, in dem der Mensch tätig vorhanden ist. Alle kulturelle und soziale Entwicklung des Menschen ist also in eine "menschliche Geschichte der Natur" eingebunden. Dies reflektiert auch der Begriff "Naturzustand". Denn die Tatsache, daß alle kulturelle und soziale Entwicklung in eine "menschliche Geschichte der Natur" eingebunden ist, schließt ja ein, daß diese "Geschichte" eine Entwicklung von "Naturzuständen" ist, "Zuständen" also der gleichsinnigen Evolution von Mensch und Natur. Anders als in diesen "Naturzuständen" lebt der Mensch nicht, findet seine Entwicklung nicht statt; und genau aus diesen "Naturzuständen" abstrahiert er auch seine Naturvorstellungen. Jede "Kulturlandschaft" bestätigt die Richtigkeit der These Moscovicis von der "menschlichen Geschichte der Natur", ja jede "Kulturlandschaft" ist geradezu ein Paradigma dieser These, wenn auch am Beispiel der "Kulturlandschaft" die Tiefe dieser These nicht völlig expliziert werden kann.

Aber jede "Kulturlandschaft" zeigt, daß in ihr die Natur in einer spezifischen, dem kulturellen Entwicklungsstand der in ihr und von ihr lebenden Menschen entsprechenden Weise aufgeschlüsselt und evaluiert ist, sie zeigt, daß z.B. ihre ökologische Stabilität und damit ein wesentlicher Teil ihres natürlichen Status in bedeutendem Maße von der Weise abhängt, wie die Menschen sich durch sie und in ihr Leben produzieren und reproduzieren. Und jede "Kulturlandschaft" bringt damit auch immer ihre "menschliche Geschichte" zum Ausdruck. Wobei es ja gerade diese in einer "Kulturlandschaft" sich ausprägende Geschichte, ihr humanes Gesicht, ist, die sie anziehend macht, bzw. machen kann.

Unser Problem ist die "Nachhaltigkeit". Haben meine Betrachtungen zur "Kulturlandschaft" und zur "menschlichen Geschichte der Natur" etwas zur Klärung unserer Problematik beigebracht? Ich denke schon. Meine These war, daß jedes bloß technische Handeln, sei es technokratisch oder naturalistisch ausgerichtet, nicht in der Lage ist, den Problemhorizont des Begriffes "Nachhaltigkeit" zu durchmessen. Nun hat es sich ergeben, daß dann, wenn wir die Forderung nach einer nachhaltigen Naturnutzung auf die Problematik der "Kulturlandschaften" beziehen, die durch den Raubbau an ihnen in ihrer Existenz gefährdet sind, wir auf den tieferliegenden Begriff des "Naturzustandes" kommen. Und damit auf den Sachverhalt, daß sich in diesem Zusammenhang der Begriff der "Nachhaltigkeit" auf den jeweiligen "Zustand" eines menschlichen Lebensraumes bezieht: auf einen in einer Landschaft konkret gewordenen "Zustand" einer örtlich sicher spezifischen "menschlichen Geschichte der Natur". Diejenige Natur, auf die sich der Begriff "Nachhaltigkeit" auf diese Weise bezieht, ist allein jeweils ein kulturell evaluierter Naturausschnitt. Und dieser ist mit den Mitteln der Naturwissenschaft allein nicht beschreibbar. Mit der Folge, daß die Ergebnisse der naturwissenschaftlichen Forschung auch nicht technokratisch in sinnvolles gesellschaftliches Handeln umsetzbar sind.

Ich möchte diesen Punkt noch einmal verschärfen. Und zwar will ich eigens zur Darstellung bringen, warum ich ein bloßes naturwissenschaftliches Instrumentarium für den Problemhorizont des Begriffs "Nachhaltigkeit" für unangemessen halte. Legen wir die These der "menschlichen Geschichte der Natur" zugrunde, dann ist das, was uns "die Wissenschaft bietet", "ein Tableau der Natur, das heißt eine geordnete Relation zwischen dem Menschen und der Materie" *(Moscovici,S.46)*. Das bedeutet aber keine Subjektivierung der "Wissenschaft". Sondern diese "Sichtweise" "bringt die Modalitäten zum Ausdruck, in denen unsere Gattung die objektive Welt schafft" *(ibid)*. Die "Wissenschaften, handwerklichen und industriellen Techniken beschränken sich nicht darauf, einen konkreten äußeren Bereich zu reflektieren. Sie haben vielmehr die Funktion, die menschlichen und nichtmenschlichen Mächte miteinander zu verbinden und die einen in Existenzbedingungen der anderen zu verwandeln." *(ibid)*

Gerade also die sogenannten objektiven Wissenschaften, die Naturwissenschaften näherhin, sind unmittelbarer Teil desjenigen Prozesses, im Verlaufe dessen die "Gattung" Mensch ihre "objektive Welt" erst "schafft". Das heißt: Die Welt, die wir als "objektive Welt" bezeichnen, ist uns gar nicht vorgegeben, sie ist kein "äußerer Bereich", auf den wir uns als feststehende Entität beziehen könnten, sondern die Objektivität jener Welt, die wir als die "objektive" bezeichnen, wird erst durch den Menschen geschaffen. "So ist", wie sich Moscovici ausdrückt, "der natürliche Zustand", die "objektive Welt" also, "nicht so sehr Ergebnis eines intellektuellen Aktes der Enthüllung oder der Herstellung einer Beziehung zwischen unbekannten und gesonderten Entitäten, sondern vielmehr Resultat eines Akts der Schöpfung dieser Entitäten" *(Moscivici, S.47)*.Das bedeutet nicht, daß die "objektive Welt" Resultat einer freien, gemeint ist: willkürlichen Schöpfung wird; hier wird keinem Subjektivismus das Wort geredet. Sondern es soll herausgearbeitet werden, daß der Mensch als "interner Faktor" "der natürlichen Realität" Kombinationen zwischen seinen Kräften und den nichtmenschlichen Kräften und zwischen den nichtmenschlichen Kräften selbst erzeugt, die jeweils einen neuen "Naturzustand" erzeugen. Dieser ist dann jeweils die "objektive Welt". Und die Objektivität der Welt ändert sich ja auch ständig. Denn die "Wissenschaften", "die handwerklichen und industriellen Techniken" usw. bringen z.B. "neue Stoffe" hervor, sie fügen "den Individuen neue geistige und physische Qualitäten hinzu, die sie zuvor nicht besaßen", sie verändern " deren Verhältnis zur Umwelt und diese

Umwelt selbst" *(Moscovici,S.59)*. So stellt sich dasjenige, was man hier unter der Natur zu verstehen hat, auch besser als die jeweilige "Gesamtheit der Fähigkeiten und Vermögen menschlicher und nichtmenschlicher Art, als deren aktive Vereinigung" *(Moscovici,S.76)* dar.

Auf das Letzte reflektieren die Naturwissenschaften in der Regel nicht! Die Naturproblematik der jetzigen Zeit, zu der auch die Forderung nach einer nachhaltigen Naturnutzung gehört, bezieht sich sinnvollerweise ausschließlich auf die Objektivität des durch den Menschen geschaffenen "Naturzustandes". Und wenn erstens gilt, daß - wie die Europäische Enzyklopädie zu Philosophie und Wissenschaften sagt - "Natur" in der Regel als "Sammelbegriff zur Bezeichnung von Bereichen der Wirklichkeit" dient," die ohne menschliches Zutun entstehen bzw. existieren." *(Europäische Enzyklopädie zu Philosophie und Wissenschaften. Hamburg 1990. Bd.3, S.508))*, und wenn zweitens dementsprechend angenommen wird, die Naturwissenschaften hätten genau diese Wirklichkeit zu beschreiben und keine andere, dann bedeutet das eben, daß sich die Naturproblematik der jetzigen Zeit nicht auf der Grundlage von so beschaffenen und verfahrenden Naturwissenschaften lösen lassen wird. Erhebt man die Forderung nach einer nachhaltigen Nutzung der Natur, so darf kein auf diese Weise naturwissenschaftlich verkürzter Naturbegriff zugrunde liegen. Deswegen ist eine Opposition gegen das, was ich Naturalismus nenne, notwendig.

Die Forderung nach einer nachhaltigen Nutzung der Natur erfordert einen Naturbegriff, in dem der Mensch als "Schöpfer und Subjekt" seines "Naturzustandes" problematisiert wird.

Für einen solchen Begriff gibt es bis jetzt kein wissenschaftliches Paradigma. Daraus folgt: wer sich mit "Nachhaltigkeit" beschäftigt, wird auf keine Leitwissenschaft stoßen und auf keine abgesicherte Methode.

Aber das ist kein Nachteil und kein beklagenswerter Zustand .Wer eine eindeutige Definition der "Nachhaltigkeit" in der Art etwa einer physikalischen Prozeßbeschreibung suchte, verkannte dagegen die Chance, die im Forschungsgegenstand "Nachhaltigkeit" steckt. Ich meine die Chance, auf der Grundlage der Analyse konkreter "Naturzustände" den Horizont eines reduzierten Wissenschaftsverständnisses zu überschreiten, das die menschliche Arbeit aus der natürlichen Realität ausschließt, die Chance, sich der Naturproblematik in ihrer Komplexität wirklich zu öffnen.

3. Vorschlag für einen kompatiblen Naturbegriff

Mit der Forderung nach einem Naturbegriff, der den Mensch als "Schöpfer und Subjekt" seines "Naturzustands" mit reflektiert, treten wir über dies in eine Reflexionsform ein, die man als philosophische bezeichnet; wir betreten das Gebiet der Naturphilosophie: Wenn ich eben davon sprach, das Problem der Nachhaltigkeit eröffnete die große Chance, sich der modernen Naturproblematik in ihrer Komplexität wirklich zu öffnen, wollte ich aber nicht der These vorbauen, daß man dieser Komplexität nur philosophisch gerecht werden könnte. Nein, ich meinte schon, daß die Fruchtbarkeit des Forschungsgegenstandes "Nachhaltigkeit" gerade in der Notwendigkeit besteht, sich der Komplexität der Naturproblematik in der Form der wissenschaftlichen Analyse jeweils konkreter "Naturzustände" zu nähern, sich also nicht entweder in der dünnen Luft von Naturspekulationen oder auf den ausgetretenen Pfaden reduzierten Naturverständnissen zu bewegen. Schon allein dies aber ist ein erregender wissenschaftstheoretischer Sachverhalt, der ja zum Forschungsgegenstand selbst mitgehört. Und wir können doch nicht bei der Feststellung bleiben, daß wir hinsichtlich des Problems der "Nachhaltigkeit" ein naturwissenschaftlich reduziertes Naturverständnis überschreiten müssen, ohne zu fragen, was das heißt. Wir müssen fragen : Wie sollen wir die Natur also begreifen? Und das ist die klassische Frage der Naturphilosophie. Und da bis jetzt die Antwort war: wir müssen sie als "Gesamtheit der Fähigkeiten und Vermögen menschlicher und nichtmenschlicher Art, als deren aktive Vereinigung" begreifen, so möchte ich nun dahingehend vertiefen, daß ich weiter frage: Wie ist es überhaupt möglich, daß die Natur als die "aktive Vereinigung" "menschlicher und nichtmenschlicher" " Fähigkeiten und Vermögen" verstanden werden kann?

Um diese Frage beantworten zu können, muß ich eine begriffliche Differenzierung einführen. Die bisherige Definition der Natur bezieht sich auf die Objektivität der durch den Menschen jeweils geschaffenen "Naturzustände". Diese Definition ist die für meinen Gedankengang leitende. Jetzt ist aber durch die Frage nach der Bedingung der Möglichkeit der Definition der Natur als der "aktiven Vereinigung" "menschlicher" und "nichtmenschlicher" "Vermögen" die "Natur an sich" problematisiert.

Es steht in Frage, wie die Natur an ihr selbst sich zu einer "Geschichte" der "Vereinigung" "menschlicher" und "nichtmenschlicher" "Fähigkeiten" und "Vermögen" ausgestalten konnte. Diese Frage ist nur zu beantworten, wenn wir die "Natur an sich" so deuten, daß in ihr die Möglichkeit menschlicher Freiheit angelegt ist. Denn ohne daß die Natur an sich selbst die Möglichkeit menschlicher Freiheit darstellte, wäre weder zu erklären, daß die menschlichen "Fähigkeiten" und "Vermögen" für die "natürlichen Kreisläufe" und Regulationskräfte gefährlich werden können, noch daß sie sich mit diesen vereinigen können.

Die Natur hat aus sich selbst ein Naturwesen produziert, das sich in permanentem Gegensatz zu ihr bewegt, welcher Gegensatz aber gleichzeitig Mittel ihrer eigenen Evolution in Form ihrer "menschlichen Geschichte" ist. Und diese Geschichte kann, diese Möglichkeit zeichnet sich ja eindringlich ab, in einem Desaster enden.

Kurz: die Genese des freien Naturwesens Mensch gehört in die Art und Weise hinein, wie sich die Natur an sich selbst produziert.

Gehen wir nun davon aus, daß die Genese des freien Naturwesens Mensch keine zufällige sein kann, sondern ein Paradigma für die Produktion der "Natur an sich" darstellt, dann heißt das, daß diese Produktion grundsätzlich von einer allgemeinen Dualität von "Produktivität" und "Produkt" bestimmt ist. Heißt: die "Produktivität" der Natur zeigt sich in der Genese von "Produkten", die sich grundsätzlich in einen Gegensatz zu ihr stellen können. Dies wird mit dem wachsenden Freiheitsgrad der "Produkte" der natürlichen Evolution immer deutlicher und wird in der Freiheit des Naturwesens Mensch offenbar.
Diese Gedanken sind nicht neu, sondern sie sind - in einem spezifischen Denkzusammenhang, den ich hier nicht explizieren kann - schon gegen Ende des 18 Jahrhunderts und am Anfang des letzten Jahrhunderts von Friedrich Wilhelm Joseph Schelling zu Papier gebracht

worden. Die Begriffe "Dualität", "Produktivität" und "Produkt" bilden die Eckpfeiler zu dem bedeutenden "Ersten Entwurf eines Systems der Naturphilosophie" von 1799 (*F.W.J.Schelling: Erster Entwurf eines Systems der Naturphilosophie. In: Schriften von 1799 - 1801.Darmstadt 1982, S.1ff.*), und der Gedanke, daß die Natur nur unter dem Blickwinkel der Grenze der menschlichen Freiheit zu begreifen sei, stammt aus der letzten von Schelling veröffentlichten Schrift von 1809 "Philosophische Untersuchungen über das Wesen der menschlichen Freiheit und die damit zusammenhängenden Gegenstände." (*In: Schriften von 1806 - 1813. Darmstadt 1974, S.275 ff.*) Wobei in Sonderheit die letztere Schrift konsequent pointiert, daß ein mit dem Sachverhalt der menschlichen Freiheit kompatibler Naturbegriff nicht mit einer mechanistischen Naturvorstellung verträglich sein kann. Denn wie soll die Tatsache der menschlichen Freiheit von der Natur selbst bedingt begriffen werden, wenn die Natur als Mechanismus ausgelegt wird? Bedeutet nicht die Vorstellung, die Natur sei ein geschlossener, mit eherner Notwendigkeit ablaufender Prozeß, ein lückenloser Ursache-Wirkungs-Zusammenhang, einen vollendeten Fatalismus? Das heißt, die apriorische Determination und damit Unfreiheit menschlichen Handelns?

Es ist daher nicht zufällig, wenn Schelling den "Organismus" bzw. die "Organisation" zu Zentralkategorien seiner Naturphilosophie erhebt. Sobald wir, sagt Schelling, "ins Gebiet der *organischen Natur* übertreten, hört für uns" ohnehin "alle mechanische Verknüpfung von Ursache und Wirkung auf. Jedes organische Produkt besteht *für sich selbst*, sein Daseyn ist von keinem anderen Daseyn abhängig . ... Die Organisation ... producirt *sich selbst*, entspringt *aus sich selbst*; jede einzelne Pflanze ist nur Produkt eines Individuums *ihrer Art*, nur so producirt und reproduciert jede einzelne Organisation ins Unendliche fort nur *ihre Gattung*. Also schreitet keine Organisation fort, sondern kehrt ins Unendliche fort immer in sich *selbst* zu sich. Eine Organisation als solche demnach ist weder *Ursache* noch *Wirkung* eines Dings außer ihr, also nichts, was in den Zusammenhang des Mechanismus eingreift. Jedes organische Produkt trägt den Grund seines Daseyns *in sich selbst*, denn es ist von sich selbst Ursache und Wirkung." (*F.W.J.Schelling: Ideen zu einer Philosophie der Natur als Einleitung in das Studium dieser Wissenschaft. In: Schriften von 1794 - 1798. Darmstadt 1980, S.364*)

"Jede Organisation ist also ein *Ganzes*; ihre Einheit liegt in *ihr* selbst, ..."(*Ideen zu einer Philosophie der Natur, S.365*). So Schelling in seinen schon 1797 erschienenen "Ideen zu einer Philosophie der Natur als Einleitung in das Studium dieser Wissenschaft".

Schelling hebt durch diese Argumentation aber letztlich nicht nur heraus, daß zunächst die "*organische Natur*" nicht als Ursache-Wirkungs-Zusammenhang beschrieben werden kann, sondern er arbeitet hier schon seiner späteren These vor, daß die "Natur an sich" wie die "Organisation" eines "Organismus" begriffen werden müsse. Das Ganze der Natur müsse als "ein absolutes Übergehen der Natur, insofern sie produktiv ist, in die Natur als Produkt" verstanden werden, als ein "Schweben der Natur zwischen Produktivität und Produkt", "wodurch die Natur in beständiger Thätigkeit erhalten und verhindert wird in ihrem Produkt sich zu erschöpfen" (*F.W.J.Schelling: Einleitung zu dem Entwurf eines Systems der Naturphilosophie. In: Schriften von 1799 - 1801. Darmstadt 1982, S.277*). Und Schelling macht das, was er meint, an einem Bild klar:"... Man denke sich einen Strom, derselbe ist *reine* Identität, wo er einem Widerstand begegnet, bildet sich ein Wirbel, dieser Wirbel ist nichts Feststehendes, sondern in jedem Augenblick wieder Entstehendes" *(Einleitung, S.289)*. Somit ist "schlechterdings kein Bestehen eines Produkts denkbar, ohne ein *beständiges* Reproducirtwerden" *(Einleitung, S.289f)*."Das Produkt muß gedacht werden *als in jedem Moment* vernichtet, und in *jedem Moment neu* reproducirt" *(Einleitung, S.289)*. Die "Organisation" der Natur resultiert für Schelling somit aus ihrer "Produktivität", die sich in ihren "Produkten" realisiert und sich dort als deren ständige Reproduktion äußert, sie zeigt sich als Selbstdifferenzierung der Natur in ihren "Produkten". Die Natur als allgemeiner "Organismus" organisiert sich also laut Schelling in der Form der Produktion und Reproduktion von sich wiederum selbst organisierenden "Produkten". Diese "Produkte" haben den "Grund" ihres "Daseyns" *"in sich selbst"*. Dasjenige, wodurch sich die "Produkte" jeweils selbst produzieren, bzw. reproduzieren, ist die allgemeine "Produktivität" der Natur an ihr selbst. Sie selbst produzieren bzw. reproduzieren sich aber gemäß ihrer eigenen "Organisation". Ihre "Einheit" liegt in ihnen selbst. Die Identität der "Natur an sich" zeigt sich als Selbstorganisation ihrer "Produkte". Bzw. in der klassischen Sprache der Philosophie gesprochen: die Identität der Natur zeigt sich als ihre Differenz.

Abstrakter und wiederum in der klassischen Sprache der Philosophie formuliert: Die Identität ist als Differenz; die Identität der Identität ist ihre Identität in der Differenz. Kurz: Es gehört eben zur Identität der Natur, daß ihre Produkte ihr "Daseyn" *"in sich selbst"* haben . Die " Organisation" der "Natur an sich" birgt also schon von ihr selbst her die Möglichkeit des freien Naturwesens Mensch in sich. Und sie birgt somit von ihr selbst her die "Möglichkeit des Guten und des Bösen" *(Freiheitsschrift, S.308)* in sich. Die "Möglichkeit" des Menschen zum "Guten" und zum "Bösen", wie sich Schelling in der Freiheitsschrift ausdrückt, ist gleichzeitig auch die Möglichkeit der Natur an ihr selbst, weil die menschliche Möglichkeit immanent in ihr Wesen gehört. Schelling zeichnet so einen Naturbegriff, der durchaus mit dem Problem der "Nachhaltigkeit" verbunden ist. Und es zeigt sich, daß ein solcher Naturbegriff sich an sich selbst der ethischen Fragestellung öffnet. Die Natur, die er disponiert, ist - um das von unserer heutigen Problemlage her auszudrücken- von der Verantwortung des Menschen abhängig. Es zeigt sich: Werfen wir das Problem nachhaltiger Naturnutzung auf, dann stoßen wir auf den Menschen als "internen Faktor und Regulator der natürlichen Welt", dann müssen wir die Natur als die "Gesamtheit der Fähigkeiten und Vermögen menschlicher und nichtmenschlicher Art" zu begreifen lernen. Und gehen wir dann der Frage nach, was dies bedeuten mag, dann kommen wir darauf, daß die Natur an sich selbst auf die Verantwortung des Menschen angewiesen ist. Und diese Verantwortung greift über die wissenschaftliche Problemstellung im engeren Sinne hinaus. Dadurch werden aber auch die Naturtheorien in ihrer Bedeutung weit blasser, die man heute als Lösung der modernen Naturproblematik handelt. Es werden uns weder die Selbstorganisationstheorie, die auf Ilya Prigogine zurückgeht, noch die Autopoiesistheorie von Maturana und Varela helfen, und auch die Chaostheorie nicht. Obwohl sie alle das mechanistisch reduzierte Naturverständnis durchbrechen und sehr nahe an den für das Problem nachhaltiger Naturnutzung kompatiblen Naturbegriff herankommen, unterstellen sie nach wie vor eine naturalistische Einerleihei von Natur und Mensch. So etwa, wenn Bernulf Karnitscheider 1993 formuliert:" Die systemtheoretischen Ansätze , welche die Selbstorganisation der nicht 'toten', sondern höchst 'kreativen' Materie wiedergeben, umspannen den gesamten Bereich des Lebendigen, sogar mit Einschluß der sozialen Aktivitäten" (Bernulf Karnitscheider: Von der mechanistischen Welt zum kreativen Universum. Darmstadt 1993, S.206), oder wenn Erich

Jantsch 1979 in der Hoffnung des Aufbruchs der Naturwissenschaften zu neuen Ufern von der "Vision" der "Verbundenheit des Menschen mit der Evolution auf allen Ebenen" *(Erich Jantsch: Die Selbstorganisation des Universums. Vom Urknall zum menschlichen Geist. München 1979, S.19)* schreibt und einen Prozeß hypostasiert, der "biologische, soziologische und soziokulturelle Evolution" (Jantsch, S.34) umgreift, da nun Astronomie, Physik, Chemie und Biologie durch "*homologe* (das heißt wesensverwandte) Prinzipien verbunden" erscheinen. (ibid.) Von "Prinzipien" näherhin, "die", wie er sagt, "in vielen Spielarten auf verschiedenen Ebenen der Evolution immer von der gleichen Art sind, weil sie wie die gesamte Welt, aus dem gleichen Ursprung stammen" (Jantsch, S.34). Solche Ansätze, so begrüßenswert sie auch sind, verkennen die Identität/- Differenz- Dialektik in der Natur, und sie unterschlagen daher allzu leicht den aus dieser Dialektik ermöglichten Gegensatz zwischen Natur und Mensch, der sich als die Herausforderung des Menschen zur Verantwortung zeigt. Somit zeigt sich: Suchen wir einen für das Problem der "Nachhaltigkeit" verträglichen Naturbegriff, dann steht an, sowohl die mechanistische Naturvorstellung zu überwinden, als auch die verschiedenen holistischen Naturtheorien kritisch in ihre Grenzen zurückzuverweisen. Und dann steht auch an, Ansätze wie die einer "radikalen Ökologie" abzuwehren, wie sie etwa von Murray Bookchin ausgearbeitet wird. Die hier ausgearbeitet Naturvorstellung - "biologische Beziehungen" seien "weniger durch Rivalität und Konkurrenz ausgezeichnet" "als vielmehr von Eigenschaften gegenseitiger Hilfe" gekennzeichnet - so daß sie als Vorlage und Grundlage einer dementsprechenden "Ethik" dienen könnten (Murray Bookchin: Was ist radikale Ökologie? In: Kommune 4/85, S.50), ist naturphilosophisch und wissenschaftlich unterkomplex und sie hält keiner gesellschaftwissenschaftlichen Analyse stand. Es gibt keinen Königsweg von der Natur in die gesellschaftliche Praxis. Wir müssen uns vor jeder Art eines materialistischen Fehlschlusses in Acht nehmen.

4. Gesellschaftliche Praxis und Verantwortung

Ich möchte mich nun zum Abschluß eigens der schon oft angeschnittenen Thematik der gesellschaftlichen Praxis und Verantwortung zuwenden. Dabei kann ich an einen Begriff anknüpfen, den z.B. Werner Bätzing seit 1984 in recht weitgehender Bedeutung gebraucht, den Begriff "Heimat". Gehen wir von der umgangssprachlichen Bedeutung des Begriffs "Heimat" aus, seiner Funktion als Bezeichnung des "geographische(n), soziale(n) und kulturellen Milieu(s) , in das der Mensch hineingeboren wird, in dem er sich entwickelt (und das er im Laufe seiner Entwicklung auch praktisch verändert)" (Europäische Enzyklopädie zu Philosophie und Wissenschaften .Bd.2. Stichwort Heimat, S.536), dann sind gerade die "Kulturlandschaften" ein Paradigma für "Heimat". Das heißt dann aber auch: Jede Veränderung in einer Kulturlandschaft, in Sonderheit eine jede Veränderung, die auf eine Gefährdung von ihr ausgeht, berührt die "Heimat" von Menschen und damit deren Identität. "Kulturlandschaften" sind "Heimat", weil sie Räume der kulturellen Identität der Menschen sind; ein Sachverhalt überdies, der schlüssig anhand der These von der "menschlichen Geschichte der Natur" erklärt werden kann. Dies zugrundegelegt, kann ich auch näher auf den Begriff der "Verantwortung" eingehen, den ich vorhin gebraucht habe. Die Aussage, wir Menschen seien für die Natur verantwortlich, bedeutet u.a. erstens, daß wir unseren jeweiligen "Naturzustand" geschaffen haben und in diesem Sinne für ihn verantwortlich sind. Sie bedeutet zweitens darüber hinaus, (und das gilt in Sonderheit für die Problematik der nachhaltigen Naturnutzung in Kulturlandschaften),daß wir verantwortlich sind für den Zustand, in dem sich unsere Lebensräume befinden. Und sie bedeutet drittens, daß wir uns dafür zu verantworten haben. Wem gegenüber aber haben wir uns nun bezüglich des Zustandes unserer Lebensräume, gemeint sind die Kulturlandschaften, zu verantworten? Die Verantwortung für unsere Kulturlandschaften besteht vor allem gegenüber all denen, denen sie "Heimat" sind, gegenüber all denen also, deren kulturelle Identität von diesen Lebensräumen abhängt. Das bedeutet erstens, daß alle diejenigen, die einen von außen kommenden Einfluß auf diese Lebensräume ausüben, denen gegenüber verantwortlich sind, deren kulturelle Identität auf dem Spiel steht. Und das bedeutet zweitens, daß diejenigen, deren "Heimat" beeinflußt wird, sich selbst und ihrer eigenen kulturellen Identität gegenüber dasjenige zu verantworten haben, was sie selbst mit ihrem Lebensraum veranstalten und was - von außen veranlaßt - in diesem und mit diesem geschieht. Die kulturelle Identität in den "Kulturlandschaften" ist also von einer Konsensbildung abhängig, die internen und externen Konsens miteinander verbinden muß. Bei dieser Konsensbildung geht es allerdings auch um ein unveräußerliches Menschenrecht , um das Recht auf die eigene kulturelle Identität und das heißt, um das Recht auf die eigene Geschichte.

Ich möchte zunächst grundsätzlich erläutern, was ich damit meine: Die Identität eines einzelnen Menschen bildet sich nur dann problemlos heraus, wenn er sich seelisch und körperlich empfangen weiß; seine Fähigkeit, sich dem Außen und den anderen Menschen zu öffnen, ist davon abhängig, ob er sich seiner Existenz sicher geworden ist , ob er - mit anderen Worten - ontologisch gesichert ist. So besteht seine Entwicklung dann in dem Gewinnen von Realität - gemeint ist sowohl in einem immer weiteren Ausgreifen in die äußere Realität, in deren Aneignung und Veränderung, als auch in dem Aufbau einer immer größeren Weite der inneren Realität. Beides verwebt sich zu der Individualgeschichte eines Menschen, durch die er mit sich selbst derselbe, das heißt eben identisch wird. Diese Identität einer Person zu wahren, ist ein weiter nicht hinterfragbarer "kategorischer Imperativ". Es gilt daher, was Immanuel Kant in einem spezifischen Zusammenhang, den ich hier nicht problematisieren kann, formuliert, daß man **"die Menschheit, sowohl"** in der eigenen **" Person"** "als" auch **"in der Person eines jeden anderen"** **"jederzeit"** nur als **"Zweck"**, **"niemals bloß"** als **"Mittel"** (Immanuel Kant: Grundlegung zur Metaphysik der Sitten. Weischedel-Ausgabe, Bd.6, S.61) gebrauchen darf.

Die Autonomie einer jeden Person, die Tatsache, daß sie sich selbst in ihrem Verhalten zu anderen moralisch regulieren kann, macht sie zu einem **"Zweck"** in sich selber, zu einem **"Zweck"**, der nicht zu relativieren ist, wenn man denn überhaupt moralisch motiviertes Handeln anzielt. Deswegen sind z.B. das Recht auf Unantastbarkeit der Person , das Recht auf Bildung usw. auch Menschenrechte, Rechte, die - in der Autonomie einer jeden Person begründet - einem jeden Menschen von ihm her zukommen.

Was sich heute dringlich zeigt, ist aber, daß die Identität des Menschen mehr erfordert als die Durchsetzung von Persönlichkeitsrechten, wie dies mehr oder minder die Menschenrechtsdebatte bis heute noch prägt.

Gerade die Autonomie einer jeden Person ist doch schon - wie angedeutet - Resultat eines Prozesses, der in eine vorgegebene familiäre, kulturelle, ökonomische und natürliche Realität eingebunden ist. Es gibt menschliche Autonomie nur in einer jeweils bestimmten Welt. Woraus folgt, daß jeder Mensch dadurch, daß er das unhinterfragbare Recht auf eine eigene Identität hat, auch das Recht auf die Welt hat, zu der diese seine Identität gehört. Die persönlichkeitsgebundenen Menschenrechte erfordern zu ihrer Durchsetzung u.a. das Menschenrecht auf kulturelle Identität und sie erfordern damit - darin eingeschlossen - auch das Recht auf die in der kulturellen Identität einer Gemeinschaft bzw. Gesellschaft zum Ausdruck kommende Geschichte. Welche Geschichte auch jeweils eine spezifische "menschliche Geschichte" des Naturraumes sein kann, der die "Heimat" dieser Gemeinschaft/Gesellschaft ist. Letzteres trifft selbstverständlich im Falle der "Kulturlandschaften" in hervorragendem Maße zu. Im Falle der "Kulturlandschaften" drängt sich ja die Notwendigkeit des Rechts auf die eigene kulturelle Identität und Geschichte in ganz ausdrücklicher Weise auf, weil die Kulturlandschaften als "Heimat" eben unmittelbar von der kulturellen Identität der in ihr lebenden Bevölkerung abhängig sind. Wenn Bätzing in seiner Probevorlesung in Bezug auf die "Nachhaltige Naturnutzung im Alpenraum" formuliert, daß erst der "Aufbau einer neuen kulturellen Identität", welche die "Tradition (gemeinsame Umweltverantwortung) und Moderne (persönliche Entfaltungsmöglichkeiten) produktiv miteinander verbindet", "die gesellschaftlichen Grundlagen für die ökologische Reproduktion" "schafft" (*Probevorlesung, S.8)*, so präzisiert er die anstehende Thematik in der nötigen Weise. Denn er arbeitet auf diese Weise heraus, daß allein dann, wenn die "Bereiche der persönlichen und kulturellen Normen und Werte, der sozialen Gerechtigkeit und der Demokratie" "so miteinander verbunden" sind, "daß das Handeln der Menschen auf den verschiedenen gesellschaftlichen Ebenen (Individuum, Familie, Gemeinde usw. bis hin zum Staat bzw. Europa) durch eine verwurzelte Identität - ein positives Verhältnis zur je eigenen Geschichte und Region im Sinne von 'Heimat' und ein ausgeprägtes Selbstbewußtsein - getragen wird", „ein verantwortungsvolles Handeln in langfristiger Perspektive ermöglicht" (*ibid*) wird.

Das Recht auf die eigene kulturelle Identität schließt nicht das Recht auf eine spezifische Natur ein; dieses Recht kann nicht statisch aufgefasst werden. Es wird nur dann recht verstanden, wenn die kulturelle Identität als ein Werden begriffen wird, als Realisierung immer neuer persönlicher und kultureller Möglichkeiten, die mit der kulturellen Basis vermittelbar bleiben. Was selbstverständlich wiederum auch eine Entwicklung der "Kulturlandschaften" bedeutet. Das Recht auf die eigene kulturelle Identität realisiert sich im Falle der "Kulturlandschaften" als ein "verantwortungsvolles Handeln", dessen Verantwortlichkeit sich an der "ökologischen Reproduktion" der betroffenen "Kulturlandschaft" beweist; das meint hier: an der Erhaltung und Weiterentwicklung eine "Naturzustandes" als menschlicher und natürlicher Möglichkeit. Vielleicht läßt sich die oft aufgeworfene Frage nach der Verantwortung der Menschen gegenüber der Natur überhaupt in diese Richtung gehend beantworten. Wo sind wir hingekommen?

Ich begann meine Ausführungen mit der Definition des Begriffs der "Nachhaltigkeit" aus dem "Schwerpunktprogramm" " Nachhaltige Nutzung in Gebirgsräumen" des Geographischen Instituts Bern. Bei meinem Versuch, mir die Definition klarzumachen, "nachhaltige Naturnutzung" müsse als "dasjenige Handeln und Wirtschaften" bezeichnet werden, "das so gestaltet wird, daß keine wesentlichen Einschränkungen für künftige Handlungsmöglichkeiten entstehen", kam ich auf den Begriff des "Naturzustandes". Es wurde deutlich, daß dem Problem der Nachhaltigkeit nur auf der Grundlage eines Naturbegriffs beizukommen ist, für den die Natur die "Gesamtheit der Fähigkeiten und Vermögen menschlicher und nichtmenschlicher Art" ist, deren "aktive Vereinigung". Dies zugrundegelegt ergab sich die Notwendigkeit, den Sachverhalt der menschlichen Freiheit und damit des permanenten Gegensatzes des Menschen zur Natur einer Erklärung näherzubringen. Dazu diente mir ein Ausflug in die Naturphilosophie Schellings, welcher deutlich macht, daß die Natur an ihr selbst ein Selbstdifferenzierungsprozeß ist, dessen "Produkte" ihr "Daseyn" **in sich selbst** haben. Aufgrund des Gedankengangs bis dahin hoffte ich verdeutlichen zu können, daß man sich dem Problem der "Nachhaltigkeit" weder auf der Basis mechanistischen Naturverständnisses, noch auf der Basis holistischer Naturtheorien nähern kann. Dabei dachte ich, vor der Verführung eines naturalistischen Fehlschlusses warnen zu müssen. Statt dessen vertrat ich die These, daß "Nachhaltigkeit" ein Problem der gesellschaftlichen Praxis ist; ein Problem, das - zwar auf der Grundlage objektiver wissenschaftlicher Kenntnisse - letztlich doch nur durch gesellschaftlichen Konsens gelöst werden kann. Dieser Konsens - so arbeitete ich heraus - muß dem Menschenrecht auf die je eigene kulturelle Identität und der sich in ihr ausdrückenden Geschichte gerecht werden. Und dieses Menschenrecht realisiert sich im Fall der "Kulturlandschaften" als ein "verantwortungsvolles Handeln", dessen Verantwortlichkeit sich in der Erhaltung und Weiterentwicklung eines konkreten Stücks "menschlicher Geschichte der Natur" als menschlicher und natürlicher Möglichkeit äußert. Jedenfalls zeigt sich, daß es bei dem Problem der "Nachhaltigkeit" ganz wesentlich um die Frage geht, ob der modernen Gesellschaft eine kulturelle Identität möglich ist, die zur Genese eines verantwortlichen Handelns hinlänglich ist. Dies bedeutet wiederum, daß wir alle soziologischen Theorien als unverträglich mit unserer Problematik bezeichnen müssen, die Möglichkeit kultureller Identität in der modernen Gesellschaft negieren. Dies trifft insbesondere auf die Systemtheorie Niklas Luhmanns zu; betrifft aber auch - mit Einschränkungen- die Konsenstheorie von Jürgen Habermas, wenn diese nicht spezifisch vertieft wird. Aber dies ist ein zu weites Feld. Und ich möchte jetzt schließen.

Paul Messerli

Nachhaltige Naturnutzung: Diskussionsstand und Versuch einer Bilanz

Die nachfolgenden Überlegungen sind spontan niedergeschrieben und kein ausgereiftes Produkt. Sie versuchen lediglich zu ordnen, was die Referate im Kontext der Diskussion um das Konzept der Nachhaltigkeit klärten, zu beschreiben, wo wir im Problemverständnis stehen, und einen Ausblick auf die notwendige Fortschreibung des begonnenen Lern- und Erkenntnisprozesses zu geben.

Die meisten Referate beziehen sich auf die Konzeption der Nachhaltigkeit, wie sie im Brundtland Bericht: „Our common future" (1987) formuliert wurde. Mit dieser Definition war weder eine theoretische Fundierung noch eine Operationalisierung beabsichtigt, sondern die Entwicklung einer global kommunizierbaren Konsensformel. Die Konkretisierung dieser Formel erhält im Bericht aber nur Gewinner und keine Verlierer, d.h. sie bekräftigt das Projekt der Moderne mit seinem doppelten Anspruch: „Menschenrechte und Wohlstand für alle".[1] Dieses Versprechen ist aber problematisch.

Bereits im Jahre 1968 weist Garrett Hardin im berühmten Artikel „The tragedy of the commons" nach, dass angesicht der wachsenden Weltbevölkerung diese Formel kaum einlösbar ist: Es gibt kein nachhaltiges Wachstum in einer endlichen Welt von Ressourcen. Dies kann damit begründet werden, dass dauerhafte Effizienzsteigerung (bezüglich Energie und Material pro Outputeinheit) nicht möglich ist und Natur und Technik/Kapital in einem letztlich komplementären und nur begrenzt substituierbaren Verhältnis stehen. Denn Natur ist nicht nur Materialursache (Produkt) sie ist immer auch Wirkursache (Produktivität beziehungsweise Produktivkraft), auf die wir nicht verzichten können.[2]

Auf der anderen Seite kann der Mensch (in dieser Zahl) ohne Veränderungen der Natur mittels Technik und Kapital nicht überleben, geschweige denn seine (wachsenden) Bedürfnisse befriedigen, noch wird dies zutreffen können für künftige Generationen. Hardin spricht in seinem Artikel von einer neuen Kategorie von Problemen, die unserer Zivilisation durch Bevölkerungswachstum und Wohlstandssteigerung erwachsen. Mit „no technical solution problems" meint er nichts anderes, als die begrenzte technische und kapitalmässige Substituierbarkeit natürlicher Ressourcen.

---

[1] Diese Überlegung verdanke ich Jürg Minsch, HSG aus einem unveröffentlichten Diskussionspapier.

[2] Diese Überlegungen finden wir im Beitrag von Friedrich Vosskühler und im bereits erwähnten Diskussionspapier von Jürg Minsch.

Die Frage, ob sich die Nachhaltigkeitsforderung überhaupt einlösen lässt, ist somit berechtigt. Weil sie seit der Rio-Konferenz nicht nur in zahlreichen politischen Programmen zu finden ist, sondern bereits in Konventionen, Verfassungen und Gesetzen ihre verbindliche Verankerung gefunden hat, wird ihre Umsetzbarkeit zum zentralen Punkt. Mit Politik und Gesetzgeber zusammen ist auch die Wissenschaft gefordert, zur Konkretisierung dieser Vision beizutragen.

Die Bezeichnung „Vision" ist deshalb gerechtfertigt, weil in der Krise der 30er Jahre eine vergleichbare Vision einem (neuen) Gesellschaftsmodell zum Durchbruch verhalf, das seine Führerschaft mit der gegenwärtigen Krise der Massenproduktion zu verlieren beginnt.[3] Das sozialmarktwirtschaftliche Gesellschaftsmodell der Nachkriegsaera versprach die Lösung des Problems, stetes Wachstum mit gerechter Verteilung des Wohlstandes zu verbinden. Der Gesellschaftsvertrag zwischen Kapital, Staat und Arbeit sicherte nach dem zweiten Weltkrieg in der Tat einen enormen Wohlstandsgewinn und politische Stabilität.

Heute stehen die westlichen Gesellschaften vor einer ähnlichen Herausforderung, nur ist das Problem um eine Dimension erweitert: Zur Verteilungsfrage des Wohlstandes innerhalb und zwischen den Völkern und Staaten kommt die ökologische Frage eines reproduktiven Umganges mit der Natur hinzu. Ein neues karrierefähiges Gesellschaftsmodell muss somit generalisierbare und exportfähige Antworten auf diese doppelte Herausforderung finden. „Nachhaltigkeit" wäre so gesehen die neue „normative Theorie" eines Gesellschaftmodelles, das die Verteilungsfrage **und** die ökologische Tragfähigkeitsfrage positiv beantwortet.

Und wieder greife ich auf Hardin (Science, Vol.162, Dez 1968) zurück, um klar zu machen, in welcher Weise „nachhaltiges Handeln" konkretisiert werden kann. Mit dem Allmendeproblem machte er deutlich, warum bei kollektiven Gütern die grundsätzliche Gefahr der Übernutzung und Zerstörung besteht: „The freedom of the commons brings ruin to all". Damit ist aber auch schon die Stossrichtung nachhaltigen Handelns angezeigt: Die einst freien Naturgüter müssen ebenso wie die andern einem Rationierungsprinzip unterworfen werden.

Ein neuer Gesellschaftsvertrag im Beziehungsdreieck Individuum-Gesellschaft-Natur, der die Mängel des alten überwindet und neuen moralischen Regeln zum Durchbruch verhilft, muss das Individuum aus den (alten) sozialen Handlungszwängen befreien. Dies erfordert Vertrauen in neues, soziales Handeln, das freiwillig auf kooperativer Basis oder über marktähnliche Institutionen erreicht werden kann.

Damit die Beiträge der Referenten sinnvoll eingeordnet werden können, sei mit der folgenden Figur dargestellt, welche grundsätzlichen Probleme mit der Entwicklung neuer Handlungssysteme in unserer heutigen systemisch ausdifferenzierten Gesellschaft verbunden sind. Das Teilsystem Wirtschaft hat sich verselbstständigt und seine eigene Sprache und Regeln entwickelt; die Kommunikation ist nur mehr über die Sprache der Preise möglich. Die Gesellschaft umfasst all jene Regelwerke, auf die menschliches Handeln Bezug nimmt,

---

[3] Diese Darstellung folgt Volker Bornschier, 1988: Westliche Gesellschaften im Wandel.

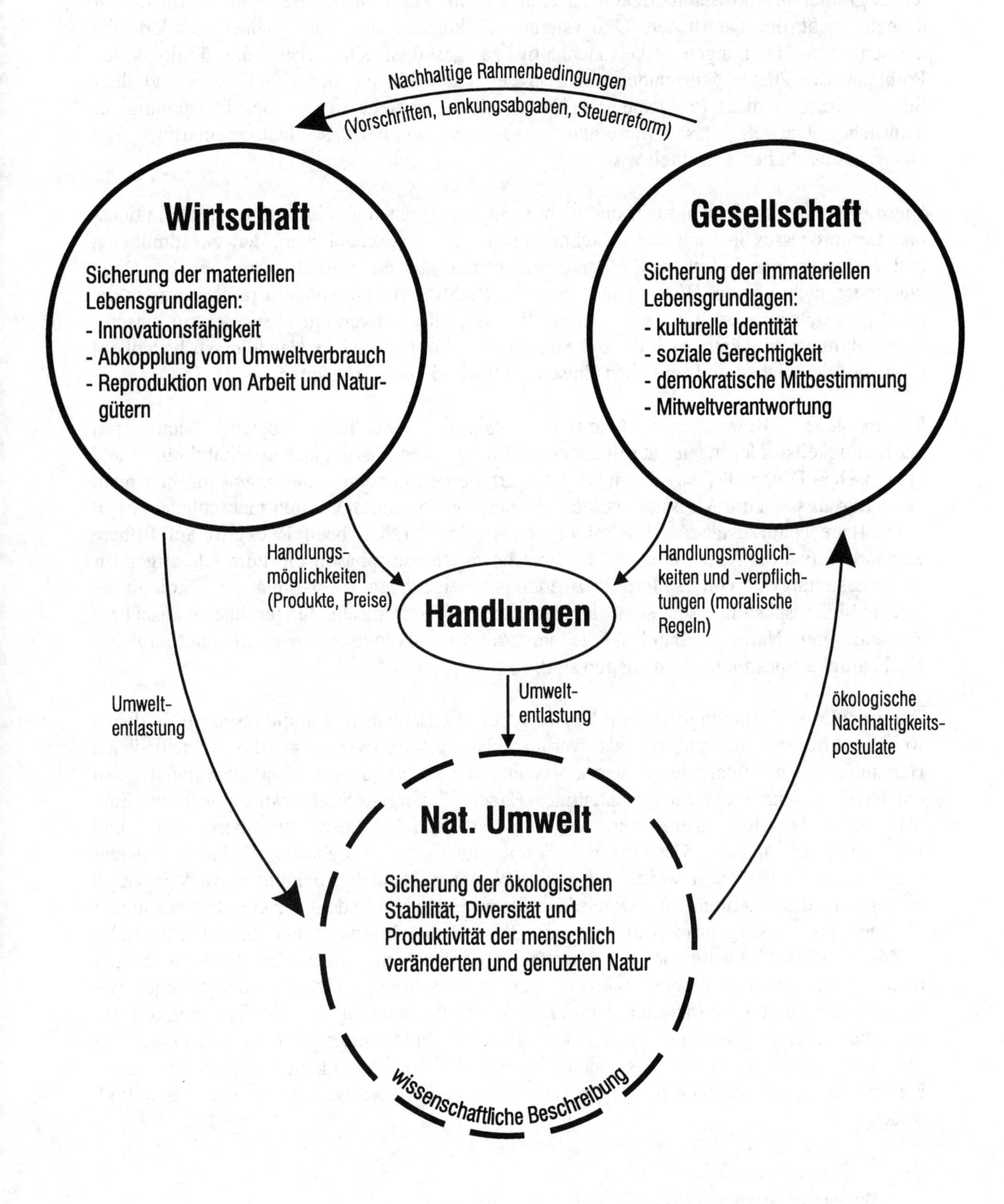

Nachhaltigkeit als gesellschaftlicher Lern- und Gestaltungsprozess (Verständnis auf dem Hintergrund der Referate)

Nachhaltige Rahmenbedingungen
(Vorschriften, Lenkungsabgaben, Steuerreform)

Wirtschaft

Sicherung der materiellen Lebensgrundlagen:
- Innovationsfähigkeit
- Abkopplung vom Umweltverbrauch
- Reproduktion von Arbeit und Naturgütern

Gesellschaft

Sicherung der immateriellen Lebensgrundlagen:
- kulturelle Identität
- soziale Gerechtigkeit
- demokratische Mitbestimmung
- Mitweltverantwortung

Handlungsmöglichkeiten (Produkte, Preise)

Handlungsmöglichkeiten und -verpflichtungen (moralische Regeln)

Handlungen

Umweltentlastung

Umweltentlastung

ökologische Nachhaltigkeitspostulate

Nat. Umwelt

Sicherung der ökologischen Stabilität, Diversität und Produktivität der menschlich veränderten und genutzten Natur

wissenschaftliche Beschreibung

um Legitimation und Sinnhaftigkeit zu erlangen. Im Zentrum der Betrachtung finden wir deshalb nicht die natürlichen Ökosysteme (Diskussion der 70er Jahre), sondern die menschlichen Handlungen[4], die nachhaltig zu gestalten sind; denn die ökologischen Probleme des 20sten Jahrhunderts sind in der Tat Probleme der Gesellschaft und ihrer Subsysteme und nicht Probleme der Natur. Natur versteht sich in der Darstellung als natürliche Umwelt des Menschen, wie sie durch das Instrumentarium der Naturwissenschaften vermittelt wird.

Diese Figur intendiert nicht mehr und nicht weniger, als einen gesellschaftlichen Definitions- und Lernprozesses in Richtung „Nachhaltigkeit" zu veranschaulichen, den zu stimulieren und voranzutreiben Politik und Wissenschaft gemeinsam die Verantwortung tragen. Denn wir stehen nicht vor der Wahl nichts, bzw. das Richtige zu tun, sondern rasch etwas in die **richtige Richtung** zu tun; mit andern Worten, die notwendige Erweiterung unserer Wahrnehmungsfähigkeit (auch die unbeabsichtigten Folgen unseres Handelns zu bedenken) sowie der räumlichen und zeitlichen Entscheidungshorizonte einzuleiten.

Verschiedene Referenten (Germann, Gigon, Vischer) setzen sich mit Nachhaltigkeitsforderungen auseinander, wie sie aus ökologischen Stabilitäts- und biologischen Diversitätsbetrachtungen gefolgert werden können. Allerdings kann hier nicht die Natur an sich zum Massstab werden, sondern nur bestimmte, durch menschliche Arbeit geschaffene Naturzustände (Vosskühler). Dies wird deutlich beim Rückgriff auf frühere Zustände (etwa die 50er Jahre vor der grossen Wachstumsphase), die immer häufiger zur Konkretisierung von Referenzwerten beigezogen werden. Ökologische Nachhaltigkeitspostulate sind somit unweigerlich mit Wertentscheidungen über wünschbare Zustände der Natur verbunden, die im Rahmen ökologisch- naturwissenschaftlicher Nachhaltigkeitspostulate offenzulegen sind.

Damit solche Nachhaltigkeitspostulate auf der menschlichen Handlungsebene wirksam werden können, müssen sie als verbindliche Referenzwerte in die verschiedenen Handlungssysteme internalisiert werden. Wenn wir menschlichem Handeln Sinnhaftigkeit unterstellen, dann muss für „nachhaltiges Handeln" vorerst Sinn gestiftet werden. Sinn macht eine Handlung dann, wenn sie zum Erfolg führt, also zur Anerkennung und Belohnung in unserer Gesellschaft. Somit muss die moralische Ordnung unserer Gesellschaft so verändert werden, dass „nachhaltiges Handeln" belohnt wird. Wie Lendi ausführt, ist diese Ordnung ansatzweise bereits im Entstehen, indem der Gesetzgeber immer häufiger das Vorsorgeprinzip einbaut und damit vom Grundsatz her umweltschonendes Handeln „belohnt". Damit aber eine Verständigung über neue Regeln des Handelns in einer modernen Gesellschaft möglich wird, müssen wohl bestimmte Grundvoraussetzungen wie das Recht auf kulturelle Identität, demokratische Mitbestimmung, soziale Gerechtigkeit und die Existenz einer gemeinsamen Wertbasis (Mitweltverantwortung) erfüllt sein. Damit ist die Vermutung geäussert, dass sich ökologische Nachhaltigkeitspostulate nur unter bestimmten gesellschaftlichen Voraussetzungen handlungswirksam umsetzen lassen (vgl. Rauch).

---

[4] Vergleiche Gertrude Hirsch, 1993: Gaia 2 No.3: 141 ff.

Auf diesem Wege sollen die Handlungsmöglichkeiten des Individuums verändert und erweitert werden; insbesondere soll es aus dem sozialen Dilemma befreit werden, wider besseres Wissen gegen die Natur und die Erhaltung der eigenen Lebensgrundlagen zu handeln.

Diese Handlungsmöglichkeiten können nun besonders wirksam durch das Wirtschaftssystem beeinflusst werden. Allerdings stimmt die Richtung nur dann, wenn Produkte und Preise die Nachhaltigkeitspostulate adäquat umsetzen. Dazu müssen die Rahmenbedingungen des Wirtschaftssystems (Verbot bestimmter Produkte, Vorschriften, gezielte Lenkungsabgaben oder eine umfassende ökologische Steuerreform) politisch so gestaltet werden, dass die Preissignale Innovationen und Produktentwicklungen auslösen, die zu einer systematischen Verringerung des Umweltverbrauches und der Umweltbelastung führen, und die Konsumenten zum sparsamen Umgang mit den knappen Umweltgütern veranlassen (Binswanger, Jaeger, Dürrenberger). Die marktwirtschaftliche Steuerung individueller Entscheidungen bietet sich als umweltpolitische Grobsteuerung aber nur dann an, wenn politische Mehrheiten für eine entsprechende Anpassung und Veränderung der geltenden Rahmenbedingungen zu mobilisieren sind. Mit andern Worten, die Marktwirtschaft mit ihren inhärenten Wachstumszwängen (Binswanger) lässt sich nur über die Umweltmoral nachhaltig verändern. Dürrenberger und Jaeger geben allerdings zu bedenken, dass die politische Hürde einer generellen Konsensfindung für die Gestaltung nachhaltiger Rahmenbedingungen sehr hoch liegen dürfte, die problemzentrierte Konsensfindung aber (etwa im Bereich der CO_2-Belastung), bedeutend mehr Erfolgschancen haben dürfte. Innovationen müssen deshalb in Problemfeldern stimuliert werden, wo ein hoher nationaler und internationaler Problemdruck besteht und ein grosses Entlastungspotential erwartet werden kann (als Beispiel die emissionsarme Bewältigung der Mobilität).

Wenn diese neuen Handlungsbedingungen zur Umweltentlastung führen, sind wir zwar dem Ziel näher gerückt, haben es aber noch nicht erreicht; denn allzuleicht werden Entkopplungserfolge infolge höherer Material- und Energieeffizienz, durch weiteres Wachstum wieder aufgezehrt. Rauch kommt deshalb zum zwingenden Schluss, dass eine nachhaltige Entwicklung im globalen Massstab eine Annäherung des pro Kopf-Verbrauches voraussetzt und damit die harte Forderung an den Norden gestellt ist, neben den Effizienzstrategien als realistische Übergangsstrategien, auch Suffizienzstrategien zu entwickeln.

Die Figur dient uns aber nicht nur dazu, die Referate problemorientiert zu verknüpfen und den zirkulären Lernprozess anzudeuten, der zu einem neuen Verhaltensprinzip führen soll, sie verweist ebenso auf die ungelösten Problemfelder, die deutlich aus den Referaten hervorgehen:
- Im Wirtschaftssystem ist die zentrale Frage aufgeworfen: How to escape - wie kann der inhärente Wachstumszwang des marktwirtschaftlichen Systems überwunden werden?
- In der Gesellschaft stellt sich die zentrale Frage: How to bridge the gap - wie kann die Diskrepanz zwischen Wissen und Handeln verkleinert und die Umsetzung umweltrelevanten Wissens in entsprechendes Handeln effizienter gestaltet werden?
- Bezogen auf die natürliche Umwelt stehen wir nach wie vor vor der Frage, an welchen Naturzuständen in regionaler Differenzierung sich nachhaltige Nutzung orientieren soll.

Damit sind die Natur-, Sozial- und Wirtschaftswissenschaften in hohem Masse gefordert, Kriterien für Wertentscheidungen über das Mass der zulässigen Naturnutzung auf allen Stufen (regional, national, global) zu entwickeln, Problemlösungspotentiale in Gesellschaft und Wirtschaft zu identifizieren und Wege aufzuzeigen, wie Verstärkungsmechanismen im politischen und gesellschaftlichen Lernprozess erfolgversprechend eingebaut werden können. Die Wissenschaften sind aber auch gefordert, die prinzipiellen Schwierigkeiten aufzudecken, die mit der Einlösung der Nachhaltigkeitsforderung verbunden sind, nicht um die Vision zu zerstören, sondern um zu verhindern, dass auf die **Lösung der Wissenschaft** gewartet wird.

Als Überleitung zum folgenden Text, der unseren Forschungsschwerpunkt zum Thema „Nachhaltige Naturnutzung in Gebirgsräumen" vorstellt, verweise ich auf die Besonderheiten und Vorteile einer geographischen Analyse der Nachhaltigkeit:
1. Die regionale Analyse erfordert eine Konkretisierung der nachhaltigen Nutzung in Raum und Zeit.
2. Die regionale Analyse erfordert die Klärung des Verhältnisses exogener zu endogenen Einflussgrössen und die Beantwortung der Frage, auf welcher Massstabsebene welche Indikatoren bilanziert werden sollen.
3. Die regionalen Strategievorschläge schliesslich erfordern ein konsistentes Handlungskonzept auf verschiedenen Massstabsebenen, damit lokale und regionale Nachhaltigkeitsbemühungen nicht national und international unterwandert werden.

Autorenverzeichnis

Dr.Mathias Binswanger	Institut für Wirtschaft und Oekologie, Hochschule St.Gallen
Prof.Denys Brunsden	Department of Geography, Kings College, University of London
Dr.Gregor Dürrenberger	Gruppe Humanökologie, EAWAG, ETH Zürich
Prof.Peter Germann	Abteilung Bodenkunde, Geographisches Institut, Universität Bern
Prof.Andreas Gigon	Geobotanisches Institut, Pflanzenökologie, der ETH Zürich
PD Dr.Carlo Jaeger	Gruppe Humanökologie, EAWAG, ETH Zürich
Prof.Martin Lendi	Institut für Rechtswissenschaft, ETH Zürich
Dr.Roland Marti	Geobotanisches Institut, Pflanzenökologie, der ETH Zürich
Prof.Bruno Messerli	Geographisches Institut, Physische Geographie, Universität Bern
Prof.Paul Messerli	Geographisches Institut, Kulturgeographie, Universität Bern
Prof.Daniel Vischer	Versuchsanstalt für Wasserbau, Hydrologie und Glaziologie der ETH Zürich
PD Dr.Friedrich Vosskühler	Fachbereich Philosophie, Gesamthochschule Kassel

NACHHALTIGE NUTZUNG IN GEBIRGSRÄUMEN

auf dem Hintergrund komplexer Umweltdynamik und ungleicher Wirtschafts- und Gesellschaftsentwicklung

Geographisches Institut der Universität Bern

Schwerpunktprogramm Gebirgsräume

1. Ein Forschungsschwerpunkt am Geographischen Institut Bern

In den heutigen Bemühungen von Wissenschaft, Wirtschaft und Politik, den Problemkomplex aus Ueberentwicklung, Unterentwicklung und Umweltzerstörung anzugehen, zeichnen sich immer deutlicher zwei Stossrichtungen ab: Die globalen Strategien zielen auf internationale Vereinbarungen über eine Begrenzung des Energieverbrauches, der Schadstoffemissionen, gerechte Handelsbeziehungen und die Entschuldung der Entwicklungsländer. Die lokalen und regionalen Initiativen dagegen zielen auf eine Stärkung der Handlungskompetenz dieser Stufe und eine Erweiterung des Handlungsspielraumes im Bereich des Umweltmanagements und der Entwicklungsplanung. Beide Strategien bilden eine umwelt- und entwicklungspolitische Einheit, denn ohne nationale und internationale Absicherung und Unterstützung kommen lokale Initiativen nicht zum Tragen und ebensowenig lassen sich globale Vereinbarungen ohne handlungsfähige lokale und regionale Trägerschaften wirkungsvoll umsetzen.

In diese Doppelstrategie eingebettet sind das Konzept und die Leitidee einer "nachhaltigen Entwicklung", gemäss denen die nicht erneuerbaren Ressourcen nicht erschöpft, die natürlichen Kreisläufe und Regenerationskräfte nicht überfordert und gleichzeitig soziale und kulturelle Entwicklung ermöglicht werden sollen. Dieses Konzept beeinhaltet die Vorstellung, dass bei fortschreitender Globalisierung der Märkte und der internationalen Arbeitsteilung wirtschaftliches Wachstum und gesellschaftliche Entwicklung nur dann umwelt- und sozialverträglich gestaltet werden können, wenn durch Dezentralisierung der politischen Macht und finanziellen Ressourcen auf die kulturellen und naturräumlichen Unterschiede Rücksicht genommen werden kann.

Die Geographie befasst sich in der Verbindung natur-, sozial- und geisteswissenschaftlicher Ansätze mit der Frage, welche Formen der Naturnutzung menschliche Gruppen und Gesellschaften unter bestimmten natürlichen, wirtschaftlichen und politischen Rahmenbedingungen entwickeln und entwickelt haben und wie diese aus dem Blickwinkel der Umwelt- und Sozialverträglichkeit zu bewerten sind. Damit steht sie der Kernfrage und grossen Herausforderung der Umwelt- und Entwicklungspolitik besonders nahe. Die Suche nach Nutzungskonzeptionen, die den regionalen Besonderheiten Rechnung tragen und langfristig tragfähig sind, ermöglicht der Geographie, ihre wissenschaftliche Erfahrung und ihr interdisiziplinäres Potential in den Dienst einer gesellschaftspolitisch äusserst wichtigen Problemlösung zu stellen.

Das Geographische Institut hat im Rahmen von Inland- und Auslandprojekten Erfahrungen in der Konzeption und Durchführung interdisziplinär-regionaler Forschungsvorhaben gewonnen. Es verfügt über Forschungsgruppen, die sich mit der Dynamik des Naturraumes (Physische Geographie und Bodenkunde) und mit ökonomischen, politischen und soziokulturellen Wechselwirkungen mit der natürlichen Umwelt (Kulturgeographie) befassen. Die Probleme, die sich aus den komplexen Verflechtungen zwischen natürlicher Prozessdynamik und sozio-ökonomischer Entwicklungsdynamik ergeben, können jedoch im einseitigen physisch-geographischen oder kulturgeographischen Forschungsansatz nicht mehr angemessen erfasst werden. Der Forschungsschwerpunkt um den Problembereich "nachhaltige Naturnutzung und nachhaltige Entwicklung" wird im Rahmen der Entwicklungszusammenarbeit durch unsere Gruppe für Entwicklung und Umwelt verwirklicht. Er soll die übrigen Forschungsgruppen vermehrt auf ein gemeinsames Forschungsziel ausrichten, die Brücken zwischen den natur- und sozialwissenschaftlichen Gruppen systematisch ausbauen und am Geographischen Institut die interdisziplinäre Kompetenz verstärken. Dies bedeutet nun keine Abschottung nach aussen, im Gegenteil. Das theoretische und methodische Rüstzeug können sich die Forschungsgruppen nur in intensiven Aussenkontakten erhalten.

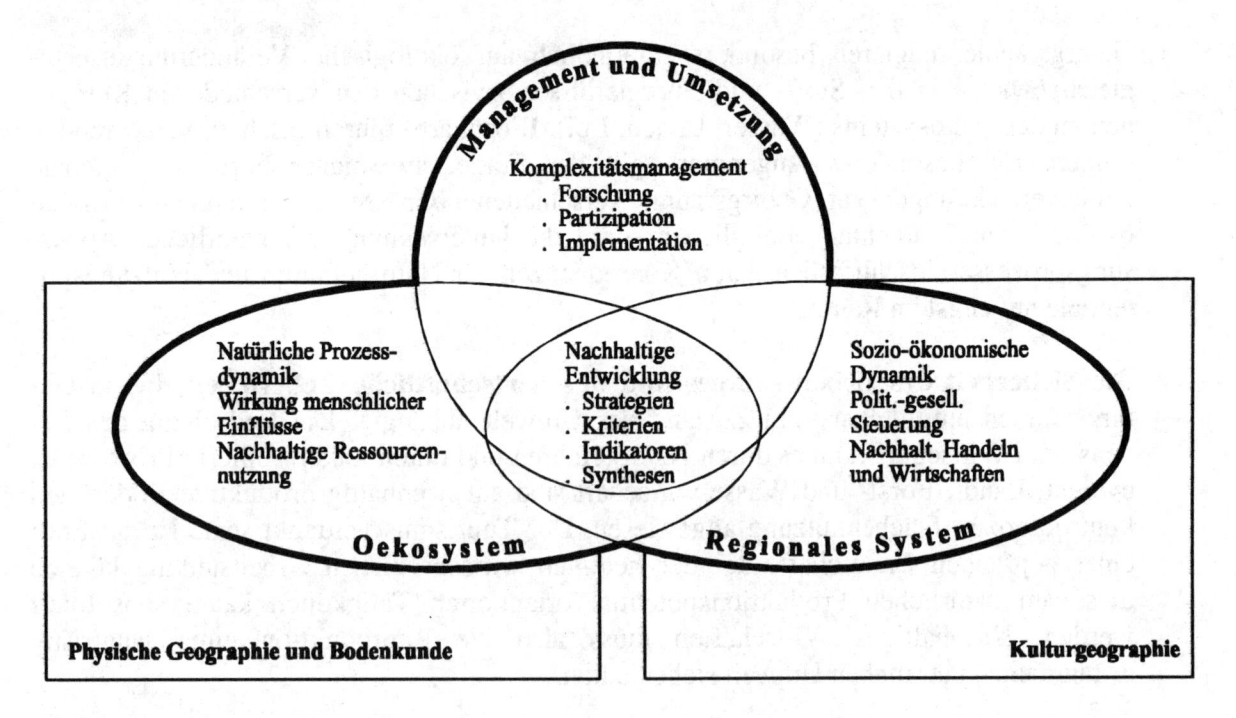

Fig. 1

2. Warum ein Schwerpunktprogramm Gebirgsräume

Gebirge modifizieren aufgrund ihrer thermischen und mechanischen Wirkung die atmosphärischen Prozesse derart, dass sich Anfangsbedingungen nichtlinear fortpflanzen. Dies bedeutet, dass Prozesse lawinenartig verstärkt werden können. Dadurch werden gewaltige Folgewirkungen erzeugt. Die komplexe Gebirgstopographie erzeugt dadurch ein feines Muster von Klimazonen, Bodentypen und Hydrotopen. Nirgends treffen Gunst und Ungunsträume so kleinflächig aufeinander wie in den Gebirgen. Auch das Nutzungsmosaik ist besonders vielfältig. Traditionelle und moderne Elemente koexistieren auf engstem Raum. Diese Voraussetzungen schaffen ein besonderes Spannungsfeld zwischen Kultur, Wirtschaft und Umwelt; der Zugriff von aussen aus den wirtschaftlichen Zentren auf die begehrten Ressourcen der Gebirgsräume wie Wasser, nutzbare Böden, Erholungslandschaften und temporären Siedlungsraum erhöht den Druck auf die Umwelt und die politische Autonomie der Bergregionen. Diese Abhängigkeiten und Beziehungen sind Ausdruck der grossräumigen Arbeits- und Funktionsteilung zwischen Zentren und Peripherien. Sie definieren den Handlungsspielraum der regionalen Akteure und bestimmen in hohem Masse die Realisierungschancen von Modellen nachhaltiger Entwicklung. Gebirgsräume stellen deshalb **besondere Ansprüche an die Klärung der Voraussetzungen ökologischer und ökonomischer Nachhaltigkeit**.

Die **aktuellen Entwicklungstendenzen** in der Umwelt, bei der Bodennutzung, der wirtschaftlichen Restrukturierung und der Bevölkerungsverteilung liefern weitere Argumente für einen Forschungsschwerpunkt in Gebirgsräumen:

1. Gebirgsräume reagieren besonders empfindlich auf ökologische Veränderungen. Ungleichgewichte in den Stoff- und Energieflüssen zwischen den verschiedenen Komponenten des Oekosystems (Wasser, Boden, Luft, Biosphäre) führen rasch zu verheerenden Folgen. Ein besonderes Augenmerk gilt der Frage, in welcher Form sich globale Klimaveränderungen auf Gebirgsräume verschiedener Grösse auswirken. Die grossen ökologischen Gradienten ermöglichen somit die Untersuchung der natürlichen Anpassungsprozesse einschliesslich deren Konsequenzen für Naturgefahren und Nutzungspotentiale auf engstem Raum.

2. Die **Sicherheit des Lebensraumes und das wirtschaftliche Ueberleben** sind in Gebirgsräumen unmittelbar vom Zustand der Umwelt abhängig. Die Bedrohung des Lebens- und Wirtschaftsraumes durch Naturgefahren und durch unkontrollierte Prozesse ist evident. Land-, Forst- und Wasserwirtschaft sind auf nachhaltig produktive Böden und kontrollierbare Flächennutzung angewiesen. Der Tourismus verdankt seine Ertragskraft einer gepflegten Landschaft. Bei der heutigen wirtschaftlichen Arbeitsteilung können diese am natürlichen Produktionspotential orientierten Tätigkeiten kaum substituiert werden. Nachhaltiges Wirtschaften muss also die Reproduktion einer langfristig ertragreichen naturnahen Umwelt sicherstellen.

3. Gebirgsregionen unterliegen einem **Peripherisierungsprozess, der ihre politische Autonomie und kulturelle Eigenständigkeit untergräbt**. In den Industrieländern setzte dieser Prozess mit der Industrialisierung der Agrarwirtschaft ein und benachteiligt seither die arbeitsintensivere Berglandwirtschaft. Der Tourismus brachte zwar eine flächenhafte Aufwertung der Gebirgsräume als Erholungslandschaft, Sportarena und Naturschutzgebiet, die Abhängigkeit von den wirtschaftlichen Zentren und ihrer Freizeitgesellschaft hat sich aber noch verstärkt. In den Entwicklungsländern sind die Gebirge - einst Zentren früherer Hochkulturen und Herkunftsgebiet wichtiger Kulturpflanzen - Gunsträume zum trockenen oder immerfeuchten Umland, und heute einer starken Degradierung durch Bevölkerungswachstum, Verarmungsprozesse und politische Instabilitäten ausgesetzt. Immer mehr werden sie auch als Ressourcen- und Reserveräume für Wasser, Holz und landwirtschaftliche Nutzfläche und als Naturreservate in die nationale Entwicklungsplanung einbezogen und dadurch von aussen bestimmt. Zunehmende Fremdbestimmung und wirtschaftliche Abhängigkeit sind also kennzeichnend für die Entwicklung von Gebirgsregionen. Da politische Autonomie und Selbstverwaltung wichtige Voraussetzungen für Selbst- und Umweltverantwortung und kulturelle Eigenständigkeit sind, erhalten die politische und die kulturelle Dimension bei der Suche nach Modellen der nachhaltigen Entwicklung ein besonderes Gewicht.

4. **Koexistenz und Kombination verschiedener Wirtschaftsformen sind Potentiale für künftige Erwerbs- und Entwicklungsmodelle.** Arbeitsteilung und Spezialisierung sind wegen der oft schmalen wirtschaftlichen Basis weniger weit fortgeschritten als ausserhalb der Gebirgsräume. Mehrberuflichkeit und Erwerbskombination sind oft praktizierte Formen der Existenzsicherung. Dabei findet häufig eine Verbindung von konkreter Naturbearbeitung und abstrakter Erwerbstätigkeit statt. Diese Doppelerfahrung ist eine wichtige Voraussetzung nachhaltigen Wirtschaftens. Dazu kommen die möglichen Anknüpfungspunkte an traditionelle Landbearbeitungs- und Nutzungsformen, die sich neben dem modernen gewerblich-industriellen und Dienstleistungsssektor erhalten haben. Die land- und forstwirtschaftliche Bodennutzung ist in den Industrieländern durch eine zunehmende Polarisierung in Intensiv- und Extensivgebiete gekennzeichnet. Der Weg zurück zur naturnahen Landschaft setzte in Gebirgsräumen wesentlich früher ein und dürfte wichtige Erkenntnisse für den geordneten Rückzug aus der Fläche im Rahmen grossflächiger Extensivierungsprogramme, speziell in Europa, liefern.

Die **besonderen inhaltlichen und methodischen Anforderungen** an ein interdisziplinäres Programm der Gebirgsforschung ergeben sich aus der Vielfalt der natur- und kulturräumlichen Verhältnisse, aus der besonderen, oft nicht linearen und teils unkontrollierbaren Dynamik natürlicher Prozesse und aus den ebenso vielfältigen Interaktionsformen zwischen Mensch und Natur. Dies erfordert zum einen eine Erfassung und Analyse der natürlichen Prozesse aus der Voraussetzung und Begrenzung der menschlichen Aktivitäten. Zum andern wird die systematische Klärung der Voraussetzungen und der Konsequenzen verschiedener sozio-ökonomischer und kultureller Entwicklungs- und Landnutzungsmodelle verlangt.

Die Gliederung der Gebirgsräume in Talschaften mit vergleichbaren Höhenstufen und Nutzungszonen erleichtert die Entwicklung von integrierten Forschungsansätzen, die auf räumliche Ueberschaubarkeit, Vergleichbarkeit und hohe Datendichte angewiesen sind. Demnach lassen sich mit diesem Forschungsschwerpunkt sowohl grundlagenorientierte als auch angewandte umsetzungsbezogene Projekte in nationale und internationale Programme einbringen.

Die **Vorleistungen und Erfahrungen**, die das Institut in die Entwicklung eines solchen Schwerpunktprogrammes einbringen kann, wurden durch die folgenden z. T. langjährigen Forschungsaktivitäten gewonnen.

1. Die **Alpen** waren und sind Gegenstand der Klima- und Atmosphärenforschung, in jüngster Zeit vermehrt im Hinblick auf Klimaänderungen. Sie stehen im Zentrum der Beurteilung von Naturgefahren und standen im Mittelpunkt der Untersuchungen zur wirtschaftlichen Entwicklung und ökologischen Belastbarkeit von Gebirgsökosystemen (MAB-Programm). Die Erforschung des Georeliefs, der Genese von Gebirgszügen und Tälern, ihre Ueberprüfung durch verschiedene Prozesse im Zusammenspiel mit Wasser, Schnee und Eis hat vor allem in den Alpen begonnen. Die Entwicklung von Methoden zur Beurteilung von Naturgefahren erhält seit jeher wichtige Impulse aus Forschung und praktischer Auseinandersetzung im Alpenraum. Die Sonderstellung der Alpen als eigenständige, zentrale Region einerseits und als demographische und wirtschaftliche Peri-

pherie der europäischen Entwicklung andererseits sowie die Tatsache, dass sie ein empfindliches Oekosystem darstellen, prädestinieren sie zur Erforschung von Strategien der nachhaltigen Entwicklung auf verschiedenen Massstabebenen. Die Erstellung von Gemeindeleitbildern, die Tourismusforschung, die Untersuchungen zu den alpenweiten regionalen Entwicklungsunterschieden sowie die laufenden Arbeiten über die historische Erschliessung und Nutzung des Alpenraumes bilden solide Grundlagen für unsere Schwerpunktbildung.

2. Die Arbeiten im **Himalaya** und in den Einzugsgebieten des Ganges und des Brahmaputra gehören zum Programm "Highland-Lowland Interactive Systems" der United Nations University (UNU). Unter der neuen Bezeichnung "Mountain Ecology and Sustainable Development" wurde ein wesentlicher Teil der Koordination dieses Programmes an unser Institut übertragen.

3. **In den afrikanischen Gebirgen** wird seit über 10 Jahren im Rahmen der Entwicklungszusammenarbeit mit Unterstützung des Bundes im Umweltbereich geforscht, nachdem zunächst klimageschichtliche Forschungen im Vordergrund gestanden hatten. In Aethiopien, im Einflussbereich des Mount Kenya und im Hochland von Madagaskar werden zur Zeit Erosions- und Degradationsprozesse untersucht und es werden Fragen der Entwicklung und ihrer Auswirkungen auf die Umwelt behandelt. Die Ergebnisse werden laufend in Ausbildungsprogramme für nachhaltiges Ressourcenmanagement umgesetzt.

4. Bei der Erforschung der Atacama-Wüste in den **Anden** stehen ähnliche klimageschichtliche Interessen im Vordergrund, wie seinerzeit bei den Arbeiten in den Gebirgen der zentralen Sahara. Doch sind bei diesem Projekt wesentliche Erkenntnisse für den heutigen Wasserhaushalt dieses extrem ariden Raumes mit einer rasch expandierenden Wirtschaft (Bergbau, Urbanisierung) zu erwarten.

Bereits in diesen Projekten wurde von der grossen Sensitivität der Gebirgsökosysteme auf natürliche und anthropogene Einflussfaktoren ausgegangen und wesentliche Erkenntnisse über natürliche Veränderungen (Klimageschichte) und nutzungsbedingte Stabilität gewonnen. Im Rahmen des MAB-Programmes, in den laufenden Projekten der Gruppe für Entwicklung und Umwelt und durch Leitungsfunktionen in grösseren Programmen (ALPEX, POLLUMET, WOCAT, Klima- und hydrologischer Atlas der Schweiz) konnten Erfahrungen im Projektmanagement gesammelt werden. Unser Schwerpunktprogramm kann also an eine Forschungstradition, an breites Fachwissen, methodische Kompetenz und Managementerfahrung anknüpfen.

Für das Institut von Bedeutung ist auch das Ergebnis der Umweltkonferenz von Rio de Janeiro (UNCED 92), durch die die Gebirge als ökologisch empfindliche Räume mit weltweit bedeutsamen wirtschaftlichen und genetischen Ressourcen, aber auch als unverzichtbare Lebens- und Erholungsräume in die Agenda 21 aufgenommen wurden. Damit stehen sie in der Liste der Prioritäten für das 21. Jahrhundert.

3. Forschungsziele und Arbeitsschwerpunkte

Mit dem Begriff "n**achhaltig**" wird dasjenige menschliche Handeln und Wirtschaften bezeichnet, das so gestaltet wird, dass keine wesentlichen Einschränkungen für künftige Handlungsmöglichkeiten entstehen. Nachhaltiges Handeln und Wirtschaften ist daher langfristig durchführbar, ohne dass es dabei zu Reaktionen im Naturhaushalt kommt, die die Lebensgrundlagen der Menschen auf der Erde in Frage stellen.

Der Begriff der "**Nachhaltigkeit**" wird heute häufig gebraucht, aber meist bleibt unklar, wie er konkret gegen ein nicht nachhaltiges Wirtschaften abgegrenzt werden kann. Das liegt daran, dass dieser Begriff einen sehr komplexen Sachverhalt bezeichnet, bei dem das wirtschaftliche, gesellschaftliche und natürliche System ineinander greifen und dabei vorerst einmal offen bleibt, ob eine der Definition entsprechende Handlungsstrategie aufgrund unseres Kenntnisstandes überhaupt entworfen werden kann. Weil sich nachhaltiges Wirtschaften einer einfachen Definition entzieht, kann es dafür nur eine Näherungslösung geben, die von allen beteiligten Disziplinen (Natur-, Sozial- und Geisteswissenschaften) gemeinsam erarbeitet werden muss.

Die Geographie ist von ihrem Ansatz her in der Lage, die Nachhaltigkeit in einer **räumlichen Perspektive** zu analysieren, indem sie die Frage angeht, wie menschliches Handeln in einem **bestimmten Raum** gestaltet werden soll, damit nicht unkontrollierbare Naturprozesse die menschlichen Lebensgrundlagen gefährden.

Damit verfolgt die Geographie eine Forschungsstrategie von innen nach aussen von der nachhaltigen Boden- und Ressourcennutzung über die nachhaltige Gestaltung lokalen und regionalen Wirtschaftens zu den notwendigen politischen Rahmenbedingungen und wirtschaftlichen Austauschbeziehungen im nationalen und internationalen Rahmen. Damit wird die Komplexität des Themas bewusst reduziert und die Annäherung an brauchbare Modellvorstellungen nachhaltiger Entwicklung schrittweise operationalisiert.

Gebirgsräume bieten für diese Forschungskonzeption günstige Voraussetzungen, weil die Nutzungsformen kleinräumig differenziert sind und mit dem ökologischen Erfahrungswissen den natürlichen Verhältnissen angepasst entwickelt werden können. Das Nebeneinander und die personale Verbindung verschiedener Erwerbsformen bei unterschiedlichem Grad der Arbeitsteilung und Spezialisierung bieten Ansatzpunkte für innovatives wirtschaftliches Handeln. Der Einfluss der politischen Selbstverwaltung und der externen Austauschbeziehungen kann in naturräumlich vergleichbaren Situationen studiert werden.

Unsere **koordinierten Forschungsaktivitäten** sollen somit zur Klärung der Fragen beitragen,

(1) was man unter **nachhaltiger Nutzung der natürlichen Umwelt** auf verschiedenen Massstabebenen überhaupt verstehen kann;
(2) wie dieses **Verständnis** in Normen (Bodennutzung, Raumordnung, Mobilität) umgesetzt werden kann;

(3) und wie diese **Normen** schliesslich wirkungsvoll in die wirtschaftlichen und politischen Entscheidungsprozesse der verschiedenen Entscheidungsebenen einzubringen sind.

Der sequentielle Aufbau dieser **Zielsetzung** bedeutet nun keinesfalls, dass zuerst die Natur- und dann erst die Sozialwissenschaften zum Zuge kommen. Im Gegenteil: auf allen drei Stufen braucht es eine enge Verbindung der verschiedenen Disziplinen. So muss ja bereits die Forderung "nachhaltigen Wirtschaftens" auf ihre Interpretier- und Einlösbarkeit hin aus natur- und sozialwissenschaftlicher Sicht überprüft werden.

Aufgrund der inhaltlichen Orientierung und der laufenden Projekte der verschiedenen Forschungsgruppen werden nachfolgend vier **integrative Arbeitsschwerpunkte** definiert, in denen auf diese Zielsetzung hin gearbeitet wird. Die Abgrenzung erfolgt so, dass diese Arbeitsschwerpunkte thematisch überschaubar bleiben, die Zusammenarbeit mehrerer Forschungsgruppen gefordert ist und der Beitrag zum Thema "Nachhaltigkeit" unmittelbar ersichtlich wird.

1. **Die Analyse von Klimaänderungen in den Hochgebirgen der Erde in Vergangenheit, Gegenwart und Zukunft anhand ausgewählter Indikatoren/Phänomenkomplexe und ihre Konsequenzen für die menschliche Nutzung**

Der Rückblick auf vergangene Klima- und Umweltverhältnisse lehrt uns, mit welcher Empfindlichkeit die Gebirgsökosysteme auf Klimaschwankungen reagiert haben und welche Anpassung frühere Kulturen und Wirtschaftsformen zu leisten imstande waren. Ein Blick in die Zukunft, mit Hilfe von Klimaszenarien, gibt uns eine Vorstellung darüber, welche Anpassungsfähigkeit von den heutigen Wirtschafts- und politischen Entscheidungssystemen gefordert wird, wenn etwa die Bevölkerungszahl und die Arbeitsplätze in den Gebirgsräumen erhalten oder sogar erhöht werden sollen.

2. **Analyse der Naturgefahren und Naturpotentiale und ihre Konsequenzen für die menschliche Nutzung**

Variabilität, Nichtlinearität und Gefährlichkeit der natürlichen Prozesse in Gebirgsräumen begrenzen die menschlichen Nutzungsmöglichkeiten, erhöhen die Risiken für Investitionen und fordern eine ständige Stabilitätssuche durch Abflussregulierung, durch die land- und forstwirtschaftliche Nutzung der Flächen sowie durch weitere technische Massnahmen. Die Sicherheit des Lebens- und Wirtschaftsraumes muss deshalb ständig überprüft und neu definiert werden. Eine Entwicklung kann nur dann nachhaltig sein, wenn die Sicherheitsanforderungen die Stabilisierungsmöglichkeiten nicht überfordern.

3. **Nutzungsänderungen (Extensivierungen/Intensivierungen) in Gebirgsräumen und ihre Auswirkungen auf Umwelt und Regionalentwicklung**

Die Ertragsfähigkeit der Böden, die natürliche Vielfalt und Eigenart und die Stabilität der Kulturlandschaft sind das Ergebnis der menschlichen Nutzung, durch welche eine mehr oder weniger starke Regulierung des Naturhaushaltes erfolgt. Aenderungen der ökonomischen Rahmenbedingungen, eine gesellschaftliche Neubewertung natürlicher

Potentiale und technische Möglichkeiten führen dazu, dass Ausmass und Intensität der Bodennutzung einem ständigen Wandel unterliegen. Sollen, im Sinne einer nachhaltigen Nutzung, die Optionen für die Zukunft offen bleiben, dann darf ein bestimmter Spielraum zwischen Extensivierung und Intensivierung der Bodennutzung nicht überschritten werden. Irreversible Prozesse können in beide Richtungen durch wirtschaftliche (beispielsweise Tourismus) und gesellschaftliche (beispielsweise Abwanderung) Prozesse verstärkt werden.

4. **Was heisst "nachhaltiges Wirtschaften" in Gebirgsräumen (als Zusammenwirken naturräumlicher Prozesse und menschlicher Handlungen), und welche exogenen und endogenen Rahmenbedingungen müssen dafür auf dem Hintergrund der Zentrum-Peripherieabhängigkeiten gegeben sein?**

In diesem Arbeitsschwerpunkt sollen die Ergebnisse der drei anderen unter den Teilfragen der Zielsetzung integriert und in entsprechende Nutzungskonzepte und Entwicklungsstrategien umgesetzt werden. Da wirtschaftliche Abhängigkeit, politische Autonomie und kulturelle Eigenständigkeit eng zusammenhängen und wichtige Voraussetzungen für einen verantwortlichen Umgang mit den eigenen Lebensgrundlagen sind, kommt hier der Analyse der vielfältigen Aussenbeziehungen einer Region, ihrer sozialen Netze und institutionellen Strukturen ein besonderes Gewicht zu.

Mit dieser Grundstruktur sind alle Forschungsgruppen angesprochen; da in allen Arbeitsschwerpunkten bereits konkrete Projekte laufen, kann der Koordinationsprozess unmittelbar in Gang gesetzt werden. Und schliesslich sind diese vier Themen in hohem Masse anschlussfähig für weitere Natur- und Sozialwissenschafter aus anderen Instituten der Universität Bern und der Hochschule Schweiz.

4. Das Schwerpunktprogramm schliesst andere vordringliche Themen nicht aus

Unbestritten besteht neben dem Schwerpunktprogramm der Anspruch, auch andere wichtige Themen an unserem Institut zu bearbeiten. Diese Flexibilität muss schon aus Gründen der Drittmittelbeschaffung (über 50 % der Forschungsmittel) erhalten bleiben. Die bestehenden Verbindungen und Verpflichtungen zu Stadt und Region Bern sowie zur kantonalen Verwaltung und zu den Bundesstellen, sollen weiter bestehen. Im Zusammenhang mit der europäischen Integration erhalten zum Beispiel die Stadt- und Agglomerationsregionen wettbewerbs- und umweltpolitisch einen zentralen Stellenwert. Themen der Raumordnung und Regionalentwicklung sollen also nicht auf den Alpenraum beschränkt bleiben.

Auch im Bereich Klimatologie, Fernerkundung und Hydrologie greifen Themen der Lufthygiene und des regionalen Wasserhaushaltes wesentlich über die Gebirgsräume hinaus, und die Abteilung Bodenkunde wird ihre Projekte in den feuchten Tropen fortsetzen. Dies ist keine Schmälerung des Schwerpunktprogrammes, sondern dient seiner methodischen und inhaltlichen Weiterentwicklung.

5. Konsequenzen für die Lehre und den Infrastrukturausbau

Die vermehrte Zusammenarbeit der einzelnen Forschungsgruppen im Schwerpunktprogramm "**nachhaltige Nutzung in Gebirgsräumen**" wird auch in der Lehre ihren Niederschlag finden, indem die Studierenden zum Verständnis komplexer Phänomene und zur Einübung interdisziplinärer Arbeitsweise angeleitet werden. Dies deckt sich in fast idealer Weise mit den Erwartungen und Ansprüchen unserer StudentInnen, die sich zu Beginn ihres Studiums mehrheitlich für eine umwelt- und problemorientierte, interdisziplinär ausgerichtete Geographie aussprechen, und es entspricht den Forderungen der höheren Semester und vieler Institutsmitarbeiter, dass der Zusammenhang geographischer Forschung gegenüber den fachwissenschaftlichen Einzeldarstellungen in der Lehre deutlicher sichtbar werde.

Das bestehende Vorlesungsangebot kommt dieser Forderung nur vereinzelt nach. Zusätzlich soll - trotz der bestehenden Finanzrestriktionen - im Grundstudium eine grössere integrative Veranstaltung zum Thema "Nachhaltigkeit" angeboten werden, an der sich die verschiedenen Forschungsgruppen beteiligen mit dem Ziel, in die komplexe Thematik einzuführen und Forschungsergebnisse in verständlicher Form darzulegen. Dies kann auch als Dienstleistung für die "Allgemeine Oekologie" verstanden werden. Im Hauptstudium sollen regelmässig Forschungsseminare angeboten werden, die die Fragen der interdisziplinären Zusammenarbeit thematisieren.

Die Infrastruktur des Institutes muss durch dieses Schwerpunktprogramm nicht grundsätzlich neu ausgerichtet werden. Hingegen sind Zusatzinvestitionen erforderlich im Bereich der feldtauglichen Messtechnologie, der EDV-Infrastruktur inklusive Geographische Informationssysteme und im Bereich der Kartographie. Die entsprechenden Kreditforderungen sollen an die Fakultät auf der Basis dieses Schwerpunktprogrammes eingereicht werden.

Bemerkung: Ich verzichte an dieser Stelle, in den Kredit- und Personalforderungen weiter zu gehen. Anliegen der Redaktionsgruppe war es, vor allem die inhaltlichen Punkte zu klären und die Konsequenzen für die Lehre so weit zu ziehen, dass sie bei der Revision der Studienordnung und der Uebersicht der künftigen Lehrveranstaltungen zusammen mit der Gruppe für Entwicklung und Umwelt rechtzeitig eingebracht werden können. Wir denken, dass eine gründlichere Diskussion der finanziellen und personellen Konsequenzen noch bevorsteht. Es scheint deshalb angezeigt, erst im Anschluss daran die entsprechenden Formulierungen zu machen.

Bruno Messerli

Agenda 21, Chapter 13, UNCED 92 und das Schwerpunktprogramm „Gebirgsräume" des Geographischen Instituts

Aus den folgenden Gründen fügen wir den vollen Text des Kapitels 13 der Agenda 21 der vorliegenden Institutspublikation bei:

1. Kapitel 13 - weltweit unbekannt

Die Ideen dieses Kapitels sind in weiten Kreisen, die sich mit Umwelt und Entwicklung - aber auch mit Forschung - in Berggebieten beschäftigen, unbekannt. Wir alle sind verpflichtet, die Leitlinien dieses Kapitels, selbst wenn die Formulierungen und Zielsetzungen in einigen Teilen verbessert werden müssen, zum Durchbruch zu verhelfen. Dazu braucht es auch ganz klare öffentliche Stellungnahmen in wissenschaftlichen und politischen Kreisen, dass Berggebietsforschung nicht auf einer nostalgischen Ideologie einiger Natur- und Bergfreunde beruht, sondern auf einer globalen Ressourcenproblematik, die mindestens die halbe Menschheit angeht. Es hat keinen Sinn, von Klima- und Biodiversitätkonventionen, von Desertifikation, Wald, Wasser, Energie, Erholung usw. zu sprechen, ohne die zentrale Bedeutung der Berggebiete einzubeziehen. Es ist auch widersinnig, die Berggebiete als sogenanntes „low-potential land" einer tiefen Entwicklungspriorität zuzuordnen, weil ihre Ressourcen für eine nachhaltige Nutzung des sogenannten „high-potential land" entscheidend sein können.

2. Kapitel 13 - schweizerisch gefördert

Ohne die Unterstützung der Schweiz, genauer gesagt, der Direktion für Entwicklungszusammenarbeit und humanitäre Hilfe (DEH) hätte es das Kapitel 13 in der Agenda 21 nicht gegeben. Rudolf Högger hat eine kleine „Task-Force" präsidiert (Juri Badenkov, Moscow; Jayantha Bandyopadhyay, Kathmandu; Lawrence Hamilton, Hawaii; Jack Ives, Davis; Bruno Messerli, Bern; Martin Price, U.K.; Peter Stone, Genf) und das Geographische Institut der Universität Bern war die Drehscheibe der Aktivitäten für die notwendigen publizistischen und politischen Stossrichtungen.

Unvergesslich wird wohl der Moment bleiben, als Högger und Messerli, Dank der grosszügigen Unterstützung der Schweizer Delegation, an der 3.PrepCom (Vorbereitungskonferenz für Rio) in Genf zu Gunsten der Berggebiete intervenieren durften und schlagartig von vielen Delegationen aus Afrika, den Anden und dem Himalaya unterstützt wurden. Genau gleich sind wir auch Jean-François Giovannini, Stv.Direktor der DEH, zu Dank verpflichtet, der an der letzten PrepCom in New York die Delegation der

Gebirgsländer zu einem Meeting in die Schweizer Botschaft einlud und damit den Weg für das heutige Kapitel 13 endgültig ebnete.

3. Kapitel 13 - grundlegend für das Geographische Institut

Für die Schwepunktsbildung des Geographischen Instituts ist der Text des Kapitel 13 eine gute Grundlage, selbst wenn sich unsere Überlegungen noch nicht in allen Teilen decken. Wir sollten aber nicht vergessen, dass dieses Kapitel relativ spät in den Vorbereitungsprozess der Rio-Konferenz eingebracht wurde und deshalb für die Ausarbeitung wie für eine breite Vernehmlassung wenig oder keine Zeit mehr blieb. Es wird eine wichtige Aufgabe von nicht-gouvernamentalen Organisationen und nationalen wie internationalen Institutionen sein, dieses Kapitel griffiger, attraktiver und konkreter zu gestalten, um die dringend nötigen Aktivitäten auszulösen und die dafür nötigen Mittel von den dafür verantwortlichen Institutionen zu erhalten. Auch unser Institut ist zur Mitarbeit aufgerufen. Vor allem aber müssen wir uns in Anbetracht der finanziellen Restriktionen von Illusionen wie weltweiten Gebirgs-Datenbanken lösen und uns viel mehr ein Netz von Pilotprojekten aufbauen, um mit vergleichbaren Ansätzen und Methoden gemeinsame Grundlagen bereitzustellen für eine vergleichende Forschung, für Demonstration und Training, ganz besonders aber für die Planung von umwelt- und entwicklungsgerechten Projekten in den Bergen der Welt.

Zusammengefasst war das Geographische Institut der Universität Bern, in vielfältiger und engagierter Weise, am entstehen des Kapitels 13 beteiligt. Die Schaffung eines Gebirgsschwerpunktes ist ein Meilenstein auf dem beschwerlichen Weg, den Ideen von Umwelt und Entwicklung - auch als Verantwortung der Wissenschaft und Forschung - in den Bergen der Welt zum Durchbruch zu verhelfen.

Agenda 21, Chapter 13
Managing Fragile Ecosystems:
Sustainable Mountain Development

Introduction

13.1. Mountains are an important source of water, energy and biological diversity. Furthermore, they are a source of such key resources as minerals, forest products and agricultural products and of recreation. As a major ecosystem representing the complex and interrelated ecology of our planet, mountain environments are essential to the survival of the global ecosystem. Mountain ecosystems are, however, rapidly changing. They are susceptible to accelerated soil erosion, landslides and rapid loss of habitat and genetic diversity. On the human side, there is widespread poverty among mountain inhabitants and loss of indigenous knowledge. As a result, most global mountain areas are experiencing environmental degradation. Hence, the proper management of mountain resources and socio-economic development of the people deserves immediate action.

13.2. About 10 per cent of the world's population depends on mountain resources. A much larger percentage draws on other mountain resources, including and especially water. Mountains are a storehouse of biological diversity and endangered species.

13.3. Two **programme areas** are included in this chapter to further elaborate the problem of fragile ecosystems with regard to all mountains of the world. These are:

   a) **Generating and strengthening knowledge about ecology and sustainable development of mountain ecosystems;**

   b) **Promoting integrated watershed development and alternative livelihood opportunities.**

Programme Areas

A. Generating and strengthening knowledge about the ecology and sustainable development of mountain ecosystems

Basis for action

13.4. Mountains are highly vulnerable to human and natural ecological imbalance. Mountains are the areas most sensitive to all climatic changes in the atmosphere. Specific information on ecology, natural resource potential and socio-economic activities is essential. Mountain and hillside areas hold a rich variety of ecological systems. Because of their vertical dimensions, mountain create gradients of temperature, precipitation and insolation. A given mountain slope may include several climatic systems - such as tropical, subtropical, temperate and alpine - each of which represents a microcosm of a larger habitat diversity. There is, however, a lack of knowledge of mountain ecosystems. The creation of a global mountain database is therefore vital for launching programmes that contribute to the sustainable development of mountain ecosystems.

Objectives

13.5. The objectives of this programme area are:

a) To undertake a survey of the different forms of soils, forest, water use, crop, plant and animal resources of mountain ecosystems, taking into account the work of existing international and regional organizations;

b) To maintain and generate database and information systems to facilitate the integrated management and environmental assessment of mountain ecosystems, taking into account the work of existing international and regional organizations;

c) To improve and build the existing land/water ecological knowledge base regarding technologies and agricultural and conservation practices in the mountain regions of the world, with the participation of local communities;

d) To create and strengthen the communications network and information clearing-house for existing organizations concerned with mountain issues;

e) To improve coordination of regional efforts to protect fragile mountain ecosystems through the consideration of appropriate mechanisms, including regional legal and other instruments;

f) To generate information to establish databases and information systems to facilitate an evaluation of environmental risks and natural disasters in mountain ecosystems.

Activities

(a) Management-related activities

13.6. Governments at the appropriate level, with the support of the relevant international and regional organizations, should:

a) Strengthen existing institutions or establish new ones at local, national and regional levels to generate a multidisciplinary land/water ecological knowledge base on mountain ecosystems;

b) Promote national policies that would provide incentives to local people for the use and transfer of environment-friendly technologies and farming and conservation practices;

c) Build up the knowledge base and understanding by creating mechanisms for cooperation and information exchange among national and regional institutions working on fragile ecosystems;

d) Encourage policies that would provide incentives to farmers and local people to undertake conservation and regenerative measures;

e) Diversify mountain economies, inter alia, by creating and/or strengthening tourism, in accordance with integrated management of mountain areas;

f) Integrate all forest, rangeland and wildlife activities in such a way that specific mountain ecosystems are maintained;

g) Establish appropriate natural reserves in representative species-rich sites and areas.

(b) Data and information

13.7. Governments at the appropriate level, with the support of the relevant international and regional organizations, should:

a) Maintain and establish meteorological, hydrological and physical monitoring analysis and capabilities that would encompass the climatic diversity as well as water distribution of various mountain regions of the world;

b) Build an inventory of different forms of soils, forests, water use, and crop, plant and animal genetic resources, giving priority to those under threat of extinction. Genetic resources should be protected in situ by maintaining and establishing protected areas and improving traditional farming and animal husbandry activities and establishing programmes for evaluating the potential value of the resources;

c) Identify hazardous areas that are most vulnerable to erosion, floods, landslides, earthquakes, snow avalanches and other natural hazards;

d) Identify mountain areas threatened by air pollution from neighbouring industrial and urban areas.

(c) International and regional cooperation

13.8. National Governments and intergovernmental organizations should:

a) Coordinate regional and international cooperation and facilitate an exchange of information and experience among the specialized agencies, the World Bank, IFAD and other international and regional organizations, national Governments, research institutions and non-governmental organizations working on mountain development;

b) Encourage regional, national and international networking of people's initiatives and the activities of international, regional and local non-governmental organizations working on mountain development, such as the United Nations University (UNU), the Woodland Mountain Institutes (WMI), the International Center for Integrated Mountain Development (ICIMOD), the International Mountain Society (IMS), the African Mountain Association and the Andean Mountain Association, besides supporting those organizations in exchange of information and experience;

c) Protect Fragile Mountain Ecosystems through the consideration of appropriate mechanisms including regional legal and other instruments.

Means of implementation

(a) Financing and cost evaluation

13.9. The Conference secretariat has estimated the average total annual cost (1993-2000) of implementing the activities of this programme to be about $50 million from the international community on grant or concessional terms. These are indicative and order of magnitude estimates only and have not been reviewed by Governments. Actual costs and financial terms, including any that are non-concessional, will depend upon, inter alia, the specific strategies and programmes Governments decide upon for implementation.

(b) Scientific and technological means

13.10. Governments at the appropriate level, with the support of the relevant international and regional organizations, should strengthen scientific research and technological development programmes, including diffusion through national and regional institutions, particularly in meteorology, hydrology, forestry, soil sciences and plant sciences.

(c) Human resource development

13.11. Governments at the appropriate level, and with the support of the relevant international and regional organizations, should:

a) Launch training and extension programmes in environmentally appropriate technologies and practices that would be suitable to mounatin ecosystems;

b) Support higher education through fellowships and research grants for environmental studies in mountains and hill areas, particularly for candidates from indigenous mountain populations;

c) Undertake environmental education for farmers, in particular for women, to help the rural population better understand the ecological issues regarding the sustainable development of mountain ecosystems.

(d) Capacity-building

13.12. Governments at the appropriate level, with the support of the relevant international and regional organizations, should build up national and regional institutional bases that could carry out research, training and dissemination of information on the sustainable development of the economies of fragile ecosystems.

B. Promoting integrated watershed development and alternative livelihood opportunities

Basis for action

13.13. Nearly half of the world's population is affected in various ways by mountain ecology and the degradation of watershed areas. About 10 per cent of the Earth's population lives in mountain areas with higher slopes, while about 40 per cent occupies the adjacent medium- and lower-watershed areas. There are serious problems of ecological deterioration in these watershed areas. For example, in the hillside areas of the Andean countries of South America a large portion of the farming population is now faced with a rapid deterioration of land resources. Similarly, the mountain and upland areas of the Himalayas, South-East Asia and East and Central Africa, which make vital contributions to agricultural production, are threatened by cultivation of marginal lands due to expanding population. In many areas this is accompanied by excessive livestock grazing, deforestation and loss of biomass cover.

13.14. Soil erosion can have a devastating impact on the vast numbers of rural people who depend on rainfed agriculture in the mountain and hillside areas. Poverty, unemployment, poor health and bad sanitation are widespread. Promoting intergrated watershed development programmes through effective participation of local people is a key to preventing further ecological imbalance. An integrated approach is needed for conserving, upgrading and using the natural resource base of land, water, plant, animal and human resources. In addition, promoting alternative livelihood opportunities, particularly through development of employment schemes that increase the productive base, will have a significant role in improving the standard of living among the large rural population living in mountain ecosystems.

Objectives

13.15. The objectives of this programme area are:

a) By the year 2000, to develop appropriate land-use planning and management for both arable and non-arable land in mountain rain-fed watershed areas to prevent soil erosion, increase biomass production and maintain the ecological balance;

b) To promote income-generating activities, such as sustainable tourism, fisheries and environmentally sound mining, and to improve infrastructure and social services, in particular to protect the livelihoods of local communities and indigenous people;

c) To develop technical and institutional arrangements for affected countries to mitigate the effects of natural disasters through hazard-prevention measures, risk zoning, early-warning systems, evacuation plans and emergency supplies.

Activities

(a) Management-related activities

13.16. Governments at the appropriate level, with the support of the relevant international and regional organizations, should:

a) Undertake measures to prevent soil erosion and promote erosion-control activities in all sectors;

b) Establish task forces or watershed development committees, complementing existing institutions, to coordinate integrated services to support local initiatives in animal husbandry, forestry, horticulture and rural development at all administrative levels;

c) Enhance popular participation in the management of local resources through appropriate legislation;

d) Support non-governmental organizations and other private groups assisting local organizations and communities in the preparation of projects that would enhance participatory development of local people;

e) Provide mechanisms to preserve threatened areas that could protect wildlife, conserve biological diversity or serve as national parks;

f) Develop national policies that would provide incentives to farmers and local people to undertake conservation measures and to use environment-friendly technologies;

g) Undertake income-generating activities in cottage and agro-processing industries, such as the cultivation and processing of medicinal and aromatic plants;

h) Undertake the above activities, taking into account the need for full participation of women, including indigenous people and local communities, in development.

(b) Data and information

13.17. Governments at the appropriate level, with the support of the relevant international and regional organizations, should:

a) Maintain and establish systematic observation and evaluation capacities at the national, state or provincial level to generate information for daily operations and to assess the environmental and socio-economic impacts of projects;

b) Generate data on alternative livelihoods and diversified production systems at the village level on annual and tree crops, livestock, poultry, beekeeping, fisheries, village industries, markets, transport and income-earning opportunities, taking fully into account the role of women and integrating them into the planning and implementation process.

(c) International and regional cooperation

13.18. Governments at the appropriate level, with the support of the relevant international and regional organizations, should:

a) Strengthen the role of appropriate international research and training institutes such as the Consultative Group on International Agricultural Research Centers (CGIAR) and the International Board for Soil Research and Management (IBSRAM), as well as regional research centres, such as Woodland Mountain Institutes and the International Center for Integrated Mountain Development, in undertaking applied research relevant to watershed development;

b) Promote regional cooperation and exchange of data and information among countries sharing the same mountain ranges and river basins, particularly those affected by mountain disasters and floods;

c) Maintain and establish partnerships with non-governmental organizations and other private groups working in watershed development.

Means of implementation

(a) Financial and cost evaluation

13.19. The Conference secretariat has estimated the average total annual cost (1993-2000) of implementing the activities of this programme to be about $13 billion including about $1.9 billion from the international community on grant or concessional terms. These are indicative and order of magnitude estimates only and have not been reviewed by

Governments. Actual costs and financial terms, including any that are non-concessional, will depend upon, inter alia, the specific strategies and programmes Governments decide upon for implementation.

13.20. Financing for the promotion of alternative livelihoods in mountain ecosystems should be viewed as part of a country's anti-poverty or alternative livelihoods programme, which is also discussed in chapter 3 (Combating poverty) and chapter 14 (Promoting sustainable agriculture and rural development) of Agenda 21.

(b) Scientific and technical means

13.21. Governments at the appropriate level, with the support of the relevant international and regional organizations, should:

a) Consider undertaking pilot projects that combine environmental protection and development functions with particular emphasis on some of the traditional environmental management practices or systems that have a good impact on the environment;

b) Generate technologies for specific watershed and farm conditions through a participatory approach involving local men and women, researchers and extension agents who will carry out experiments and trials on farm conditions;

c) Promote technologies of vegetative conservation measures for erosion prevention, in situ moisture management, improved cropping technology, fodder production and agroforestry that are low-cost, simple and easily adopted by local people.

(c) Human resource development

13.22. Governments at the appropriate level, with the support of the relevant international and regional organizations, should:

a) Promote a multidisciplinary and cross-sectoral approach in training and the dissemination of knowledge to local people on a wide range of issues, such as household production systems, conservation and utilization of arable and non-arable land, treatment of drainage lines and recharging of groundwater, livestock management, fisheries, agroforestry and horticulture;

b) Develop human resources by providing access to education, health, energy and infrastructure;

c) Promote local awareness and preparedness for disaster prevention and mitigation, combined with the latest available technology for early warning and forecasting.

(d) Capacity-building

13.23. Governments at the appropriate level, with the support of the relevant international and regional organizations, should develop and strengthen national centres for watershed management to encourage a comprehensive approach to the environmental, socio-economic, technological, legislative, financial and administrative aspects and provide support to policy makers, administrators, field staff and farmers for watershed development.

13.24. The private sector and local communities, in cooperation with national Governments, should promote local infrastructure development, including communication networks, mini- or micro-hydro development to support cottage industries, and access to markets.

GEOGRAPHICA BERNENSIA

Arbeitsgemeinschaft GEOGRAPHICA BERNENSIA
Hallerstrasse 12
CH-3012 <u>Bern</u>

			Sfr.
A		**AFRICAN STUDIES**	
A	1	Mount Kenya Area. Contributions to ecology and socio-economy. Ed by M. Winiger. 1986 ISBN 3-906290-14-X	20.--
A	2	SPECK Heinrich: Mount Kenya Area. Ecological and agricultural significance of the soils - with 2 soil maps. 1983 ISBN 3-906290-01-8	20.--
A	3	LEIBUNDGUT Christian: Hydrogeographical map of Mount Kenya Area. 1:50000. Map and explanatory text. 1986 ISBN 3-906290-22-0	28.--
A	4	WEIGEL Gerolf: The soils of the Maybar/Wello Area. Their potential and constraints for agricultural development. 1986 ISBN 3-906290-29-8	18.--
A	5	KOHLER Thomas: Land use in transition. Aspects and problems of small scale farming in a new environment: the example of Laikipia District, Kenya. 1987 ISBN 3-906290-23-9	28.--
A	6	FLURY Manuel: Rain-fed agriculture in Central Division (Laikipia District, Kenya). Suitability, constraints and potential for providing food. 1987 ISBN 3-906290-38-7	20.--
A	7	BERGER Peter: Rainfall and agroclimatology of the Laikipia Plateau, Kenya. 1989 ISBN 3-906290-46-8	25.--
A	8	Mount Kenya Area. Differentiation and dynamics of a tropical mountain ecosystem. Ed. by M. Winiger, U. Wiesmann, J.R. Rheker. 1990 ISBN 3-906290-64-6	25.--
A	9	TEGENE Belay: Erosion: its effects on properties and productivity of eutric nitosols in Gununo Area, Southern Ethiopia, and some techniques of its control. 1992 ISBN 3-906290-74-3	20.--
A	10	DECURTINS Silvio: Hydrogeographical investigations in the Mount Kenya subcatchment of the river Ewaso Ng'iro. 1992 ISBN 3-906290-78-6	25.--
A	11	VOGEL Horst: Conservation tillage in Zimbabwe. Evaluation of several techniques for the development of substainable crop production systems in smallholder farming. 1993 ISBN 3-906290-91-3	1994
B		**BERICHTE UEBER EXKURSIONEN, STUDIENLAGER UND SEMINARVERANSTALTUNGEN**	
B	6	GROSJEAN Georges: Bad Ragaz 1983. Feldstudienlager. 1984 ISBN 3-906290-18-2	5.--
B	9	Feldstudienlager Niederlande 1989. O. Arnet, H.-R. Egli, P. Messerli (Hrsg.) 1990 ISBN 3-906290-63-8	22.--
B	10	Tschechoslowakei im Wandel - Umbruch und Tradition. Bericht zur Exkursion in Böhmen 1992. K. Aerni, P. Germann, H. Kühnlová, J. Fligr (Hrsg.). 1993 ISBN 3-906290-67-0	30.--

G	GRUNDLAGENFORSCHUNG	Sfr.
G 17	KUENZLE Thomas, NEU Urs: Experimentelle Studien zur räumlichen Struktur und Dynamik des Sommersmogs über dem Schweizer Mittelland. 1994 ISBN 3-906290-92-1	36.--
G 20	FLURY Manuel: Krisen und Konflikte - Grundlagen, ein Beitrag zur entwicklungspolitischen Diskussion. 1983 ISBN 3-906290-05-0	5.--
G 21	WITMER Urs: Eine Methode zur flächendeckenden Kartierung von Schneehöhen unter Berücksichtigung von reliefbedingten Einflüssen. 1984 ISBN 3-906290-11-5	10.--
G 22	BAUMGARTNER Roland: Die visuelle Landschaft - Kartierung der Ressource Landschaft in den Colorado Rocky Mountains (U.S.A.). 1984 ISBN 3-906290-20-4	20.--
G 26	BICHSEL Ulrich: Periphery and Flux: Changing Chandigarh Villages. 1986 ISBN 3-906290-32-8	5.--
G 28	BERLINCOURT Pierre: Les émissions atmosphériques de l'agglomération de Bienne: une approche géographique. 1988 ISBN 3-906290-40-9	15.--
G 29	ATTINGER Robert: Tracerhydrologische Untersuchungen im Alpstein. Methodik des kombinierten Tracereinsatzes für die hydrologische Grundlagenerarbeitung in einem Karstgebiet. 1988 ISBN 3-906290-43-3	15.--
G 30	WERNLI Hans Rudolf: Zur Anwendung von Tracermethoden in einem quartärbedeckten Molassegebiet. 1988 ISBN 3-906290-48-4	15.--
G 31	ZUMBUEHL Heinz J., HOLZHAUSER Hanspeter: Alpengletscher in der Kleinen Eiszeit. Katalog und C-14-Dokumentation. Ergänzungsband zum Sonderheft "Die Alpen" 3. Quartal 1988. 1990 ISBN 3-906290-44-1 (Sonderheft "Die Alpen" 3.Q. 1988 siehe unter: Weitere Publikationen)	5.--
G 32	RICKLI Ralph: Untersuchungen zum Ausbreitungsklima der Region Biel. 1988 ISBN 3-906290-49-2	15.--
G 33	GERBER Barbara: Waldflächenveränderungen und Hochwasserbedrohung im Einzugsgebiet der Emme. 1989 ISBN 3-906290-55-7	25.--
G 34	ZIMMERMANN Markus: Geschiebeaufkommen und Geschiebe-Bewirtschaftung. Grundlagen zur Abschätzung des Geschiebehaushaltes im Emmental. 1989 ISBN 3-906290-56-5	25.--
G 35	LAUTERBURG Andreas: Klimaschwankungen in Europa. Raum-zeitliche Untersuchungen in der Periode 1841-1960. 1990 ISBN 3-906290-58-1	27.--
G 36	SIMON Markus: Das Ring-Sektoren-Modell. Ein Erfassungsinstrument für demographische und sozio-ökonomische Merkmale und Pendlerbewegungen in Stadt-Umland-Gebieten. 1990 ISBN 3-906290-59-X	27.--
G 38	Himalayan Environment. Pressure - problems - processes. Twelve years of research. B. Messerli, T. Hofer, S. Wymann (eds.). 1993 ISBN 3-906290-68-9	35.--
G 39	SGmG Jahrestagung. Geographische Informationssysteme in der Geomorphologie. 1992 ISBN 3-906290-72-7	15.--
G 40	SCHORER Michael: Extreme Trockensommer in der Schweiz und ihre Folgen für Natur und Wirtschaft. 1992 ISBN 3-906290-73-5	38.--
G 41	LEIBUNDGUT Christian: Wiesenbewässerungssysteme im Langetental. 1993 ISBN 3-906290-79-4	18.--
G 42	LEHMANN Christoph: Zur Abschätzung der Feststofffracht in Wildbächen. 1993 ISBN 3-906290-82-4	35.--

P	GEOGRAPHIE FUER DIE PRAXIS	Sfr.

P 12   KNEUBUEHL Urs: Die Entwicklungssteuerung in einem Tourismusort. Untersuchungen am Beispiel von Davos für den Zeitraum 1930-1980. 1987
ISBN 3-906290-08-5   25.--

P 13   GROSJEAN Georges: Aesthetische Bewertung ländlicher Räume. Am Beispiel von Grindelwald im Vergleich mit anderen schweizerischen Räumen und in zeitlicher Veränderung. 1986   ISBN 3-906290-12-3   15.--

P 14   KNEUBUEHL Urs: Die Umweltqualität der Tourismusorte im Urteil der Schweizer Bevölkerung. 1987   ISBN 3-906290-35-2   12.50

P 15   RUPP Marco: Stadt Bern: Entwicklung und Planung in den 80er Jahren. Ein Beitrag zur Stadtgeographie und Stadtplanung. 1988
ISBN 3-906290-07-7   20.--

P 17   BAETZING Werner: Die unbewältigte Gegenwart als Zerfall einer traditionsträchtigen Alpenregion. Sozio-kulturelle und ökonomische Probleme der Valle Stura di Demonte (Piemont). 1988   ISBN 3-906290-42-5   30.--

P 18   Photogrammetrie und Vermessung - Vielfalt und Praxis. Festschrift Max Zurbuchen. Von Grosjean M., Hofer T., Lauterburg A., Messerli B. 1989
ISBN 3-906290-51-4   9.--

P 19   HOESLI T., LEHMANN Ch., WINIGER M.: Bodennutzungswandel im Kanton Bern 1951-1981. Studie am Beispiel von drei Testgebieten. 1990
ISBN 3-906290-54-9   20.--

P 20   Zur Durchlüftung der Täler und Vorlandsenken der Schweiz. Resultate des Nationalen Forschungsprogrammes 14. Von Furger M., Wanner H., Engel J., Troxler F., Valsangiacomo A. 1989   ISBN 3-906290-57-3   25.--

P 21   BAETZING Werner: Welche Zukunft für strukturschwache nicht-touristische Alpentäler? Eine geographische Mikroanalyse des Neraissa-Tals in den Cottischen Alpen (Prov. Cuneo). 1990   ISBN 3-906290-60-3   40.--

P 22   Die Alpen im Europa der neunziger Jahre. Ein ökologisch gefährdeter Raum im Zentrum Europas zwischen Eigenständigkeit und Abhängigkeit. Von Bätzing W., Messerli P., Broggi M. u.a. 1991   ISBN 3-906290-61-1   38.--

P 23   Umbruch in der Region Bern. Aktuelle Analysen - neue Perspektiven - konkrete Handlungsvorschläge. Von Aerni K., Egli H. R., Berz B. 1991
ISBN 3-906290-66-2   12.--

P 24   PORTMANN Jean-Pierre: Paysages de Suisse: le Jura. Introduction à la géomorphologie. 1992   ISBN 3-906290-69-7   1994

P 25   MEESSEN Heino: Anspruch und Wirklichkeit von Naturschutz und Landschaftspflege in der Sowjetunion. 1992   ISBN 3-906290-76-X   30.--

P 26   BAETZING Werner: Der sozio-ökonomische Strukturwandel des Alpenraumes im 20. Jahrhundert. Eine Analyse von "Entwicklungstypen" auf Gemeindeebene. 1993   ISBN 3-906290-80-8   40.--

P 27   WYSS Markus: Oekologische Aspekte der wirtschaftlichen Zusammenarbeit mit Entwicklungsländern. 1992   ISBN 3-906290-83-2   20.--

P 28   AERNI Klaus et al.: Fussgängerverkehr. Berner Innenstadt. Schlussbericht Fussgängerforschung Uni Bern. 1993   ISBN 3-906290-84-0   20.--

P 29   MARTINEC Jaroslav, RANGO Albert, ROBERTS Ralph: Snow Melt Runoff Modell (SRM). User's Manuel. Ed. Baumgartner Michael F. 1994
ISBN 3-906290-85-9   20.--

P 30   BAETZING W., WANNER H. (Hrsg.): Nachhaltige Naturnutzung im Spannungsfeld zwischen komplexer Naturdynamik und gesellschaftlicher Komplexiktät. 1994
ISBN 3-906290-86-7   1994

| S | GEOGRAPHIE FUER DIE SCHULE | Sfr. |

S 6.1 AERNI K., ENZEN P., KAUFMANN U.: Landschaften der Schweiz. 1993
       Teil I: Didaktische Grundlagen.   ISBN 3-906290-24-7   20.--

S 6.1 AERNI K., ENZEN P., KAUFMANN U.: Paysages Suisses. 1993
       Tome I: Réflexions didactiques.   ISBN 3-906290-87-5   20.--

S 6.2 AERNI K., ENZEN P., KAUFMANN U.: Landschaften der Schweiz / Paysages Suisses.
       Teil II: 15 kommentierte Arbeitsblätter für die Geographie / Tome II: 15 fiches
       de géographie avec commentaires. 1993   ISBN 3-906290-88-3   60.--

S 8   AERNI K., STAUB B.: Landschaftsökologie im Geographieunterricht. Heft 1. 1982   9.--

S 9   Landschaftsökologie im Geographieunterricht. Heft 2: Vier geographische
       Praktikumsaufgaben für Mittelschulen (9.-13. Schuljahr) - Vier landschafts-
       ökologische Uebungen. Von Grütter E. u.a. 1982   12.--

S 11   AERNI K., THORMANN G.: Lehrerdokumentation Schülerkarte Kanton Bern. 1986
       ISBN 3-906290-31-X   9.--

S 12   BUFF-KELLER Eva: Das Berggebiet. Abwanderung, Tourismus - regionale Disparitäten.
       Lehrerheft. 1987   ISBN 3-906290-37-9   20.--
       Schülerheft   2.--

S 13   POHL Bruno: Software- und Literaturverzeichnis. Computereinsatz im
       Geographieunterricht. 1988   ISBN 3-906290-41-7   12.--

S 14   DISLER Severin: Das Berggebiet - Umsetzung für die Mittelschule am Beispiel
       der Regionen Napf und Aletsch. 1989   ISBN 3-906290-50-6   15.--

S 15   POHL Bruno: Der Computer im Geographieunterricht. 1989
       ISBN 3-906290-52-2   15.--

| U | SKRIPTEN FUER DEN UNIVERSITAETSUNTERRICHT |

U 17   Entwicklungsstrategien im Wandel. Ausgewählte Probleme der Dritten Welt.
       Seminarbericht. Von Messerli B., Bisaz A., Lauterburg A. u.a. 1985   5.--

U 18   Von Europa Lernen? Beispiele von Entwicklungsmustern im alten Europa und
       in der Dritten Welt. Seminarbericht. Von Messerli B. u.a. 1987
       ISBN 3-906290-33-6   10.--

U 19   AERNI K., GURTNER A., MEIER B.: Geographische Arbeitsweisen - Grundlagen
       zum propädeutischen Praktikum I. 1989   20.--

U 20   AERNI K., GURTNER A., MEIER B.: Geographische Arbeitsweisen - Grundlagen
       zum propädeutischen Praktikum II. 1989   ISBN 3-906290-53-0   14.--

U 22   MAEDER Charles: Kartographie für Geographen. Allgemeine und thematische
       Kartographie. 1992   ISBN 3-906290-78-6   21.--

PUBLIKATIONEN AUSSERHALB EINER REIHE
―――――――――――――――――――――――――――――――――――

African Mountains and Highlands. Problems and Perspectives. Ed. by Messerli B.,
Hurni H. and African Mountains Association. 1990   ISBN 3-906290-62-X   20.--

WOLDE-MARIAM Mesfin: Suffering under God's environment. A vertical study of the
predicament of peasants in North-Central Ethiopia. Hrsg. in Zus.-Arb. mit der
African Mountains Association. 1991   ISBN 3-906290-65-4   30.--

Erosion, conservation, and small-scale farming. Ed. by H. Hurni, K. Tato. 1992
ISBN 3-906290-70-0   50.--

Schwarze Schafe oder Weisse Ritter? Die ökologische Verantwortung multinationaler
Unternehmungen beim Technologie-Transfer in Entwicklungsländer. 1993
ISBN 3-906290-81-6   5.--